Christian Ossowski

DIAGNOSE-MORD

KolbenKult-Reihe, Band 2

Christian Ossowski

DIAGNOSE-MORD

Wer rät, tötet.

Fachbuch · Technische Diagnostik · Systemdenken

Impressum

Bibliografische Information der Deutschen Nationalbibliothek:
Die *Deutsche Nationalbibliothek* verzeichnet diese Publikation in der Deutschen Nationalbibliografie. Detaillierte bibliografische Daten sind online abrufbar unter: http://dnb.dnb.de

Die automatisierte Analyse des Werkes, insbesondere zur Erhebung von Mustern, Trends oder Korrelationen gemäß § 44b UrhG („Text and Data Mining"), ist untersagt. Dieses Werk verarbeitet technische Inhalte und Grundlagen aus frei zugänglicher Fachliteratur, interpretiert diese jedoch eigenständig im Rahmen einer neuen methodischen Diagnostikphilosophie. Alle verwendeten Quellen sind im Literaturverzeichnis genannt.

Verantwortlich gemäß § 5 TMG und § 55 RStV:
(im Impressumsdienst eingetragen - Adresse wird dort hinterlegt)

Verlag: BoD · Books on Demand GmbH, Überseering 33, 22297 Hamburg
bod@bod.de

Druck: Libri Plureos GmbH, Friedensallee 273, 22763 Hamburg

ISBN: 978-3-8192-7943-0

Inhaltsverzeichnis

Rechtlicher Hinweis

Zweckbestimmung

Dieses Buch dient der technischen Weiterbildung und der Reflexion über Diagnosemethoden. Es liefert keine Reparaturanleitungen, keine Handlungsempfehlungen im Einzelfall und keine rechtsverbindliche Beratung.
Wer daraus direkte Maßnahmen ableitet, handelt auf eigenes Risiko.

Haftung und Verantwortung

1. Kein Handbuch
Dieses Buch ersetzt weder Herstellervorgaben noch Wartungshandbücher oder Sicherheitsrichtlinien. Die Anwendung der beschriebenen Verfahren setzt qualifiziertes Fachpersonal, geeignete Arbeitsumgebungen und Systemverständnis voraus.
Wer daran scheitert, sollte nicht am Motor arbeiten, sondern an sich.

2. Eigenverantwortung
Die Umsetzung sämtlicher Inhalte erfolgt auf eigene Gefahr. Der Autor übernimmt keine Haftung für direkte oder indirekte Schäden, einschließlich Personen-, Sach- oder Vermögensschäden, die aus unqualifizierter, fahrlässiger oder missbräuchlicher Anwendung entstehen.

3. Grenzen des Haftungsausschlusses
Die gesetzliche Haftung bei Vorsatz oder grober Fahrlässigkeit bleibt unberührt (§ 276 Abs. 3 BGB). Im Rahmen der gesetzlichen Grenzen (§ 309 Nr. 7 BGB) wird die Haftung für einfache Fahrlässigkeit ausgeschlossen.

4. Medizinische Vergleiche = Metaphern
Medizinische Begriffe und Analogien dienen ausschließlich der Veranschaulichung technischer Diagnoseprinzipien. Sie ersetzen keine ärztliche Beratung, keine Diagnose und keine Therapie.
Wer krank ist, geht zum Arzt. Nicht in die Werkstatt.

5. Aktualität

Die Inhalte spiegeln den Stand der Technik und Methodik zum Zeitpunkt der Veröffentlichung wider. Änderungen an Normen, Sicherheitsvorgaben oder Herstellervorgaben können die Gültigkeit einzelner Aussagen beeinflussen.

6. Externe Inhalte

Für externe Inhalte (z. B. Literatur, Fachverlage, Weblinks) übernehmen die jeweiligen Anbieter die Verantwortung. Der Autor haftet nicht für verlinkte Inhalte (§ 7 ff. TMG).

Urheberrecht und Nutzung

Für Schnellleser

Dieses Buch ist ein Werkzeug und kein Freibrief für halbgare Bastelei. Wer ohne Verstand schraubt, handelt nicht technisch, sondern fahrlässig.
Sicherheit geht immer vor. Punkt.

Vorwort - Warum du dieses Buch brauchst

Hör zu. Wenn du dieses Buch in der Hand hältst, dann gibt es genau zwei Möglichkeiten. Entweder hast du die Nase voll davon, blind Teile zu tauschen, während dein Kunde dich mit einem Blick bedenkt, der mehr nach „Ich dachte, du weißt, was du tust" schreit als nach Vertrauen. Oder du gehörst bereits zu den Leuten, die wirklich verstehen wollen, wie eine saubere Diagnose funktioniert. Dann bist du hier genau richtig.

Egal, aus welcher Ecke du kommst, willkommen.

Hier gibt es kein seichtes Theorie-Gelaber, keine Tabellen voller OBD-Codes, die dir vorschreiben, was du als Nächstes zu tun hast. Und vor allem geht es nicht um das, was in vielen Werkstätten als „Diagnose" verkauft wird, oft Laptop dran, Fehlercode auslesen, irgendein Teil tauschen, hoffen, dass es das war. Das ist keine Diagnose. Das ist Lotto mit Schraubenschlüssel.

Dieses Buch zeigt dir, warum Motoren nicht „einfach so" kaputtgehen. Warum Fehlercodes dich öfter in die Irre führen als ein Gebrauchtwagenhändler mit einem aufpolierten Totalschaden. Und warum es an der Zeit ist, den Fehlerspeicher nicht als die heilige Schrift zu sehen, sondern als das, was er wirklich ist: eine verdammt unzuverlässige Zeugenbefragung.

Differenzialdiagnose ist kein Hexenwerk und kein Voodoo. Es ist logisches Denken. Es geht darum, ein Problem so zu zerlegen, dass du die echte Ursache findest, bevor du auf Verdacht den halben Motor erneuerst. Stell dir vor, du hast einen Motor mit Fehlzündungen auf Zylinder 3. Blind würden viele beispielsweise die Zündspule tauschen. Doch was, wenn es eine undichte Ansaugbrücke ist? Oder ein defektes Einspritzventil? Dieses Buch zeigt dir, wie du die richtigen Fragen stellst und systematisch vorgehst, statt auf Glück zu hoffen.

Wenn du nach diesem Buch immer noch glaubst, dass ein Steuergerät einfach „so" den Geist aufgibt oder dass „Lambdasonde defekt" heißt, dass die Lambdasonde auch wirklich defekt ist, dann kann ich dir nicht mehr helfen. Aber wenn du bereit bist, den Wahnsinn des sinnlosen Teiletauchens und Ratens hinter dir zu lassen, dann bist du hier genau richtig.

Kein Geschwafel. Klartext. Physikalisch fundiert, aber ohne Bullshit. Differenzialdiagnose statt Teilelotterie. Logisches Ausschlussverfahren statt „Tauschen wir mal dieses und jenes und schauen, was passiert".

Wie du dieses Buch am besten nutzt:

Um die volle Wirkung aus diesem Buch zu ziehen, solltest du es nicht nur lesen, sondern anwenden. Mach dir Notizen, vergleiche es mit echten Fällen aus deinem Alltag und stell dich der Herausforderung, deine eigene Diagnosepraxis zu hinterfragen. Jedes Kapitel liefert dir nicht nur Erklärungen, sondern auch Checklisten und Praxisbeispiele. Nimm dir die Zeit, sie durchzugehen, und du wirst feststellen, dass du bald schneller und gezielter Fehler findest.

Besonders wichtig: Kapitel 1 frischt dein Denken auf, Kapitel 2 liefert dir die neue Methode. Wer Causal Extraction (CE) ohne Kapitel 1 liest, macht denselben Fehler wie jemand, der einen medizinischen Eingriff ohne Grundlagenkurs Anatomie plant. Erst wenn du verstehst, wie Symptome funktionieren und wie Logik und Physik zusammenspielen, kannst du mit CE echte Ursachen extrahieren. Und nur dann macht dieses Buch seinen Job.

Für wen ist dieses Buch?

Für alle, die keine Lust mehr haben, nach Gefühl oder Hoffnung zu schrauben. Für alle, die endlich verstehen wollen, warum ein Motor tut, was er tut und warum er manchmal einfach keinen Bock mehr hat. Egal, ob du Werkstattprofi, Ingenieur oder ambitionierter Schrauber bist, wenn du bereit bist, dein Denken auf ein neues Level zu heben, bist du hier genau richtig.

Und jetzt an alle, die selbst gar nicht schrauben: Ja, genau, auch ihr solltet euch das hier mal anschauen. Denn selbst wenn du keinen Schraubenschlüssel anfassen willst, hast du trotzdem einen Geldbeutel und höchstwahrscheinlich einen Motor, der in deinem Auto, Motorrad, Lkw,

Traktor oder stationär vor sich hinarbeitet. Das macht dich abhängig von der Kompetenz anderer. Von Technikern, die dein Fahrzeug reparieren. Oder macht dich analog dazu von Ärzten abhängig, die deinen Körper wieder zum Laufen bringen sollen.

Dieses Buch gibt dir einen Blick hinter den Vorhang. Es zeigt dir, warum eine Diagnose nicht einfach nur ein Code aus einem Computer ist, sondern eine systematische Suche nach der echten Ursache. Und es hilft dir, das nächste Mal, wenn dir eine teure Reparatur oder eine fragwürdige medizinische Entscheidung vorgelegt wird, gezielt die richtigen Fragen zu stellen. Wer wirklich versteht, wie Fehler gefunden werden, fällt seltener auf sinnlose Rechnungen und unnötige Reparaturen herein.

Kurz gesagt: Dieses Buch macht dich nicht nur schlauer - es spart dir Geld.

Kapitel 1 Werkstätten und Notaufnahmen

Zwei Seiten derselben Medaille

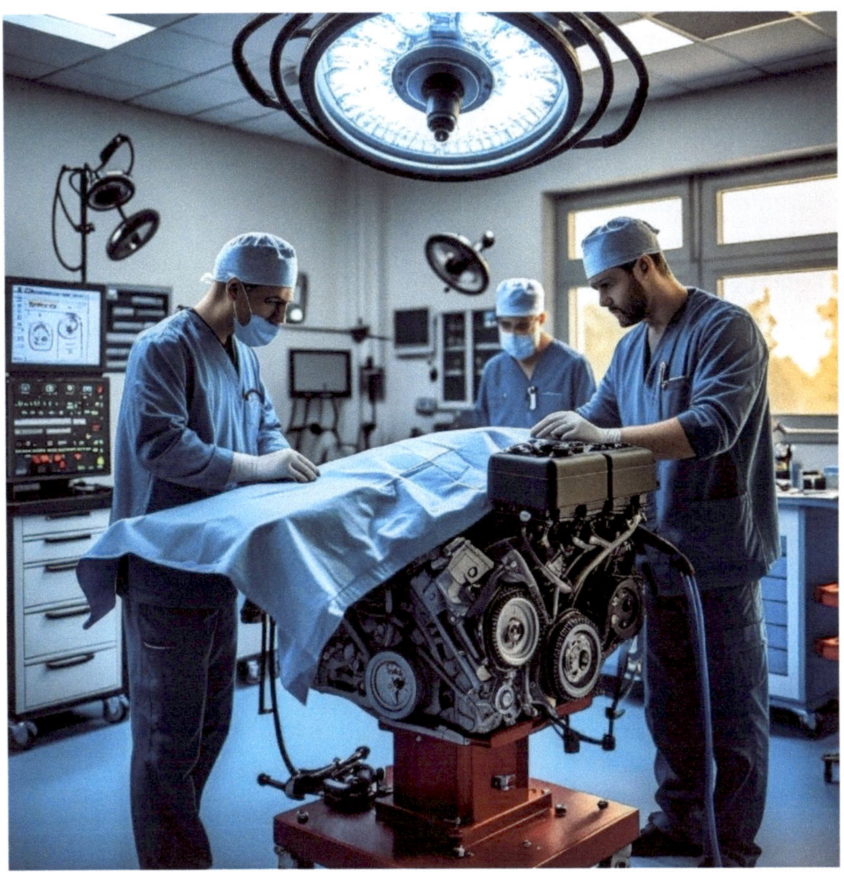

Vergiss den weißen Kittel und das Stethoskop. Wenn du einen Motor auseinanderreißt, bist du nicht weniger als ein Chirurg. Nur dass deine Patienten nicht schreien, wenn du Scheiße baust. Sie sterben still. Mal mit einem leisen Klackern, mal mit einer rauchenden Explosion auf der Autobahn. Und genau wie in der Medizin gibt es auch hier „Experten": Die, die verstchen, was sie tun und die, die einfach nur raten.

Willkommen in der echten Welt der Diagnostik. Wo Logik, Physik und Erfahrung über Leben und Tod entscheiden, zumindest über das Leben deines Motors. Und ja, verdammt noch mal, das ist exakt dieselbe Grundvoraussetzung, die auch in einer Notaufnahme gilt. Aber bevor du dich in der Komfortzone des „Fehler quittierens" einrichtest, lass uns mal ein Gedankenexperiment starten.

Es gibt zwei Arten von Menschen in der Technik. Die einen erkennen Muster, lösen Probleme und zerlegen Fehler systematisch in ihre Einzelteile. Die anderen … Na ja, die anderen wechseln einfach so lange Teile, bis das Problem weg ist oder die Kasse des Kunden leer.

Wenn du zu Letzteren gehörst, leg dieses Buch bitte sofort weg. Wirklich. Spar dir die Zeit. Mach weiter wie bisher, glaub weiter an den heiligen Fehlerspeicher, an deine magische Glaskugel mit On-Board-Diagnose (OBD)-Stecker. Und wenn dein Kunde fragt, warum sein Motor nach deiner „Reparatur" immer noch stottert, dann sag einfach: „Das Steuergerät muss spinnen."

Falls du aber endlich begreifen willst, warum Fehler nicht zufällig entstehen, sondern immer eine Ursache haben und wie du sie findest, anstatt Teile ins Blaue zu schießen, dann lies weiter. Denn hier geht's um echte Diagnostik. Um Differenzialdiagnose. Um das Denken, das einen guten Mechaniker vom Teiletauscher unterscheidet.

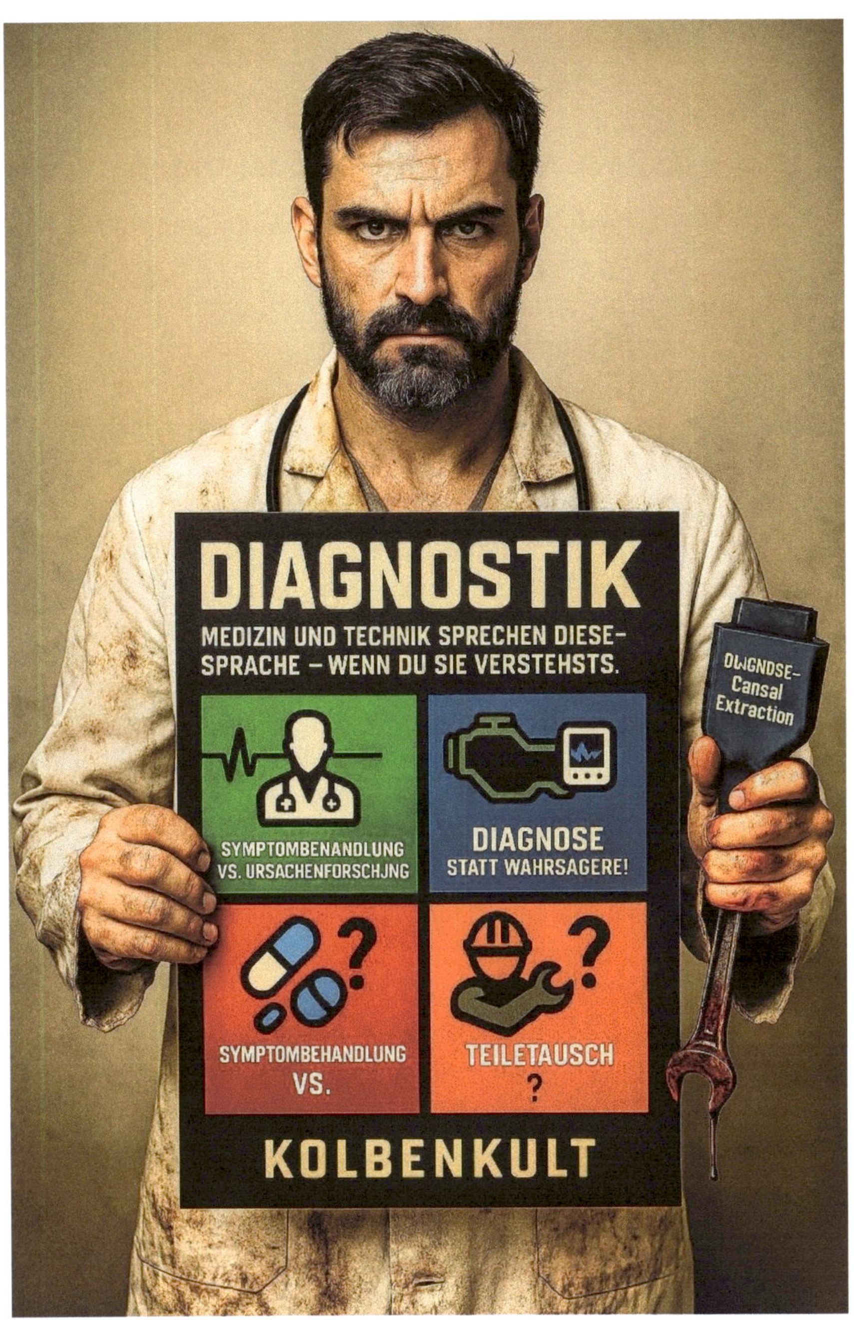
DIAGNOSTIK
MEDIZIN UND TECHNIK SPRECHEN DIESE-
SPRACHE – WENN DU SIE VERSTEHSTS.
SYMPTOMBENANDLUNG
VS. URSACHENFORSCHJNG
DIAGNOSE
STATT WAHRSAGERE!
SYMPTOMBEHANDLUNG
VS.
TEILETAUSCH
?
DWGNDSE-
Cansal
Extraction
KOLBENKULT

1.1 Medizin oder Technik, wo liegt der Unterschied?

Stell dir vor, du gehst zum Arzt mit Kopfschmerzen. Und statt dich zu untersuchen, wirft er einfach mit Medikamenten um sich: Erst Schmerzmittel, dann Antibiotika, dann was gegen Bluthochdruck, einfach alles, was er auf Lager hat. Klingt absurd, oder?

Aber genau so arbeiten viele in der Werkstatt. Der Motor ruckelt? Lass mal die Zündspulen tauschen. Immer noch da? Okay, dann eben die Einspritzdüsen. Oh, immer noch scheiße? Vielleicht die Lambdasonde!

Das ist keine Diagnose. Das ist Lotto mit teuren Ersatzteilen.

Ein Arzt mit Hirn fängt anders an. Er fragt dich aus. Er schaut sich deine Symptome an, hört dein Herz ab, misst Blutdruck, macht vielleicht ein paar Tests. Dieser kombiniert Wissen mit Logik und grenzt die Ursache immer weiter ein.

Ein echter Diagnostiker in der Technik macht genau das Gleiche. Er fragt den Kunden aus, hört sich den Motor an, misst Drücke, Temperaturen, Ströme. Er prüft mit Endoskop, Oszilloskop, Druckverlusttester. Und erst dann entscheidet er, was wirklich defekt ist - nicht vorher.

Lass uns das mal Schritt für Schritt auseinandernehmen:
Eine Ursache   -   viele Symptome

Fehlzündungen sind das Paradebeispiel für das Grundproblem jeder echten Diagnose: Ein einzelnes Symptom kann viele verschiedene Ursachen haben.

Stell dir vor, dein Motor ruckelt, und der Fehlerspeicher meldet trocken: „Fehlzündung Zylinder 3". Die reflexartige Reaktion? Zündspule tauschen. Klassiker.

Doch wer so vorgeht, versteht nicht, wie komplex das Zusammenspiel im Zylinder wirklich ist. Denn eine Fehlzündung ist kein Fehler, sie ist ein

Symptom - wie Fieber. Und Fieber allein sagt dir nicht, ob du eine Grippe, eine bakterielle Infektion oder einfach einen Sonnenstich hast. Genauso sieht es beim Motor aus.

Hier sind die wichtigsten Fehlzündungs-Ursachen, fachlich korrekt und differenziert:

🔌 Zündsystem gestört

Wenn der Zündfunke schwach oder zum falschen Zeitpunkt kommt, zündet das Gemisch nicht sauber. Gründe können sein:

- defekte Zündkerzen (Isolatorbruch, zu großer Elektrodenabstand)
- beschädigte Zündspulen (Isolationsfehler, thermischer Durchschlag)
- Übergangswiderstände an Steckverbindungen oder defekte Zündkabel (bei älteren Systemen)

Ein sauberer Zündfunke braucht Spannung, Timing und eine saubere Referenz von oberer Totpunkt (OT)- und Kurbelwellen (KW)-Sensor.

🔋 Kraftstoffversorgung labil

Fehlzündungen entstehen auch, wenn die Mischung nicht stimmt. Ursachen:

- Einspritzdüsen verdreckt: Tropfen statt Nebel - schlechtes Sprühbild
- Kraftstoffdruck zu niedrig: Verstopfter Filter, defekte Pumpe oder Druckregler
- Leckage in der Rücklaufleitung: Vor allem bei Common-Rail-Systemen kritisch

Besonders tückisch: Eine intermittierende Pumpenstörung ist schwer zu fassen - aber tödlich fürs Gemisch.

🔧 Mechanische Defekte im Brennraum

Hier wird's ernst. Kommt es zu Kompressionsverlust, ist die Energieausbeute im Eimer - die Folge: Fehlzündung.

Mögliche Ursachen:

- Undichte oder verbrannte Ventile (klassischer „Ventilbrenner")
- gerissene Zylinderkopfdichtung (vor allem bei Überhitzung)
- eingelaufene Kolbenringe oder verschlissene Laufbuchsen
- Haarrisse im Zylinderkopf - oft thermisch induziert, schwer zu lokalisieren

Diagnosetools der Wahl: Druckverlusttester und Kompressionsprüfung, Und das bitte nicht nach Gefühl, sondern mit kalibrierter Messuhr.

🔩 Falschluft - der stille Killer

Undichte Stellen im Ansaugtrakt ziehen Luft, die nicht vom Luftmassenmesser erfasst wurde. Dadurch wird das Gemisch abgemagert - gerade im Teillastbereich kann das zu periodischen Fehlzündungen führen.

Typische Lecks:

- poröse Unterdruckschläuche
- Risse im Ansaugkrümmer
- undichte Drosselklappenflansche
- falscher Sitz von Einspritzventilen im Saugrohr

„Wenn der Motor Luft säuft, wird's mager im Kopf."

📡 Sensorik verstrahlt

Defekte oder driftende Sensoren versauen dem Steuergerät die Entscheidungsgrundlage:

- Luftmassenmesser: misst zu wenig → Motor denkt, er braucht weniger Kraftstoff
- Kurbelwellensensor: springt der Phasenwinkel, stimmt das Zündsignal nicht
- Kühlmitteltemperatursensor: liefert zu niedrige Werte → Steuergerät überfettet
- Klopfsensor: überempfindlich → Frühzündung wird zu stark zurückgenommen

Wichtig: Ein Sensor muss nicht komplett ausfallen. Ein „langsames Sterben" liefert plausible, aber falsche Werte - die Diagnose wird zur Psychose.

Fehlzündungen sind ein Leuchtfeuer der Diagnostik. Diese Vielfalt möglicher Ursachen zeigt, wie wichtig eine gründliche und systematische Diagnose ist, um die tatsächliche Ursache einer Fehlzündung zu identifizieren. Und wenn du jetzt denkst, das war's schon - falsch gedacht. Eine Fehlzündung ist nicht bloß ein Husten aus dem Auspuff. Sie ist der Schmerzschrei eines Systems, das dir sagt: Hier stimmt was gewaltig nicht. Denn genau wie in der Notaufnahme zählt nicht das Symptom, sondern was dahinter steckt.

Zeit, die Parallelen zu ziehen, die vielen nicht mal auffallen, aber alles verändern:

1.2 Service-Werkstatt vs. Krankenhaus

Anamnese - Der Arzt erfragt die Krankengeschichte des Patienten. Ohne sie bleibt jede Diagnose lückenhaft.	**Kundenbefragung -** Der Techniker muss die Historie des Fahrzeugs und die Beobachtungen des Fahrers genau erfassen, um sinnvolle Rückschlüsse zu ziehen.
Körperliche Untersuchung - Der Arzt tastet den Körper ab, prüft Reflexe, kontrolliert sichtbare Symptome.	**Sichtprüfung** - Ein Blick unter die Haube zeigt oft mehr als ein Fehlerspeicher: Lecks, Risse oder verbrannte Stecker verraten viel.
Labortests - Blutanalysen liefern wertvolle Daten über den Zustand des Körpers.	**Diagnosetests** - Öl- und Kühlmittelanalysen oder Druckverlustprüfungen zeigen, ob ein Defekt vorliegt.
Differenzialdiagnose - Ärzte schließen systematisch Krankheiten aus, bis sie die Ursache finden.	**Gezielte Fehlersuche** - Statt blind Teile zu tauschen, werden Verdachtsfälle durch Tests bestätigt oder verworfen.
Symptombehandlung - Ein Schmerzmittel lindert, aber heilt nicht.	**Fehlerspeicher löschen** - Macht das Symptom unsichtbar, aber nicht die Ursache.
Notfallversorgung - In akuten Fällen zählt schnelles Handeln, um Schlimmeres zu verhindern.	**Pannenhilfe** - Der ADAC bringt dich vielleicht nach Hause, aber nicht zur eigentlichen Fehlerlösung.
Präventivmedizin - Regelmäßige Check-ups verhindern Krankheiten.	**Wartung** - Ölwechsel und Zahnriemenwechsel verhindern Motorschäden.
Rehabilitation - Nach einer OP folgt die Reha zur vollständigen Genesung.	**Instandsetzung** - Eine Reparatur ist erst dann abgeschlossen, wenn das System fehlerfrei läuft.
Impfungen - Schutz vor zukünftigen Krankheiten.	**Software-Updates** - Sie verhindern Fehler und schließen Sicherheitslücken.
Organtransplantation - Ein defektes Organ wird durch ein gesundes ersetzt.	**Bauteiltausch** - Aber nur, wenn wirklich nötig! „Teilewerfen" ist nicht Diagnose.
Vitalzeichenüberwachung - Blutdruck, Puls und Temperatur geben Aufschluss über die Gesundheit.	**Sensorüberwachung** - Ladedruck, Temperaturen und Einspritzzeiten verraten den Zustand des Motors.
Diagnostische Bildgebung - Röntgen und MRT liefern tiefe Einblicke.	**Endoskopie** - Eine Kamera im Zylinder kann verbrannte Ventile oder Riefen im Kolben sichtbar machen.

Medikamente - Halten den Körper funktionsfähig.	**Schmierung** - Ohne Öl läuft kein Motor lange.
Chirurgischer Eingriff - Gezielte OP zur Fehlerbehebung.	**Mechanische Reparatur** - Manchmal muss das Getriebe eben doch zerlegt werden.
Genetische Beratung - Gibt Aufschluss über erbliche Risiken.	**Service-Bulletins & Herstellervorgaben** - Zeigen bekannte Schwachstellen und sinnvolle Präventionsmaßnahmen.
Rehaplan - Strukturiertes Vorgehen zur Genesung.	**Reparaturanleitung** - Wer ohne Plan arbeitet, verschwendet Zeit und Geld.
Klinische Studien - Bevor Medikamente auf den Markt kommen, müssen sie getestet werden.	**Testläufe** - Vor der Freigabe eines neuen Motorsteuergeräts wird es geprüft.
Patientenakte - Dokumentation aller Behandlungen und Diagnosen.	**Servicehistorie** - Zeigt, was bereits geprüft und repariert wurde.
Hausarzt - Kennt den Patienten und seine Historie.	**Stammwerkstatt** - Kennt das Auto und seine Vorgeschichte, was die Diagnose erleichtert.

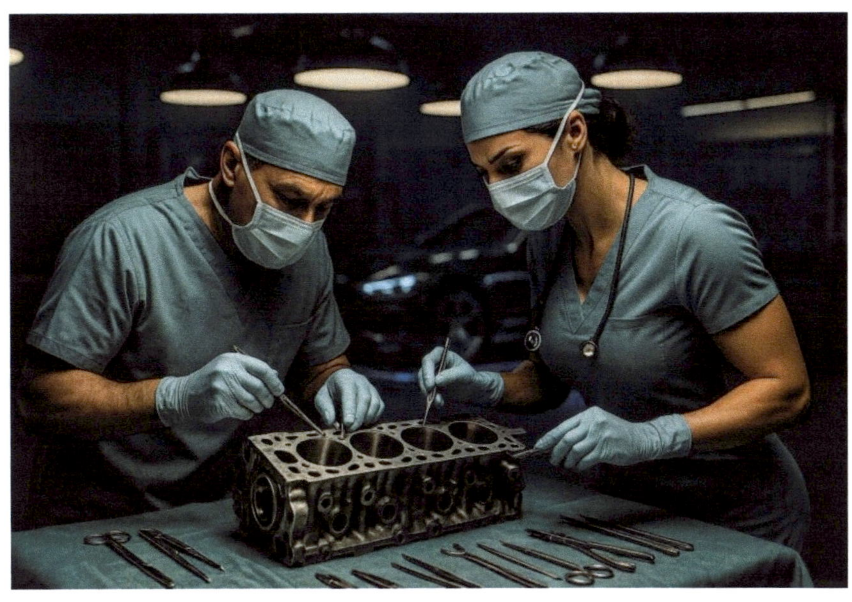

1.3 Nutze deinen Kopf als wichtigstes Werkzeug: Drei Schlüsselkompetenzen für erfolgreiche Diagnosen

In der Welt der Motorendiagnostik ist dein Kopf das mächtigste Werkzeug. Drei zentrale Fähigkeiten - Köpfchen, Hirn und Verstand sind maßgeblich, um Probleme effektiv zu lösen.

1. Köpfchen: Kreativität und Einfallsreichtum

Köpfchen steht für die Fähigkeit, kreative Lösungen zu finden und über den Tellerrand hinauszuschauen. Ein bemerkenswertes Beispiel für die Macht des Denkens in der Technik ist der Vorfall mit dem Mars-Rover "Spirit" der NASA im Jahr 2009. Nach fünf Jahren erfolgreicher Mission blieb einer der sechs Räder des Rovers im weichen Marsboden stecken. Die üblichen Methoden, den Rover zu befreien, schlugen fehl, und es bestand die Gefahr, die gesamte Mission zu verlieren.Anstatt aufzugeben oder riskante Manöver durchzuführen, setzte das Ingenieurteam auf intensives Nachdenken und kreative Problemlösung. Sie entwickelten eine Strategie, bei der der Rover Rückwärts fuhr und das defekte Rad als Anker nutzte, um sich langsam aus dem weichen Boden zu befreien. Diese unkonventionelle Methode basierte auf einem tiefen Verständnis der Physik des Marsbodens und der Mechanik des Rovers.

Durch diese geistige Flexibilität und das Verlassen ausgetretener Pfade gelang es dem Team, den Rover zu retten und die Mission fortzusetzen. Dieses Beispiel zeigt eindrucksvoll, wie maßgeblich der Einsatz des Kopfes und deines Hirnes in der Technik ist, insbesondere wenn standardisierte Lösungen versagen. Diese Herangehensweisen zeigen, dass im Außendienst nicht nur technisches Know-how, sondern auch geistige Flexibilität gefragt ist.

2. Hirn: Verständnis komplexer Zusammenhänge

Das Hirn ermöglicht es, komplexe Systeme zu verstehen und tiefere Zusammenhänge zu erkennen. In der Serie "Dr. House" nutzt der Protagonist sein tiefes medizinisches Wissen, um seltene Krankheiten zu diagnostizieren, die andere übersehen. Ebenso kann ein Techniker durch fundiertes Fachwissen die Ursachen von Motorproblemen erkennen, die auf den ersten Blick nicht offensichtlich sind. Dieses Verständnis ist Voraussetzung, um präzise Diagnosen zu stellen.

3. Verstand: logisches Schlussfolgern

Der Verstand befähigt uns, logisch zu denken und fundierte Schlussfolgerungen zu ziehen. Ein Beispiel aus dem Servicealltag: Ein Fahrzeug zeigt sporadische Leistungsprobleme. Durch systematisches Ausschließen möglicher Ursachen und logisches Denken identifiziert der Techniker einen defekten Sensor als Übeltäter. Diese Fähigkeit, logisch zu schlussfolgern, führt zu schnellen und effektiven Lösungen.

Der Kopf als unverzichtbares Werkzeug

Während Werkzeuge wie Schraubenschlüssel und Diagnosegeräte wichtig sind, ist der Kopf das zentrale Instrument, das diese Werkzeuge effektiv einsetzt. Ohne die Fähigkeit, kreativ zu denken, komplexe Zusammenhänge zu verstehen und logisch zu schlussfolgern, bleiben Werkzeuge nur einfache Instrumente. Es ist die geistige Kompetenz, die den Unterschied macht.

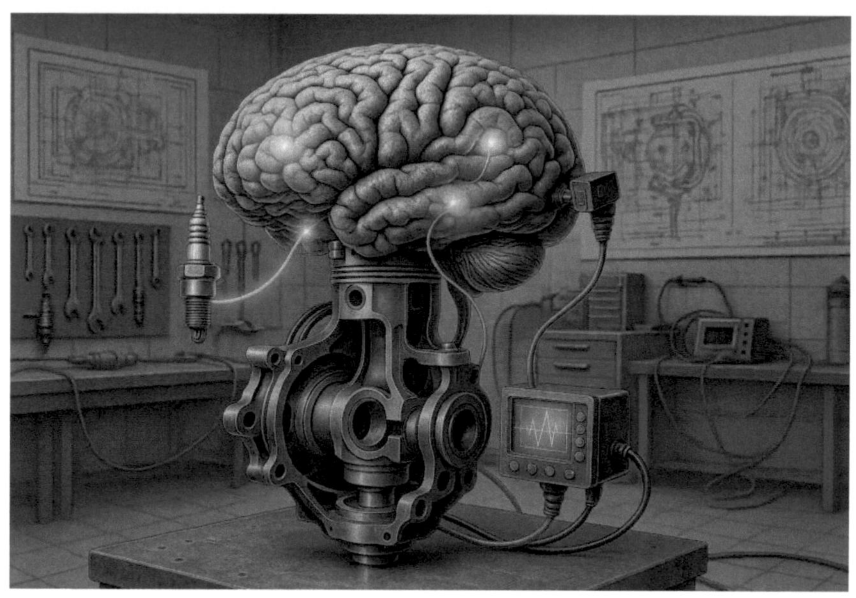

Entwicklung dieser Fähigkeiten

Nicht jeder verfügt von Natur aus über ausgeprägte Fähigkeiten in diesen Bereichen, aber sie können trainiert werden. Hier sind einige Methoden, um Köpfchen, Hirn und Verstand zu stärken:

a)   Kreativität fördern: Beschäftige dich mit neuen Hobbys oder kreativen Tätigkeiten, um dein kreatives Denken zu stimulieren.

b)   Fachwissen erweitern: Lies Fachliteratur und nimm an Weiterbildungen teil, um dein Verständnis für komplexe Systeme zu vertiefen.

c)   Logisches Denken trainieren: Löse Rätsel oder spiele Strategiespiele wie Schach, um deine Fähigkeit zum logischen Schlussfolgern zu verbessern

Durch kontinuierliches Training und den bewussten Einsatz deines Geistes kannst du deine diagnostischen Fähigkeiten auf ein neues Level heben.

Du hast bereits ein solides Fundament im Schrauber-Universum. Doch mit der bewussten Anwendung der Differenzialdiagnostik katapultierst du dich in eine neue Liga. Stell dir vor, du bist der Arzt deines eigenen Werkstatt-Hospitals, der jedem Symptom auf den Grund geht und die wahre Ursache entlarvt. Du stehst am Beginn einer spannenden Reise. Packen wir's an und machen aus jedem Problem einen gelösten Fall!

Einleitung für den Technikblock
Mechanik / Physik / Thermodynamik

"Hier gibt's keine Theorieprüfung. Hier kriegst du das Operationsbesteck für echte Diagnostik in die Hand."

Druck, Temperatur, Kräfte, Energieflüsse, das sind keine trockenen Zahlen.

Sie sind die Grundschaltkreise deines Motors.

Wenn du sie beherrschst, siehst du in jedem Geräusch, jedem Ruckeln, jedem Öltropfen kein Rätsel mehr sondern ein Muster.

Formeln? Nur die Essenz. Nur das, was zählt, wenn du am Tatort stehst und der Motor dir seine Geschichte erzählt.

Keine Angst. Keine Langeweile. Nur Werkzeuge. Und Macht.

1.4 Allgemeine mechanische Grundlagen - (Extended Version)

"Wenn du bei Formeln Schnappatmung bekommst, atme erstmal durch. Das hier ist keine Mathe-Olympiade, das ist deine Eintrittskarte in die Oberliga der Diagnostik."

Willkommen im Maschinenraum des Verstehens. Hier geht's nicht ums Pauken, sondern ums Begreifen. Du willst Motoren verstehen? Dann musst du wissen, was sie innerlich zerreißt und was sie am Laufen hält.

Denn ein Motor stirbt nicht daran, dass er mal einen schlechten Tag hat.

Er stirbt daran, dass du nicht gecheckt hast, welche Kraft an welchem Bauteil wohin zieht, welcher Druck wann zu viel wird und welche winzige Toleranz entscheidet, ob Öl schmiert oder versagt.

Und genau deshalb kommt hier der Teil, den viele überspringen. Aber du nicht.

Denn du willst's wissen. Du willst:
- Warum Kolben mit 25 m/s durch den Block ballern und trotzdem nicht aus dem Gehäuse fliegen.
- Warum ein Lager nicht versagt, weil's billig war, sondern weil du sein Spiel nicht verstanden hast.
- Und warum Druck nicht einfach „hoch" oder „niedrig" ist, sondern eine zerstörerische Realität in Newton pro Quadratmillimeter.

Das ist kein trockener Physikunterricht, sondern das ist das Regelwerk, nach dem dein Motor lebt oder stirbt.

Wenn du das hier meisterst, wirst du Fehler nicht mehr suchen sondern wirst sie voraussagen. Und das macht dich nicht nur besser. Das macht dich gefährlich gut.

Also: Bleib dran. Lies weiter. Rechne mit.

1.4.1 Kraft ist nicht gleich Kraft

Bei jedem Verbrennungstakt entsteht eine explosive Druckwelle im Brennraum. Diese drückt den Kolben nach unten - mit einer Gewalt, die selbst gestandenen Maschinen Angst einflößt. Je nach Motorkonzept reden wir hier über Spitzendrücke von 60-100 bar bei Ottomotoren und 100-200 bar bei modernen Dieseln. Formel dazu? Na klar:

Formel:

$$F = p \cdot A$$

mit:

- F: Kraft auf den Kolben [N]

- p: Zylinderdruck [Pa = N/m²]

- A: Kolbenfläche [m²]

Beispiel:
Ein Kolben mit 86 mm Durchmesser

(A ≈ 0,0058 m²) bei 100 bar Zylinderdruck (10^7 Pa) → ergibt

$$F = 10^7 \text{Pa} \cdot 0{,}0058 \text{m}^2 = 58000 \text{N}$$

→ fast 6 Tonnen Schub - pro Zündung.

1.4.2 Kolbengeschwindigkeit, schneller als Hirn

Bei 6.000 U/min schlägt der Kolben rund 100 mal pro Sekunde auf und ab. Und zwar mit Geschwindigkeiten von 15-25 m/s. Noch nicht beeindruckt?

Formel:

$$v_{Kolben,max} = \frac{\pi \cdot Hub \cdot n}{60} \text{t:}$$

- Hub in [m]

- n: Drehzahl [U/min]

Beispiel:
Hub = 90 mm = 0,09 m, n = 6.000 U/min →

$$v_{max} = \frac{3,1416 \cdot 0,09 \cdot 6000}{60} = 28,27 \text{m\\/s}$$

Der Kolben bewegt sich schneller als ein Lkw auf der Autobahn - mit Richtungswechsel. In jeder Sekunde. Das ist die maximale Kolbengeschwindigkeit bei halbem Hubumlauf, z. B. bei einem 2-Liter-16V-Hochdrehzahlmotor. Sehr sportlich!

1.4.3 Lagerspiel: Der schmale Grat zwischen Schmierung und Exitus

Das Lagerspiel im Pleuel- oder Hauptlager liegt typischerweise bei 20-80 µm (0,02-0,08mm). Das ist weniger als ein menschliches Haar dick.

Solange der Ölfilm intakt ist, schwebt das Lager reibungsfrei auf einer Hydrodynamikwolke. Sobald das Spiel zu groß wird:

Öl schießt durch wie durch ein Leck

- der Druck sinkt
- die Lagerreibung steigt
- der Abrieb steigt exponentiell

☞ Die Ölpumpe kann das Spiel nicht kompensieren - sie ist Volumenförderer, kein Druckgarant.

Formel (Hagen-Poiseuille):

$$\Delta p = \frac{8 \cdot \eta \cdot L \cdot Q}{\pi \cdot r^4}$$

Je größer der Spalt (r), desto stärker fällt der Druck.

KolbenKult

Wer das Lagerspiel ignoriert, jagt einer Fehlerspannung hinterher, die längst im Bauteil steckt. Ölverlust ≠ Ölpumpenschaden. Fast immer ist's das Lager selbst. Diese Gleichung ist extrem nützlich für alles mit Ölkanälen, Schmierbohrungen, Hydraulikleitungen oder Gasanalyse-Schläuchen und überall dort, wo Druckverluste entstehen, weil die Viskosität bockt.

Und Achtung: Das Ganze gilt nur bei laminarer Strömung (Re < 2000), was bei üblichen Ölviskositäten (z. B. 10W40) in Lagerstellen zutrifft. Turbulenz beginnt erst bei krassen Leckagen oder extrem verdünntem Öl. Also: Keine Ausreden.

1.4.4 Oszillierende Massen - die unsichtbare Keule

Die Kolben, Pleuel, Kolbenbolzen & Co. erzeugen oszillierende Massenkräfte, die auf das Kurbelwellenlager knallen.

Formel (1. Ordnung):

$$F_1 = m_k \cdot r \cdot \omega^2 \cdot \cos(\omega \cdot t)$$

Was passiert hier?

Diese Kraft oszilliert genau einmal pro Kurbelwellenumdrehung. Der Kolben rast nach oben, wendet brutal ab, rast wieder runter. Und dabei zieht er an Block und Lager wie ein Stier im Schleudergang.

Größen, die hier mitspielen:
- m_k: Kolbenmasse [kg]
- r: Kurbelradius [m]
- ω: Kreisfrequenz = $\omega = 2\pi f = \dfrac{2\pi}{T}$
- t: Zeit [s]

KolbenKult

Je höher die Drehzahl und je schwerer der Kolben, desto mehr Bums. Bei 6000 U/min schlägt dir der Kolben 100-mal pro Sekunde in die Lager. Und dann wundert sich der Laie, warum ein Serienmotor keine 10.000 dreht.

Klassisches Fehlersymptom:
- Starke, gleichmäßige Vibrationen im unteren bis mittleren Drehzahlbereich

- Verstärkung bei Beschleunigung, besonders bei langen Pleueln ohne Gegengewichtsausgleich

Gegenmaßnahme: Gegengewichte an der Kurbelwelle. Sonst vibriert nicht nur der Motor, sondern gleich das halbe Fahrzeug.

Formel (2. Ordnung):

$$F_2 = m_k \cdot r \cdot \omega^2 \cdot \frac{r}{l} \cdot \cos(2 \cdot \omega \cdot t)$$

Was passiert hier?

Zweimal pro Kurbelwellenumdrehung zieht und schiebt diese Kraft am Block. Und sie tut das hinterlistig: Die Amplitude ist kleiner als bei F_1, aber doppelt so schnell. Das stresst die Lager, reißt am Gehäuse und schüttelt dir feinere Resonanzen in den Rahmen.

Neue Variable:
l Pleuellänge [m] → beeinflusst das Verhältnis r zu l

⚠ **Achtung:**

Je kleiner r zu l, desto mehr Chaos. Ein zu kurzes Pleuel ist wie ein zu kurzer Schlagstock: Es haut zwar direkt, aber der Impuls geht direkt in den Knochen. Und dein Block ist der Knochen.

Typisches Fehlersymptom:
- Vibrationen nehmen mit Drehzahl exponentiell zu
- Besonders bei 4000-7000 U/min plötzliches Aufschaukeln
- Alles wurde angeblich "gewuchtet"? Dann liegt's oft an F_2.

KolbenKult

„Wenn dein Motor vibriert wie 'ne Kreissäge im Schleudergang, check dein Pleuelverhältnis. Liegt's unter 3,5, also Kurbelradius zu lang oder Pleuel zu kurz, dann ballert die Seitenkraft in dein Lager wie ein Vorschlaghammer."

⚙ Bonus: Die Bedeutung der Kolbenmasse m_k

m_k ist die Masse vom Kolben. Und die ist nicht nur für deinen Kraftschluss wichtig, sondern auch dafür, ob dein Block bei 8000 U/min noch in der Karosse steckt oder sich als Einschlaggeschoss durch die Haube verabschiedet.

Leichtere Kolben = weniger Massenkraft = höhere Drehzahlgrenzen. Aber: Zu leicht, und du verlierst thermische Trägheit und Schmierfilmstabilität. Also: Wähle weise, junger Schrauber.

- F_1 haut dich bei jeder Umdrehung wie der Beat in der Clubnacht
- F_2 ist der doppelt so schnell, aber heimliche Kopfnicker, der dich schleichend zersägt
- Beide zusammen erklären, warum ein Motor bei hoher Drehzahl mehr als nur laut wird

Diese Kräfte sind nicht nur Theorie. Sie sind die Ursache für geplatzte Lager, wandernde Kurbelwellen und schleichende Risse im Block.

1.5 Physikalische Grundlagen - Keine Gnade für Schwachstellen (Extended Version)

Du kennst die Gesetze. Vielleicht nicht mehr alle im Detail - aber dein Werkzeug hat sie immer gespürt.

Jetzt geht es nicht darum, sie neu zu lernen. Sondern darum, sie wieder zu aktivieren.

Denn jedes Diagnoseurteil, das du fällst, steht auf physikalischem Boden.

Und wer ihn ignoriert, stolpert - egal, wie viel Erfahrung er hat.

Dieses Kapitel bringt dir zurück, was du längst weißt. Aber jetzt brauchst, um exakter zu denken als jeder Fehlerspeicher.

Kein Ballast. Nur das, was zählt.

Präzise. Unverhandelbar. Wirklichkeitsnah.

Physik. Als Werkzeug. Nicht als Lehrbuch.

1.5.1 🌡 Temperatur - der stille Killer

Du denkst, Temperatur ist einfach „heiß oder kalt"? Falsch gedacht.
Metall lebt. Und es bewegt sich bei jeder Gradzahl.

Formel zur Längenausdehnung:

$$\Delta L = L_0 \cdot \alpha \cdot \Delta T$$

mit:

- ΔL: Längenänderung [m]

- L_0: Ausgangslänge [m]

- α: linearer Ausdehnungskoeffizient [K^{-1}]

- ΔT: Temperaturänderung [K]

Drei Typische Werte:

ALUMINIUM

$$\alpha_{Aluminium} \approx 22 \cdot 10^{-6}\mathrm{K}^{-1}$$

Wenn du z. B. einen Alu-Zylinderkopf hast und die Temperatur steigt um 100 K (z. B. von 20 °C auf 120 °C), dann verlängert sich jeder Meter Material um:

$$\Delta L = L_0 \cdot \alpha \cdot \Delta T = 1,0 \cdot 22 \cdot 10^{-6} \cdot 100 = 2,2mm$$

Zwei verdammte Millimeter! Bei 1 Meter Bauteillänge!

- ZKD (Zylinderkopfdichtung): Wird bei Kaltstart anders belastet als im warmen Zustand
- Steuerkette: Spannung ändert sich mit Kopfdehnung
- Kolbenlaufspiel: Muss so gewählt sein, dass bei heißem Alu-Kolben und kühler Laufbuchse nix klemmt

KolbenKult

„Aluminium dehnt sich wie ein Feierabendbierbauch im Hochsommer. Wenn du das nicht einkalkulierst, reißt dir der Block, die Steuerzeiten wandern oder dein Kolben streichelt intensiv beim Hochdrehen plötzlich die Zylinderwände."

GRAUGUSS

$$\alpha_{Grauguss} \approx 11 \cdot 10^{-6} \mathrm{K}^{-1}$$

Warum das in deinem Motor so verdammt wichtig ist:

Wenn du einen Alu-Zylinderkopf ($\alpha \approx 22 \times 10^{-6}$) auf einen Graugussblock ($\alpha \approx 11 \times 10^{-6}$) schraubst, dann sagt die Physik:

„Beim Warmwerden will der Kopf deutlich mehr wachsen als der Block."

Und was das bedeutet?

Der Kopf „zieht" beim Aufheizen am Block → Dehnungsspannung

Die Zylinderkopfdichtung wird gequetscht, gezogen, gedehnt

Wenn nicht exakt ausgelegt → Undichtigkeiten, Risse, ZKD-Schäden

Rechenbeispiel:

Temperaturerhöhung: $\Delta T = 100$ K

Länge: $L_0 = 0,5$ m

Aluminiumkopf:

$$\Delta L_{Alu} = 0,5 \cdot 22 \cdot 10^{-6} \cdot 100 = 1,1 mm$$

Graugussblock:

$$\Delta L_{Guss} = 0,5 \cdot 11 \cdot 10^{-6} \cdot 100 = 0,55 mm$$

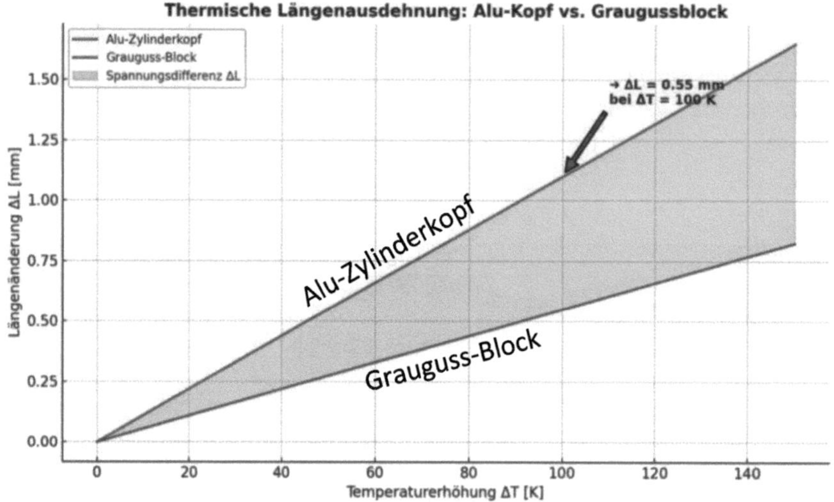

Differenz: 0,55 mm. Und die geht voll auf die ZKD   oder den Steg-spielbereich. Bei heutigen Füllungen mit   Laserstruktur   oder Viton-Abdichtung reicht das oft, um   Grenzwerte zu sprengen.

STAHL

$$\alpha_{Stahl} \approx 12 \cdot 10^{-6} \text{K}^{-1}$$

Bedeutung im Motorkontext:
Stahl liegt thermisch zwischen Aluminium und Grauguss
Wird oft in Schrauben, Bolzen, Pleueln oder Kurbelwellen verwendet
Besonders kritisch, wenn du Stahlschrauben in Alu-Gewinde schraubst
→ Unterschiedliche Ausdehnung = Spannungsänderung beim Temperaturwechsel

Beispiel: Dehnung einer 100 mm langen Stahlschraube bei 100 K Erwärmung

$$\Delta L = 0,1 \cdot 12 \cdot 10^{-6} \cdot 100 = 0,12 mm$$

Klingt wenig, ist aber geil, wenn die Schraube z. B. ein Deckel oder Lager exakt spannen muss. **Wichtig:** Thermisches Kriechen, Temperaturgradienten und Schraubenlängung führen bei Temperaturzyklen zu Spannungsverlust. Deshalb: **Dehnschrauben + definierte Anzugswinkel**.

KolbenKult

„Stahl dehnt sich weniger als Alu, aber mehr als Guss und landet damit mitten im thermisch bedingtem Nahkampf unter der Haube. Schraubst du einen Stahlzylinderkopf auf 'nen Alu-Block, dann brauchst du entweder verdammt gute Dehnschrauben oder eine Dichtung, die beten kann."

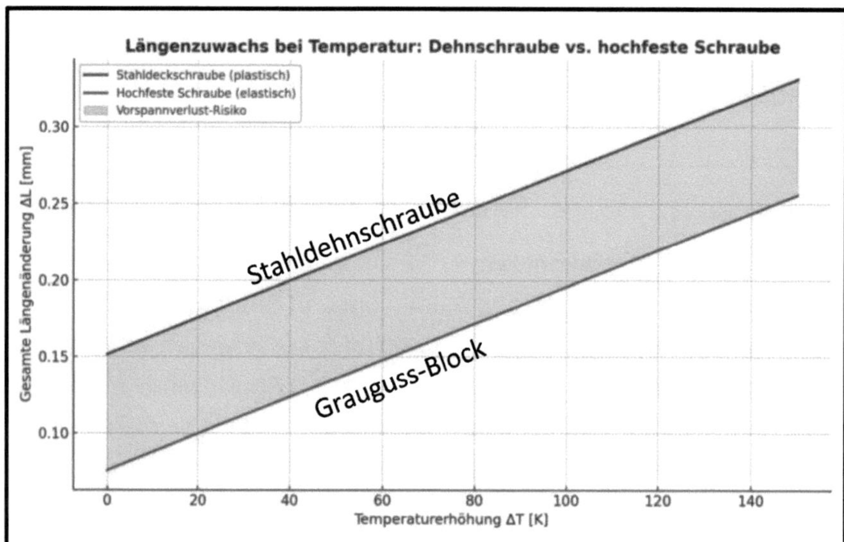

Grafik 1 Wenn du denkst, du bist schlau und nimmst 'ne 'bessere' Schraube mit höherer Festigkeit - aber sie dehnt sich nicht mit - dann zieht dir die Thermik die Dichtung unterm Hintern weg.

1.5.2   Druck - mehr als heiße Luft

Was ist eigentlich Druck?

Formel:

$$p = \frac{F}{A}$$

🕵 Was passiert hier?

Am oberen Totpunkt zündet das Gemisch. Innerhalb weniger Millisekunden baut sich ein Druck von über 60 bar auf und wirkt direkt auf den Kolbenboden. Was dabei entsteht, ist keine sanfte Bewegung, sondern eine schlagartige Krafteinleitung, die sich über Kolbenbolzen und Pleuel bis tief in den Block überträgt. Wenn hier etwas nachgibt, dann nicht langsam, sondern mit kapitalem Folgeschaden.

Größen, die hier mitspielen:

- F: Kraft auf den Kolben [N]

- A: Fläche des Kolbenbodens [m²]
  $$\rightarrow A = \frac{\pi \cdot d^2}{4}$$

- p: Druck im Brennraum [Pa oder bar]
  $$\rightarrow p = \frac{F}{A}$$

- d: Kolbendurchmesser [m]

Rechenbeispiel:

- F = 35 000 N

- d = 86 mm = 0,086 m

$$A = \frac{\pi \cdot 0,086^2}{4} \approx 0,0058\text{m}^2$$

$$p = \frac{35000}{0,0058} \approx 60345\text{Pa} = 60,3\text{bar} \text{ (Spitzendruck)}$$

KolbenKult

Je kleiner die Fläche und je höher die Kraft, desto mehr Druck.
Und der muss irgendwo hin. Entweder nach unten in den Antrieb
oder nach oben in deine Kopfdichtung. Rate mal, was passiert,
wenn Letztere nicht perfekt sitzt.

Klassisches Fehlersymptom:

- Undichte ZKD bei Volllast - aber dicht im Leerlauf
- Schwarze Ränder am Kolbenboden (Verbrennungsgase blasen durch)
- Öl im Wasser oder umgekehrt, weil der Brennraum durchdrückt
- Kolbenklingeln durch Druckspitzen bei falschem ZZP

Gegenmaßnahme:

Saubere Fläche, angepasste Vorspannung, temperaturresistente Dichtmaterialien und keine Pfuscher am Drehmomentschlüssel! Und: Verdichtungsverhältnis + Klopffestigkeit im Griff haben, sonst wird aus Leistung Zerstörung.

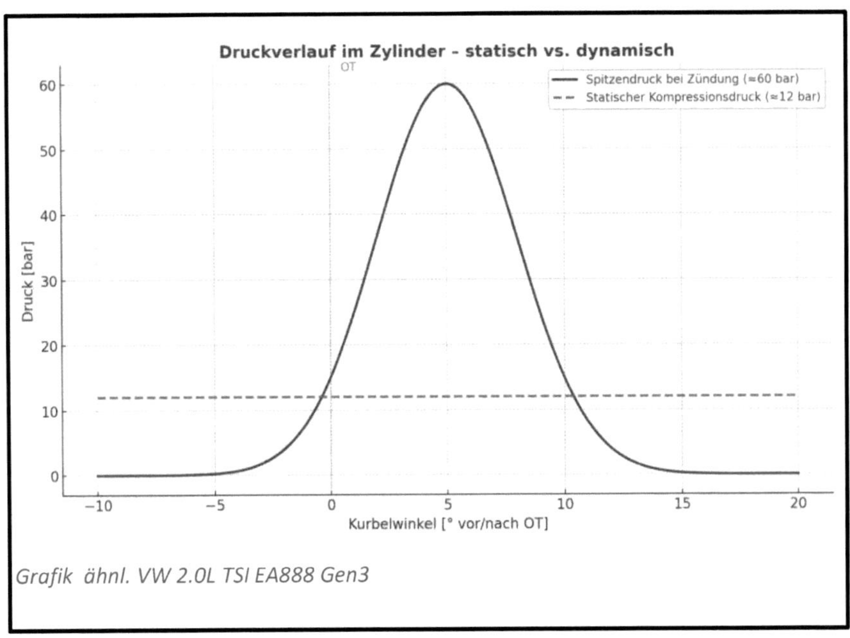

Grafik ähnl. VW 2.0L TSI EA888 Gen3

DAS DARGESTELLTE DRUCKPROFIL ORIENTIERT SICH AN EINEM:

VW 2.0L TSI EA888 GEN3 (TURBO-OTTOMOTOR, BENZIN-DIREKTEINSPRITZER)
MOTORCODE Z. B.: CHHB, CJX, CZPA

- 1984 CM³ HUBRAUM
- VERDICHTUNGSVERHÄLTNIS 9,6:1 – 10,0:1
- MAX. LADEDRUCK CA. 1,2-1,6 BAR (JE NACH VARIANTE)
- KOMPRESSIONSDRUCK (STATISCH): CA. 11,5-12,5 BAR
- SPITZENDRUCK BEI VOLLLAST: 40-50 BAR (IM MITTLEREN DREHZAHLBEREICH BEI OPTIMALEM ZZP)

1.5.3   📁 Reibung & Schmierung - dein schmaler Grat zum Exitus

Die drei Reibungsarten in jedem Verbrennungsmotor:

Reibungstyp	Zustand	Beispiel
Trockene Reibung	Kein Schmierstoff	Kaltstart ohne Ölfilm
Mischreibung	Teilweise Ölfilm	Kaltlauf mit kaltem Öl
Hydrodynamische Reibung	Volle Trennung durch Ölfilm	Idealzustand im Lager

Tabelle 1

Der Übergang ist fließend - beschrieben durch die Stribeck-Kurve. Was sie sagt: Wenn das Öl zu kalt, zu dünn oder der Druck zu niedrig ist, kommt es zur direkten Metall-Metall-Berührung.

→ Abrieb, Hitze, Totalschaden.

Formel: Reibkraft

$$F_{Reibung} = \mu \cdot F_{Normalkraft}$$

Wo μ der Reibungskoeffizient ist und der kann bei trockener Reibung locker das 10-fache von hydrodynamischer Reibung erreichen.

1.5.4 Werkstoffermüdung - wenn die Physik einfach kein Bock mehr hat

Ein Bauteil geht nicht immer „plötzlich" kaputt. Es ermüdet.

(Dauerwechselbeanspruchung und Schwingbruchverhalten) Jede Umdrehung, jede Vibration, jeder Lastwechsel schwächt das Material und das in vorhersehbaren Mustern.

Stichwort: Wöhlerkurve

Sie zeigt dir, wie viele Lastwechsel ein Material aushält, bevor es versagt.

Je höher die Belastung, desto weniger Zyklen hält es durch. Das nennt man: Dauerfestigkeit.

Beispiel:

Ein ganz normaler 1.6-Liter-Vierzylinder.
Kein Rennwagen. Kein Opa-Golf. Einfach Alltagsbetrieb:
Pendeln, Stadt, Land, bisschen AB.

- ⏱ Durchschnittsdrehzahl: 2.200 U/min
- 📏 Strecke: 100.000 km
- 🚚 Durchschnittsgeschwindigkeit: 50 km/h
- 🖩 Ergebnis:
  - →264 Mio.Umdrehungen
  - → **528 Mio. Kolbenhübe**

Das.heißt:

Ein Kolbenbolzen übersteht über **eine halbe Milliarde** kontrollierte Gewaltmomente.

Wer da über „frühzeitigen Verschleiß" meckert, hat die Wöhlerkurve nie gesehen.

Typische Ermüdungs-Folgeschäden:

- **ZKD reißt ohne Hitze** → Mikrorisse in der Dichtfläche oder in Schrauben
- **Kurbelwellenriss** → im Übergang von Wange zu Lagerzapfen → *Wöhlerbruch*
- **Pleuellager oval** → Ermüdung durch Millionen Lastwechsel, kein Montagefehler
- **Kettenspanner schlapp** → Rückstellfeder bricht nach Dauerbelastung – nicht durch Überlast
- **Bolzenbruch** → glänzende Rissfläche mit progressivem Anriss + Restbruch, *klassisch: Ermüdung*

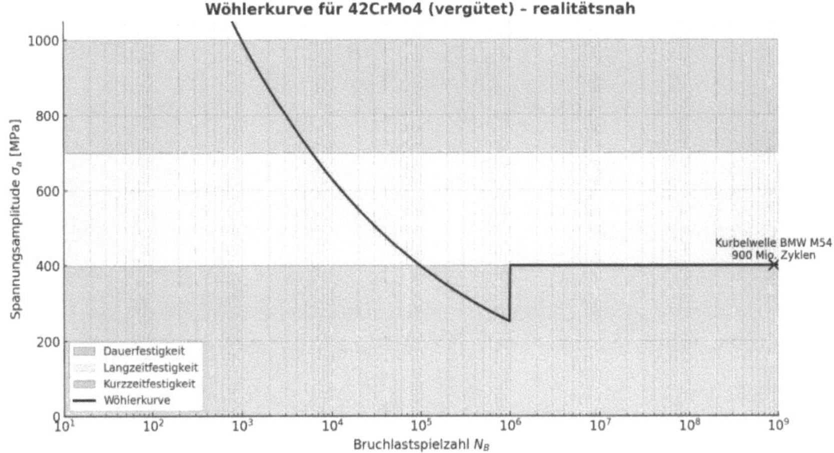

Grafik Beispiel: ähnl. BMW M54-Kurbelwelle

1.5.5   Dichte, Impuls, Energie
die heilige Dreieinigkeit der Motorphysik

a)   Dichte (ρ) - die Masse im Medium

Gibt an, wie viel Gewicht pro Volumen im Spiel ist.

Entscheidet darüber, wie viel Luftmasse dein Motor wirklich einatmet - nicht das Volumen, sondern der Massendurchsatz zählt.

Je dichter das Medium, desto träger das Verhalten (z. B. bei Flüssigkeiten in Leitungen oder Ölnebel im Blowby).

45

Typische Formel:

$$\rho(rho) = \frac{m}{V}$$

Kolben-Kult

„Du kannst so viel Ladedruck reinschieben wie du willst, wenn die Luft heiß und dünn ist, ist's wie 'n Proteinshake ohne Eiweiß. Klingt geil, bringt aber nix."

b) 🔘 Impuls (p) - wenn Masse Geschwindigkeit hat

Ohne Impuls kein Leben - äh, keine Bewegung.

Impuls ist die Grundlage jeder Kraftübertragung, Schwingung, Lagerbelastung.

Explosionsgase drücken auf den Kolben → der Kolben gibt's ans Pleuel → das Pleuel klatscht's auf die Kurbel.

Formel:

$$p = m \cdot v$$

KolbenKult

„Impuls ist der Grund, warum dein Motor nicht nur laut vibriert, sondern Lager frisst, Bolzen schert und Blöcke reißen. Je schwerer der Kolben und je schneller er ballert, desto mehr haut er dir alles kaputt, was nicht perfekt abgestimmt ist."

c) 🔋 Energie (E) - Sie verschwindet nie. Sie tarnt sich nur als Velust.

Verbrennung ist kein mystisches Feuerwerk, sondern ein exakter Energiewechsel. Was du in den Tank kippst, steckt voller chemischer Energie und die muss in mechanischen Vortrieb umgewandelt werden. Der Rest? Verpufft. Im wahrsten Sinne.

Die Umwandlung:

- **Chemische Energie** (Q_{chem} aus Kraftstoffverbrennung) → wird zu
- **Kinetischer Energie** $E_{kin} = \frac{1}{2} * m * v^2$ → Drehmoment, Beschleunigung
- **Thermischer Energie** (Verluste in Kühlwasser, Öl, Abgas, Reibung)
- **Elektrischer Energie** (Lichtmaschine, Steuergeräte, Sensoren)
- **Potentieller Energie** ($E_{pot} = m \cdot g \cdot h$, z. B. in AGR-Rückführung oder Höhenanpassung)

$$E_{gesamt} = Q_{chem} - Verluste$$

Die Verluste sind der Feind. Nicht die Leistung.

Wenn du wissen willst, warum dein Motor nicht zieht - dann frag nicht, was reingeht. Frag, was übrig bleibt, nachdem die Verluste alles weggesoffen haben.

Klassische Fehlersymptome

▼ **Falscher Luftmassenwert – trotz „korrektem" Ladedruck**
→ Luftdichte wird übersehen:

- Temperatur
- Feuchte
- Höhenlage

→ **Massendurchsatz ≠ Volumenstrom**
→ **Folge**: Zu wenig Sauerstoff
→ suboptimale Verbrennung
→ Leistungsverlust

▼ **Träge Drosselklappenreaktion / Ladedruckspitzen beim Schalten**
→ Impulsüberschuss im Saugtrakt
→ Druckwellen reflektieren
→ **Gasgeschwindigkeit bricht zusammen** → Füllung versaut sich selbst

▼ **Energieumsetzung mies obwohl die Verbrennung sauber scheint**
→ Zu hohe **Reibung**: Kolbenringe, Lager, Öl
→ **Kühlkreislauf** oder **Nebenaggregate** ziehen zu viel Leistung
→ Diagnosefalle: Alles „im Soll" – aber trotzdem keine Leistung?
→ Willkommen in der **Verlusthölle**.

▼ **Zylinderbank-Ungleichheit bei V-Motoren**
→ Unterschiedliche Saugwege
→ ungleiche Luftmassen
→ **Asymmetrischer Impuls** → ungleiche Füllung
→ **Unterschiedliche Verbrennungsdrücke**
→ Die „fette" Bank läuft sauber – die „magere" klopft sich kaputt

KolbenKult

„Wer weiß, wo die Energie herkommt und wo sie hingeht, findet auch raus, wo sie verloren geht. Und genau da wartet der Fehler."

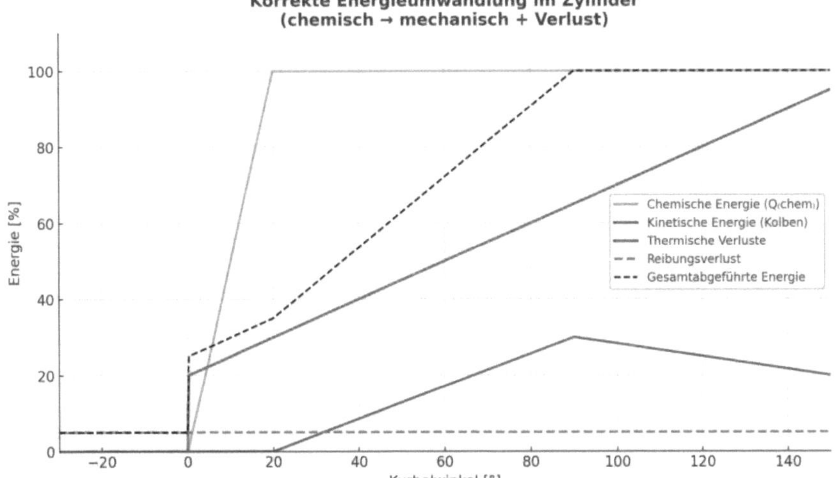

Schaubild 1: „Energie verschwindet nicht - sie wandert. Und wenn du nicht weißt wohin, dann wundere dich nicht, warum dein Motor Leistung frisst, aber nichts liefert."

1.6 Thermodynamische Grundlagen - Explosionsorchester unter Kontrolle (Extended Version)

Vergiss Feng Shui im Brennraum. Hier regieren Druck, Temperatur und kontrollierte Eskalation.

Ein Verbrennungsmotor ist nichts anderes als ein thermodynamischer Serienbrand, der pro Sekunde Dutzende Male entfacht wird, mit dem Ziel, möglichst viel Energie in Vortrieb zu verwandeln, bevor der Rest als sinnloser Wärmetod verpufft.

Wenn du das nicht verstehst, tappst du diagnostisch im Dunkeln.

1.6.1 ⚙ Wirkungsgrad: Die bittere Wahrheit

Von der Energie, die du tankst, kommt nur ein Bruchteil am Rad an.

🔬 Formel (thermodynamischer Wirkungsgrad):

$$\eta_{th} = \frac{W_{nutzbar}}{Q_{zugefuehrt}}$$

- $W_{nutzbar}$:Mechanische Arbeit, die über Kolben & Welle rauskommt

- $Q_{zugefuehrt}$: Chemische Energie aus dem Kraftstoff (z. B. Benzin: ca. 43 MJ/kg)

Typische Werte:
- Ottomotor (saugend): 25-30 %
- Dieselmotor (direkt einspritzend): 35-45 %
- Formel-1-Motor mit Hybrid: bis zu 50 % (aber nur durch Energierückgewinnung)

Der ganze Rest?
- Geht über den Kühler verloren
- Verpufft mit heißem Abgas aus dem Auslass
- Wandert als Reibwärme in Öl, Wasser, Kolbenringe, Lager und Zahnflanken

⊞ Klassische Fehlersymptome

▼ Motor läuft, aber zieht nicht

→ Wirkungsgradverlust durch:

- Falschen Zündzeitpunkt
- Miese Gemischbildung
- Verrußte Einspritzdüsen

▼ Verbrauch hoch, aber keine Mehrleistung

→ Energie wird verheizt statt verwertet:

- AGR defekt oder zu früh offen
- Ladeluftkühler bringt nix
- Trägheit im Ansaugtrakt

▼ Alles eingestellt, aber Endgeschwindigkeit enttäuscht

→ Reibung frisst Leistung:

- Öl zu dick
- Radlager tot
- Bremse schleift
- Kupplung rutscht

▼ Abgas heiß wie die Hölle, aber kein Druck auf der Welle

→ Ursache:

- Falscher Zündzeitpunkt
- Spätzündung
- Klopfen
  → Folge: Energie ballert in den Krümmer, nicht in den Antrieb.

KolbenKult

„Wer glaubt, ein Motor verwandelt 100 % Benzin in Vortrieb,

glaubt auch, dass TikTok-Tuner echte Ingenieure sind.

Reibung, Wärme und Verluste sind die echten Mitfahrer, teure

Arschgeigen eben."

Die meiste Energie verschwindet anstatt zu arbeiten.

1.6.2 💥 Verbrennungsdruck - das unsichtbare Monster

Wenn du wissen willst, wie stark es im Zylinder knallt, hier ein Reality Check:

- Ottomotor, saugend: 30-60 bar
- Ottomotor, Turbo: 60-100 bar
- Stationärmotor: 80-140 bar

- Dieselmotor, modern: 100-200 bar
- Rennmotor / Dragster : bis über 250 bar

☞ Verwechsle das nie wieder:

Spitzendruck:

- Der kurzzeitige Maximaldruck im Zylinder, direkt nach der Zündung (typisch: 5-10° nach OT).
- Wirkt auf den Kolbenboden mit voller Wucht, mehrere Tonnen Kraft pro Takt.
- Entsteht bei jeder Verbrennung innerhalb von Millisekunden.
- Nur messbar mit einem Zylinderinnendrucksensor (Indiziersensor).

Statischer Druck:

- Der Druck, den du beim Kompressionstest mit dem Manometer misst.
- Entsteht nur durch die Verdichtung (ohne Zündung!).
- Typisch: 10-15 bar bei Ottomotoren, 20-35 bar bei Dieseln.
- Hat nichts mit dem echten Verbrennungsdruck zu tun, sondern nur mit dem Zustand von Ventilen, Ringen, Laufbuchsen.

Formel (Kolbenkraft):

$$F = p * A$$

→ Jetzt weißt du: Je höher der Spitzendruck, desto größer die Kolbenkraft und desto mehr Stress auf Lager, Pleuel, Kopf, Schrauben, Dichtungen.

(Anmerkung: Für die tatsächliche Belastung sind zusätzlich die *Zeitverläufe*, *Druckanstiegsgeschwindigkeit* (dp/dα) und *Resonanzeffekte* entscheidend)

▧ Klassische Fehlersymptome

▼ **„Klopfen unter Last"**
→ Spitzendruck steigt zu schnell → **Detonation**
→ Schäden an **Kolben**, **Lagern** und **Zylinderkopf** möglich

▼ **„ZKD neu gemacht, trotzdem wieder durch"**
→ Statischer Druck okay, aber:
→ **Spitzendruck** zu hoch wegen:

- falschem Zündzeitpunkt
- überhöhtem Ladedruck
- ungleichmäßiger Einspritzung

▼ **„Lager eingelaufen, aber Kompression top"**
→ Kein Widerspruch:

- Kompressionstest misst **statischen Druck**
- Schäden entstehen durch **Spitzendruck** → rein mechanischer Stress

▼ **„Riss im Kopf, aber keine Überhitzung?"**
→ Langfristige **Spitzendruckbelastung**

- Materialmüdigkeit
- lokale Dehnungsspannungen
  = Mikrorissbildung
  ohne klassische thermische Ursache

KolbenKult

„Spitzendruck ist wie ein Vorschlaghammer im Zylinder. Wer ihn unterschätzt, kriegt's nicht auf die Kette, sondern auf die Lager, die Dichtung und den Kopf."

1.6.3 λ Lambda-Wert - Der Dirigent der Verbrennung

Lambda (λ) beschreibt das Verhältnis von Luftmenge zur stöchiometrischen Luftmenge:

$$\lambda = \frac{tatsächliche\ Luftmasse}{stöchiometrische\ Luftmasse}$$

- Für Benzin liegt die stöchiometrische Mischung bei 14,7:1 → 14,7 kg Luft auf 1 kg Kraftstoff

Was passiert bei Abweichungen?

- $\lambda < 1$ (fett):

    → Unverbrannter Sprit, Leistungsverlust, hoher Verbrauch, verrußte Lambdasonden

- $\lambda > 1$ (mager):

    → Heißere Verbrennung, Klopfgefahr, Kolbenüberhitzung, Auslassventilschäden

💀 **Das Problem:**
Lambda allein sagt nichts über die Verteilung im Brennraum. Ein Motor kann im Mittel perfekt laufen, aber lokal so mager oder fett sein, dass es zu Fehlzündungen, Klopfen oder Bauteilversagen kommt.

Genau deshalb klopfen Motoren, obwohl der Lambda-Wert im Steuergerät „ok" aussieht.

 **Klassische Fehlersymptome, die Lambda oft kaschiert:**

▼ **„Motor klopft nur unter Volllast"**

→ Lambda „im Mittel" okay – aber:

- Einlassverwirbelung

- Düsenschiefstrahl
  ⇒ führen lokal zu **Magermischung** →
  Klopfgefahr

▼ **„Zündkerze auf Zylinder 3 immer weiß – alle anderen normal"**

→ Lambda-Wert korrekt – aber:

- Verteilungsproblem in der Ansaugbrücke

- Undichtheit oder geometrischer Fehler
  ⇒ **Lokale Magerverbrennung**

▼ **„Ruckeln trotz Lambda 1,00"**

→ Übergangsbereiche (Teillast, Lastwechsel) schlecht abgestimmt
⇒ Gemisch pendelt lokal zwischen **fett und mager**
⇒ spürbares Laufunruhe-Symptom

▼ **„Katalysator hat intern geschmolzen – aber kein Fehler im Speicher"**

→ Lokale Magerzonen überhitzen Kat
→ Steuergerät sieht nur **den Mittelwert**
⇒ Kat stirbt – Lambda sagt: „Alles okay."

▼ **„Zylinder 4 läuft ständig zu fett – trotz identischer Einspritzmenge"**

→ Luftmasse nicht gleich verteilt

- AGR-Rückführung asymmetrisch

- LMM-Position beeinflusst Verteilung
  ⇒ Lambda pro Zylinder **nicht konstant**

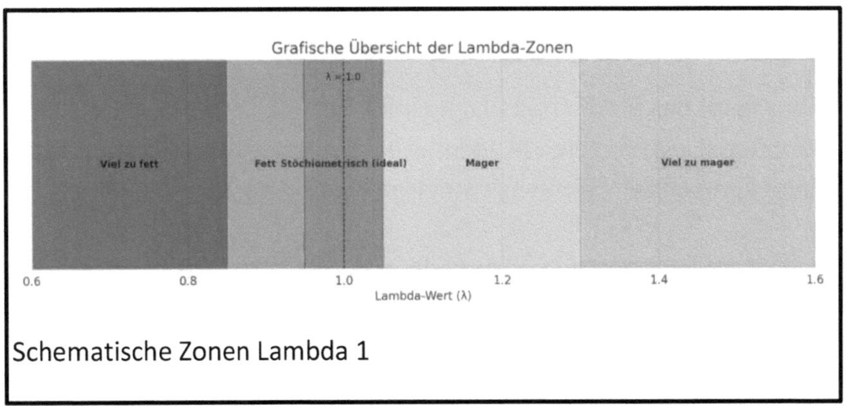

Schematische Zonen Lambda 1

1.6.4 ✳ Klopfen, wenn der Motor sich selbst zerreißt

Klopfen ist keine normale Verbrennung, sondern eine unkontrollierte Selbstzündung in einem Bereich des Brennraums, nachdem die Hauptzündung längst gezündet hat.

- Der Kolben ist bereits unterwegs nach unten.
- Doch in einem heißen, mageren Restgemisch entzündet sich die Suppe von selbst.
- Es entsteht eine zweite Druckwelle, die sich der ersten in den Weg stellt.

Resultat: Hochfrequente Druckspitzen, metallisches „Klingeln", Materialermüdung, früher Tod.

Wenn dein Klopfsensor anspricht, ist das kein Fehler, das ist ein Warnschuss. Denn was er misst, ist nicht der Knall, sondern der akustische Schmerzschrei des Motors, wenn irgendwo im Endgasbereich eine spontane Explosion zündet, nachdem die normale Verbrennung längst läuft. Der Sensor reagiert auf hochfrequente Druckschwingungen - typischerweise im Bereich von 6 bis 8 kHz, exakt da, wo kein normales Zündereignis mehr etwas zu suchen hat.

Was heißt das für dich als Diagnostiker?

Klopfen ist kein Fehlercode. → Es ist ein Betriebszustand, den das Steuergerät kompensiert, wenn es schnell genug ist.

Ein reagierender Klopfsensor bedeutet:

- Dein Zündwinkel ist zu früh,
- dein Kraftstoff hat zu wenig Klopffestigkeit (ROZ/MOZ),
- deine Gemischbildung ist ungleichmäßig (lokal mager),
- oder der Brennraum hat thermische Hotspots (Ablagerungen, glühende Injektoren).

Erweiterte Diagnostik:

1. Ein NICHT ansprechender Klopfsensor heißt NICHT, dass nicht geklopft wird. → Prüfe: Ist der Sensor aktiv, korrekt parametriert, elektrisch okay und im richtigen Frequenzbereich empfindlich?

2. Das Steuergerät kann Klopfen nur kompensieren, aber nie ungeschehen machen.
   → Wenn es dauerhaft den Zündzeitpunkt zurücknimmt (z. B. 8–12° später als Soll), geht Leistung flöten, Thermik steigt, Verbrauch zieht an.
   → Du fährst dann mit angezogener Handbremse, nur ohne Warnlampe. Normale Verbrennung: glatter Druckanstieg nach Zündung, kein Hochfrequenzanteil

3. Kritischer Zündwinkel bei Klopfgefahr
   → *Ab ca. 12° vor OT kritisch*, vor allem bei Verdichtungsverhältnissen >11:1 unter Volllastbedingungen.
   → Besonders sensibel in Kombination mit heißem Endgas, Ablagerungen oder falschem Kraftstoff.

4. Klopfen: Druckpeak mit aufmodulierten Schwingungen, oft sichtbar als gezackter Verlauf nach dem Maximum

5. Messbar mit: Piezozylinderdrucksensor, Klopfsensor, Schwingungsanalyse, manchmal auch im Scope-Signal (z. B. über BNC-Buchse am Steuergerät)

Klassische Fehlersymptome

▼ **„Motor klingelt nur bei hoher Last und Drehmoment"**
→ Spitzendruck steigt zu schnell
→ Unkontrollierte Detonation
→ Sofortige Belastung für Lager, Kolben und Dichtung

▼ **„Keine Fehler im Speicher – aber Zündwinkel zieht zurück"**
→ Klopfregelung aktiv
→ Sensor erkennt hochfrequente Druckspitzen
→ Steuergerät verzögert ZZP → Leistungseinbruch ohne Warnlampe

▼ **„Leichte Vibrationen unter Teillast, nur bei heißem Motor"**
→ Klopfen wird akustisch nicht wahrgenommen
→ Äußert sich nur durch unsauberes Laufverhalten
→ Führt über Zeit zu Kolben- & Lagerschäden

KolbenKult

„Differenzialdiagnose bedeutet hier: → Nicht glauben, dass Klopfen das Problem ist.

Sondern erkennen, dass Klopfen die Folge ist von etwas, das du finden musst."

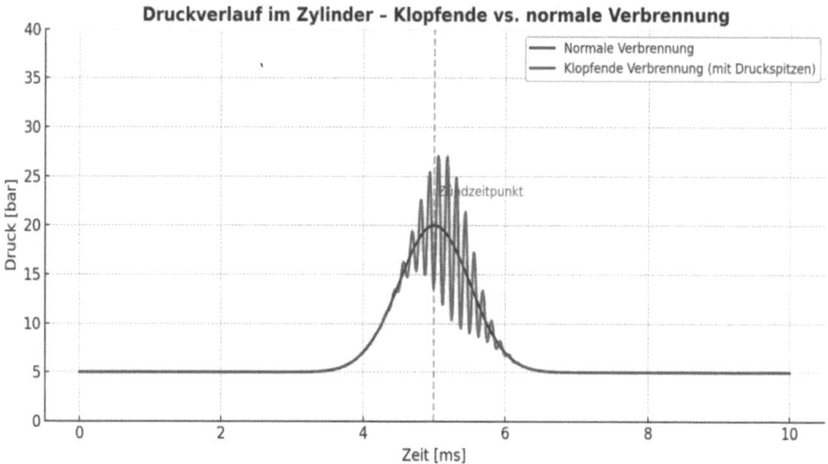

1.6.5 💧 Flammenausbreitung & Temperaturhölle - Wenn der Motor zum Pyromanen wird

Ein Ottomotor ist kein Lagerfeuer, sondern ein kontrollierter Flammenwerfer auf vier Takten. Die Zündung beginnt punktuell an der

Kerzenspitze und entfaltet sich als Flammenfront, die sich durch den Brennraum frisst wie eine Wildsau durchs Unterholz.

Aber, und das ist hier wichtig zu kapieren, nicht alles zündet gleichzeitig.

Flammenfrontgeschwindigkeit - Theorie vs. Werkbank

- Laminar (theoretisch): 0,3-0,5 m/s
- Turbulent (realistisch im Zylinder): bis zu 50 m/s

Warum das wichtig ist? Weil die Zeit, die die Flamme braucht, um den Brennraum zu durchqueren, entscheidend dafür ist, wann und wie der maximale Druck im Zylinder auftritt.

> **Kommt die Zündung zu spät** → Flamme zu langsam → Kolben ist schon unterwegs nach unten → Druck verpufft → **Leistungsverlust.**
>
> **Kommt sie zu früh** → Flamme zündet, bevor der Kolben seinen oberen Totpunkt erreicht hat → Gegenschlag → **Klopfen, erhöhte Pleuellast, Kolbenbodentemperatur geht durch die Decke.**

Zündzeitpunkt ist keine Meinung.

Er ist das Ergebnis aus Mathematik, Chemie, Physik und Maschinenbau. Er hängt ab von:

- der Geometrie des Brennraums
- der Kolbengeschwindigkeit
- der Luftbewegung (Tumble/Swirl)
- und - ganz wichtig - von der Qualität des Kraftstoffs

Wer hier rät, statt zu messen oder zu simulieren, schreibt das nächste Schadensgutachten gleich mit.

Temperaturverlauf, wenn der Motor langsam stirbt

Hitzetod im Motor kommt nicht mit Ankündigung, sondern schleichend. Und erbarmungslos.

Bauteil	Max. Temperatur bei Volllast
Kolbenboden	400-500 °C
Auslassventil	700-850 °C
Abgastempera-tur	**Benzin**: 850-950 °C
	Diesel: 650-750 °C
	Turbo-Diesel (DPF): >1.000 °C

Und jetzt stell dir mal vor: Du hast eine unsaubere Verbrennung. Irgendwo im Brennraum zündet's nicht sauber oder gar doppelt (Stichwort: Klopfen). Dann geht's ab. Lokal entstehen Hotspots, Temperaturen schnellen hoch und du kriegst keinen Fehlercode.

Thermische Schwachstellen, wo der Tod lauert:

- ❖ Ventilsitzringe → Materialermüdung bei Dauerfeuer
- ❖ Einspritzdüsen → Verkokung, Tropfneigung, ungleichmäßiges Sprühbild
- ❖ Zylinderkopfdichtung → kombiniertem Stress aus Temperatur & Druck oft nicht gewachsen

 **Klassische Symptome bei thermischer Fehlverbrennung:**

<table>
<tr><td>

Zündwinkel wird permanent zurückgenommen
→ Auch bei 98+ Oktan
→ Klopfregelung aktiv trotz scheinbar optimalem Kraftstoff

▼ **Zündkerzen mit asymmetrischem Weißbruch**
→ Typisch bei lokalen Hotspots oder mageren Zonen
→ Frühindikator für Überhitzung einzelner Brennraumbereiche

▼ **Erhöhter Ölverbrauch**
→ Ursache: Versinterte oder temperaturgeschädigte Kolbenringe
→ Ölfilm bricht zusammen – Schmierung versagt lokal

</td><td>

▼ **Drehmomentloch im mittleren Lastbereich**
→ Thermische Rücknahme durch Klopfsensor
→ Gemischbildung instabil bei Übergängen

▼ **Verfärbter Kolbenboden oder Ventilansatz**
→ Sichtbarer Hitzeschaden bei Demontage
→ Oft ohne Fehlereintrag – aber mit klarer Spurenlage

</td></tr>
</table>

Die FSI-Geschichte oder wie man aus Innovation ein Fehlerbild baut

Es war das Jahr 2000. Volkswagen bringt mit großer Geste seine FSI-Technologie auf den Markt: *Fuel Stratified Injection (FSI).*

Direkteinspritzung mit magerer Schichtladung, gezündet durch eine bewusst asymmetrisch platzierte Zündkerze, das klang nach technischer Revolution.

Der Plan:

• **Im Teillastbereich:** Magerbetrieb mit $\lambda > 1{,}3$ – nur lokal angereicherte „Zündwolke" $\rightarrow$ Verbrauch runter, NOx hoch

• **Im Volllastbereich:** Homogenes Gemisch $\rightarrow$ volle Leistung

• **Ergebnis laut Datenblatt:** Sparsam wie ein Diesel, agil wie ein Benziner

Die Realität:

- Im homogenen Betrieb lief der Motor tatsächlich gut.
- Im Schichtbetrieb dagegen wurde die Verbrennung instabil:

   o   Die Flammenfront konnte sich nicht gleichmäßig ausbreiten
   o   Es entstanden lokale Hotspots, unkontrollierte Selbstzündungen
   o   Klopfneigung trotz Lambda > 1,3
   o   Zündwinkel wurde vom SG permanent zurückgenommen

Diagnostischer Albtraum:

Kein Fehlercode, kein Notlauf, keine klassische Warnung

Aber:

- Klopfsensor am Dauerlimit
- Lambda-Korrekturen in ständiger Bewegung
- Zündwinkelrücknahme bis zu 12° KW
- Leistungsverlust, Ruckeln, Thermik steigt

Langfristige Schäden:

- Einlassventile verkoken → kein Kraftstoffstrom zur Spülung
- NOx-Emissionen stiegen → Kat degenerierte frühzeitig
- Motorklang wurde rau – fast wie mechanischer Verschleiß
- Katalysatoren schmolzen lokal durch

Und VW?

Bauteile wurden getauscht. Steuergeräte neu programmiert. Kunden bekamen Rücknahmen, aber keine Diagnosen.

Was ein echter Diagnostiker erkannt hätte:

Fragen statt Teile:

- Warum klopft ein Motor bei Lambda > 1,3?
- Warum tritt es *nur im Schichtbetrieb* auf?
- Warum zieht das SG den Zündwinkel zurück, ohne Fehlercode?

Diagnose:

Der Fehler lag nicht im Sensor, nicht im Steuergerät. In Wirklichkeit in der Konstruktion selbst.

In einem Gemisch, das physikalisch nicht mehr sicher zündet, In einem Brennraum, der thermisch aus dem Gleichgewicht gerät und in einer Motorsteuerung, die an der Klopfgrenze entlangschrammt.

Wenn ein Motor bei Lambda 1,4 klopft, hat nicht das Steuergerät versagt, aber der, der geglaubt hat, man könne Flammenverlauf und Thermik ignorieren. Die FSI-Story ist ein Lehrbuchfehler, aus dem man lernen muss und nicht ein Fall für das Ersatzteillager.

Kapitel 2 Causal Extraction (CE)

Die Anatomie der echten Diagnose
(*KolbenKult-Protokoll*)

2.1 Causal Extraction - Der evolutionäre Gipfel der Differenzialdiagnose

Definition (staub trocken erklärt):

Causal Extraction (CE) ist eine Denkarchitektur. Entwickelt für die vollständige Kausalrekonstruktion technischer Störungen innerhalb dynamisch gekoppelter Systeme. Es basiert auf den Grundprinzipien der Differenzialdiagnostik, erweitert um systemtheoretische Falsifikation, realbedingte Belastungsprovokation und finale Ursachenverifikation unter realphysikalischen Randbedingungen. CE zwingt zur Hypothesenbildung, nicht zur Meinung. Es provoziert Fehler, bis sie brechen und nicht bis sie plausibel erscheinen.

Auf Deutsch: CE ist der methodische Genickbruch für jede falsche Theorie. Wer nur glaubt, hat verloren. Wer beweist, gewinnt.

Die Struktur - Die sechs Säulen von CE:

CE ist zirkulär, iterativ, brutal exakt. Jeder Schritt hängt logisch vom vorherigen ab, aber alle gemeinsam bilden ein sich selbst verstärkendes System:

1. **Symptome sezieren:** Keine vagen Aussagen. Nur strukturierte, getriggerte, rekonstruierte Phänomene.
2. **Jeder lügt - auch du:** Menschliche Aussagen und digitale Codes sind keine Wahrheiten.
3. **Hypothesen zerschießen:** Wer seine Idee nicht selbst killen will, hat keine. CE fragt nicht: Könnte stimmen? Sondern: Warum fliegt's nicht längst in die Luft?
4. **Fehler provozieren:** Ein System testest du nicht mit Fragen, aber mit Stress. Wenn's nicht knackt, hast du nicht gedrückt.
5. **Mikrosignale dechiffrieren:** Kleine Hinweise flüstern, wo große Probleme lauern. CE liest zwischen den Zeilen, bis aus einem Nebensatz der Fehler hervorkriecht.

6. **Praxisvalidierung:** Keine Theorie gilt, bevor sie sich im realen
    System unter realer Last beweist. Standdiagnostik ist Simula-
    tion. CE will Realität.

SÄULE 1: Symptome sind der Schlüssel

🔬 Definition:

In der technischen Systemanalyse bezeichnet man als Symptom eine
beobachtbare oder messbare Abweichung eines Systems von seinem
vorgesehenen Funktionszustand. Symptome sind sekundäre Erscheinun-
gen, also Reaktionen des Systems auf eine primäre Störung und vergleichbar mit Fieber in der Medizin: nicht die Krankheit selbst, sondern
deren Ausdruck.

Eine Differenzialdiagnose im technischen Kontext beginnt daher *nicht*
mit der Ursache, sondern mit der präzisen, vollständigen und systematisch geordneten Erhebung der Symptomlage.

Das ist extrem wichtig, weil technische Systeme häufig nichtlinear reagieren. Ein einzelnes Symptom (z. B. Ruckeln bei Last) kann durch Dutzende potenzielle Fehlerquellen entstehen: Kraftstoffmangel, Zündaussetzer, Steuerzeitenverschiebung, Luftmassenabweichung, thermische
Effekte, intermittierende elektrische Kontakte oder ein verkrampfter Is-
chiasnerv, der beim Fahrer Zuckungen im Bein auslöst. Die Liste ist lang.

🦌 Klartext:

Ein Fehlercode ist bloß der Typ, der am Tatort steht. Wer sofort den erstbes-
ten verdächtigt, weil er „danebensteht", schraubt wie ein Bulle, der denkt, der
mit den Handschellen ist automatisch der Mörder.

🩺 Eine Diagnose, die auf einem Einzelwert oder einem pauschalen Fehlercode basiert, ist daher statistisch wertlos, denn sie entspricht einem *diagnostischen Kurzschluss*. Nur wer alle Symptome in ihrer chronologischen, funktionel-
len und physikalischen Logik betrachtet, kann eine valide Hypothese bilden.

 Praxisrelevanz:

In der Praxis passiert es jeden Tag: Ein Kunde beschreibt ein Ruckeln, der Fehlerspeicher meldet „Zündaussetzer Zyl. 2" , und schon fliegt die Zündspule raus. Doch Zündaussetzer sind multikausale Symptome.

Sie entstehen bei Zündungsfehlern, Einspritzproblemen, Luftmassenfehlern, Steuerzeitenverschiebung oder thermischen Überlastungen. Wer hier ohne strukturelle Analyse eingreift, verschiebt das Problem bestenfalls, oder macht es schlimmer. Symptome müssen isoliert, verglichen, getriggert und systematisch gegen das Gesamtsystem gespiegelt werden, bevor irgendetwas getauscht wird.

 **Realfall / Beispiel :**

- **Initialsymptom:** Sporadisches Ruckeln bei Volllast über 3.000 U/min, MKL blinkt.
- **Klassischer Denkfehler:** „Zündaussetzer Zylinder 4" → Zündspule tauschen → keine Besserung.
- **KolbenKult-Vorgehen:**
    - Symptom tritt nur bei Volllast auf → *Last- und Drehzahlbedingung relevant.*
    - Kompressionstest unauffällig → *mechanisch stabil.*
    - Luftmassenmesser plausibel → *keine Systemabweichung.*
    - Ladedruck okay → *kein Über- oder Unterdruck.*
    - Rauchtest: leichter Nebelaustritt an Ansaugbrücke, nur unter thermischer Ausdehnung wichtig.
- **Echte Ursache:**
  Eine minimal verzogene Dichtfläche an der Ansaugbrücke → zieht bei hoher Last Falschluft → Gemisch zu mager → Klopfregelung greift → Frühzündung → Zündaussetzer.
  Die Spule war nur der Bote aber nicht die Ursache.

Diagnosetechnisches Werkzeug :

 Live-Datenlog bei Lastfahrt + Rauchtest unter Warmlaufbedingungen.

Warum? Weil viele Undichtigkeiten erst bei thermischer Ausdehnung spürbar werden, im Leerlauf undicht, aber noch nicht „krank". Wer nur kalt testet, verpasst die Pathologie.

SÄULE 2. Jeder lügt - auch dein Fehlerspeicher

Definition:

In der technischen Diagnostik ist die Informationsquelle ein kritischer Faktor und genau hier liegt eine der größten Schwächen: Menschen lügen. Und Maschinen auch.

Die menschliche Kommunikation unterliegt kognitiven Verzerrungen wie Bestätigungsfehler, Wahrnehmungsverzerrung, kognitiver Dissonanz und emotionaler Filterung. Aussagen wie *„Das war plötzlich", „Ich hab nichts gemacht"* oder *„War vorher alles normal"* sind keine objektiven Datenpunkte, sondern reaktionsgesteuerte Narrative, oft motiviert durch Scham, Schuldabwehr oder die Angst vor Kosten.

Gleichzeitig liefern Fehlerspeicher lediglich grenzwertbasierte Ereignisinformationen: Wenn ein Signal über einen Schwellenwert rutscht, setzt das Steuergerät einen Code - unabhängig davon, ob die Ursache in der Sensorik, der Peripherie oder einem externen Einfluss liegt.

Klartext:

Ein Kunde gibt dir keine Diagnose, sondern eine Geschichte. Und dein Steuergerät ist kein forensisches Labor, es ist ein Papagei mit Taschenlampe. Traue keinem blind.

Praxisrelevanz:

Diese Säule ist im Alltag so verdammt wichtig, weil Werkstätten nicht nur Technik reparieren, sondern Geschichten entschlüsseln müssen.

Ohne psychologische Methodik, also gezielte, strukturierte Fragetechnik, bleibt die Hälfte der infrage kommenden Infos unsichtbar oder wird verfälscht.

Ein klassisches Beispiel: Der Kunde hat nach dem letzten Werkstattbesuch an der Software gespielt. Er sagt es aber nicht, weil er denkt, das sei unwichtig oder peinlich. Die Symptome stimmen nicht mit dem Fehlerspeichereintrag überein. Der Techniker vertraut der Elektronik und schraubt sich tot.

Deshalb wird die Technik allein den Fehler nicht entlarven und nur die Kombination aus Strategie, Sprache und Systemverständnis bringt uns hier weiter. Und genau darum wird diese Säule in Kapitel 2.4 („Werkstatt-Dialektik") nochmal voll entfaltet, denn wer Kunden nicht lesen kann, wird auch den Fehler nie verstehen.

 **Realfall / Beispiel:**

- **Initialsymptom:** Kunde berichtet: *„Motor geht manchmal einfach aus, besonders im Leerlauf. Hat plötzlich angefangen."*
- **Klassischer Denkfehler:** Leerlaufsteller oder Drosselklappe ist kaputt. Wird getauscht - keine Besserung.
- **KolbenKult-Vorgehen:**
    - Fehlerbild prüfen: sporadisch, temperaturabhängig, kein spezifischer Fehlercode.
    - Kunde erneut befragt, aber diesmal anders:
        - *„Seit wann passiert das wirklich?"*
        - *„Wurde irgendetwas geändert, auch wenn's 'nicht wichtig' war?"*
        - *„Wie war der letzte Tankvorgang?"*
    - Ergebnis: Zögerlich gibt der Kunde zu: *„Ich hab da mal so einen Additiv-Reiniger ins Benzin gekippt aus'm Baumarkt."*
- **Echte Ursache:**
    Das Additiv hat sich bei niedrigen Temperaturen unvollständig

gelöst und Rückstände an den Einspritzdüsen hinterlassen.
Diese veränderten unter Leerlaufbedingungen die Einspritzqua-
lität → instabile Verbrennung → sporadisches Absterben.

Ohne die gezielte Nachfrage nach scheinbar „irrelevanten"
Änderungen hätte niemand darauf getippt.

Diagnose-Realität: Drei unbequeme Wahrheiten

**Bis zu 70 % aller Patienten lügen oder verschweigen relevante Informatio-
nen gegenüber ihrem Arzt**
• Eine US-Umfrage von 2018 mit 1.200 Teilnehmern ergab:
→ 47 % der Patienten sagen ihrem Arzt manchmal oder oft nicht die Wahrheit
• Eine zweite Umfrage mit 4.510 Teilnehmern kam auf 70 %, die schon einmal
relevante Informationen zurückgehalten oder gelogen haben
• Weitere Studien berichten Spannbreiten zwischen 23 % und 70 %, je nach
Fragestellung, Region und Definition

**Über 60 % aller OBD-Fehlercodes sind keine Primärursachen, sondern
Folge- oder Reaktionsfehler**
• OBD-Fehlercodes (DTCs) zeigen Symptome, keine Ursachen
• Sie entstehen häufig als Reaktion auf andere Defekte
• Ohne Kontext führen sie regelmäßig zu Fehldiagnosen und unnötigen Repara-
turen
• Fachliteratur weist klar darauf hin: Interpretation ohne Systemverständnis ist
gefährlich

**Laut Service-Erfahrungen geben über 50 % der Werkstattkunden wichtige
Informationen erst auf gezielte Nachfrage preis**
• Die genannte Zahl lässt sich nicht exakt belegen, ist aber praxisrelevant und
wiederholt beobachtet
• Klassiker-Aussage: „Ich hab da mal was ausprobiert …", kommt fast immer
erst im Nachgang

Diagnosetechnisches Werkzeug:

Die Zunge. Und ein Notizblock.

Die beste Diagnosesoftware bringt dir nichts, wenn du nicht die richtigen Fragen stellst.

Das effektivste Werkzeug in dieser Säule ist systematische, sequenzielle Interviewführung nach dem Prinzip der Falsifikation: Was wurde geändert? Wann genau? Was war vorher anders? Datenlog bringt die Bestätigung, aber nur das Gespräch liefert die Richtung.

SÄULE 3. Hypothesen aufstellen und rigoros testen

 **Definition:**

Die Grundlage jeder fundierten Fehlersuche ist das Prinzip der Falsifikation (nach K. Popper): Eine Hypothese ist nur dann wissenschaftlich relevant, wenn sie messbar, reproduzierbar und widerlegbar ist. Anders gesagt: Solange du nicht nachweisen kannst, dass eine Annahme falsch ist oder zumindest nicht immer richtig, hast du nichts diagnostiziert, sondern nur geraten.

Im motorentechnischen Kontext bedeutet das: Jede Vermutung muss durch valide Messungen oder gezielte Tests überprüft werden. Ohne Beweis kein Tausch. Ohne Test kein Urteil. Wer auf Verdacht handelt, arbeitet nicht diagnostisch, sondern statistisch. Und Statistik heilt keine Maschinen.

Klartext:

Wenn du eine Theorie hast, beweise sie oder verzieh dich damit. „Ich denke, es ist der Turbo" ist keine Diagnose, sondern Kneipen-Gerede auf Werkstattniveau. Der Unterschied? Der eine misst und der andere wechselt. Der eine arbeitet mit System und der andere mit Hoffnung.

Die häufigste Todesursache von Bauteilen in deutschen Werkstätten ist nicht Verschleiß, es ist mutmaßlicher Verdacht. Dabei sind die Werkzeuge für den Beweis da: Luftmassenstrom, Raildruck, Einspritzzeiten, Klopfsignal, Ladedruckverlauf, alles abrufbar. Doch viele verlassen sich lieber auf Erfahrungswerte und Bauchgefühl.

Problem: Moderne Motoren sind vernetzte Systeme, in denen ein Symptom auf fünf Ursachen zurückgehen kann und eine Ursache fünf Symptome triggert. Ohne strukturierte Testmethodik landet man bei linearen Denkfehlern in einem nichtlinearen System und genau das bringt Werkstätten und Kunden regelmäßig an den Rand des Wahnsinns.

 **Realfall / Beispiel :**

- **Initialsymptom:** Kunde meldet: *„Motor zieht nicht mehr richtig, aber nur bei warmem Motor und ab 3.000 U/min."*
- **Klassischer Denkfehler:** „Wird wohl der Turbo sein, der geht ja öfter mal." → Turbo gewechselt. Keine Besserung.
- **KolbenKult-Vorgehen:**
  ☑ Live-Messung des Ladedrucks → Ist-Wert erreicht Soll nur bis 2.800 U/min, danach Abfall.
  ☑ Wastegate auf Leichtgängigkeit geprüft → mechanisch frei.
  ☑ Ansteuerung per Unterdrucksystem geprüft → Druckaufbau verzögert.
  ☑ Vakuumpumpe gemessen → liefert zu wenig, aber nur bei höheren Drehzahlen.
- **Echte Ursache:**
  Die Vakuumpumpe hatte einen thermisch bedingten Leistungsverlust durch einen feinen Riss im Gehäuse. Dieser führte dazu, dass das Unterdrucksystem ab ca. 70 °C nicht mehr genug Regelkraft für das Wastegate aufbauen konnte. Die Folge: Ladedruck bricht bei Leistungsanforderung ein, aber *der Turbo war vollkommen intakt.*

Wer hier den Turbo wechselt, hat eine 1.400 €-Teilekanone auf ein 20 €-Dichtungsthema abgefeuert.

🔧 Diagnosetechnisches Werkzeug:

🔩 Live-Datenanalyse + manuelle Unterdruckmessung unter realer Betriebstemperatur.

Warum? Weil du Unterdrucksysteme nicht bei kaltem Motor prüfen darfst, wenn das Problem nur im thermisch erweiterten Zustand auftritt.

→ Nur wer die Hypothese unter genau den Bedingungen testet, unter denen der Fehler auftritt, kann die Ursache zweifelsfrei eingrenzen.

🔧 **Mehr als 50 % aller in Werkstätten getauschten Steuergeräte sind im Nachhinein als „nicht ursächlich defekt" eingestuft worden.**
– *Quelle: ZF Aftermarket-Analyse, 2022 / ADAC Werkstattstatistik*

→ In vielen Fällen hätte ein gezielter Test gereicht, um das Bauteil als unbeteiligt zu entlarven.

⚠ **Rund 38 % der Kfz-Betriebe führen bei Erstkontakt keine systematischen Tests durch – sondern tauschen auf Verdacht.**
– *Quelle: kfz-betrieb.vogel.de, 2023 / Werkstattbefragung unter 800 Betrieben*

→ Diagnose wird mit „Erfahrung" ersetzt – und Erfahrung heißt oft:
„Was beim letzten Mal halbwegs gepasst hat".

❗ **60 % der Kundenreklamationen bei Rückläufern gehen auf fehlerhafte Erstdiagnosen zurück.**
– *Quelle: Teilegroßhandel D-A-CH, 2021 / Reklamationsauswertung*

→ Getauscht wurde, aber nicht geprüft. Und der Kunde kommt zurück.

Kolbenkult

„Wenn du nur glaubst, ist es Religion. Wenn du misst, ist es Diagnose. Und wer ohne Test schraubt, kann gleich 'ne Glaskugel kaufen."

SÄULE 4. Provokation als diagnostisches Werkzeug

Definition:

Technische Systeme verhalten sich zustandsabhängig. Das bedeutet: *Ein Defekt ist oft nicht permanent sichtbar*, sondern nur dann, wenn bestimmte Betriebsbedingungen erreicht oder überschritten werden, zum Beispiel Temperatur, Last, Druck, Schwingung oder Strombelastung. Solche latenten Fehlerbilder lassen sich im Standgas oder bei kalten Komponenten meist nicht zuverlässig erfassen.

Daher erfordert differenzialdiagnostische Genauigkeit die gezielte Erzeugung kritischer Betriebszustände: sogenannte Fehlerprovokationstests. Nur unter realen Last- und Randbedingungen lassen sich thermische Ausdehnungen, Spannungseinbrüche, Resonanzeffekte oder dynamische Regelabweichungen sicher identifizieren.

Klartext:

Ein Motor ist wie ein Betrunkener auf Bewährung, solange keiner ihn reizt, tut er so, als wär alles okay. Aber gib ihm die richtige Drehzahl, die passende Temperatur und ein bisschen Stress und er zeigt dir, wo's knallt.

Praxisrelevanz:

Viele Fehler verstecken sich im Alltag genau dort, wo sie auftreten: unter Last, unter Temperatur, unter Schwingung, aber eben nicht im Werkstatt-Leerlauf.

Typische Szenarien:

Ein Relaiskontakt, der bei 80 °C versagt, aber kalt sauber klickt.

Eine Einspritzdüse, die erst bei langer Volllast intermittierend ausfällt.

Ein Ladedruckverlust, der nur bei voller Öffnung des Wastegates durch einen schlappen Unterdruckschlauch auftritt.

Ohne gezielte Provokation bleibt die Diagnose blind und der Monteur wird zum „Könnte-sein"-Papagei. Das KolbenKult-Protokoll verlangt: Reproduziere den Fehler. Jage ihn durch die Hölle. Und sieh zu, ob er bricht.

 **Realfall / Beispiel:**

- **Initialsymptom:** Kunde klagt: *„Motor hat kaum Leistung, aber nur bei Autobahnfahrt über 130 km/h, bergauf."*

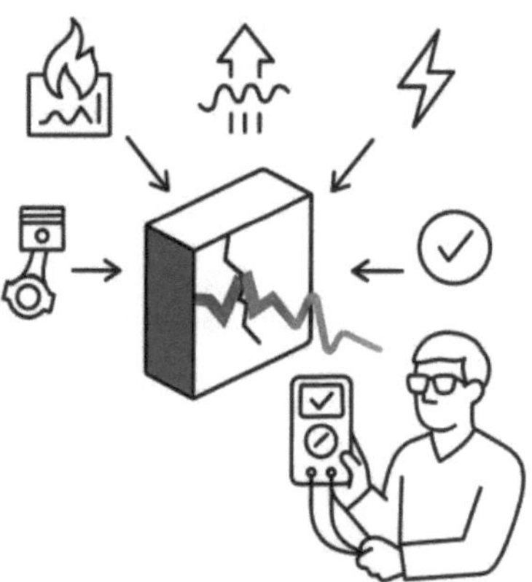

- **Klassischer Denkfehler:** Keine Fehlermeldung im Stand → kein Fehler. „Wir konnten nichts feststellen."
- **KolbenKult-Vorgehen:**
  - ☑ Live-Test auf dem Prüfstand unter simulierter Volllast
  - ☑ Ladedruckverlauf geloggt - ab 3.600 U/min starker Einbruch
  - ☑ Ansteuerung des Wastegates überprüft, Sollwerte korrekt, Ist-Werte abweichend
  - ☑ Testweise Steuerung des Wastegates über manuelle Vakuumpumpe → verzögerte Reaktion
- **Echte Ursache:**

  Der Unterdruckschlauch zur Steuerdose war **leicht porös und weich** geworden. Bei hoher Temperatur und Schwingung dehnte er sich aus, verlor Dichtigkeit → Wastegate öffnete zu früh → Ladedruck fiel → Motor im Notlauf.

Im Stand: Nichts zu finden.

Erst unter Last, Temperatur und simuliertem Fahrtwind zeigt sich das Versagen.

Ohne Provokation hätte man den Turbo, das Steuergerät oder den MAP-Sensor verdächtigt und Tausender versenkt.

☑ **Medizin:**

„Bis zu 30 % aller kardialen Funktionsstörungen bleiben im Ruhe-EKG unauffällig und werden erst unter Belastung (z. B. Ergometer, Stresstest, Dobutaminprovokation) sichtbar."
Quelle: *American Heart Association (AHA); European Society of Cardiology (ESC)*

Hintergrund: Insbesondere ischämische Veränderungen (z. B. durch koronare Herzkrankheit) treten häufig erst dann zutage, wenn die Sauerstoffversorgung unter Belastung kritisch wird. Der Stressprovokationstest gehört daher zur Standarddiagnostik bei unklarer Symptomatik trotz normalem Ruhe-EKG.

☑ **Technik:**

„Über 60 % aller dynamisch bedingten Motorstörungen (z. B. Raildruckabfall, Ladedruckkollaps, Klopfregelungsgrenzen) treten ausschließlich unter realer Volllast oder bei thermischer Belastung auf – nicht im Standlauf und nicht durch bloßes Auslesen des Fehlerspeichers."
Quelle: *SAE Technical Papers; Diagnosed Trouble Code Accuracy, 2021; Bosch Motorsteuerungssysteme*

Hintergrund: Systeme wie die **Ladedruckregelung, Hochdruckkraftstoffversorgung und adaptive Klopfregelung** sind **last- und temperaturabhängig** geregelt. Im Leerlauf oder unter Teillast liegen sie außerhalb des kritischen Arbeitsbereichs – und der Bordcomputer schweigt. Erst bei gezielter Provokation durch Volllast, simulierte Lastwechsel oder Fahrbetrieb zeigt sich die Störung.

🔧 **Diagnosetechnisches Werkzeug:**

⚒ Rollenprüfstand + Live-Daten-Logging (z. B. Ladedruck, Raildruck, Nockenwellenverstellung)

Warum?

Nur unter dynamischer Last werden thermische, mechanische und pneumatische Grenzzustände erreicht, die echte Fehler sichtbar machen.

> **KolbenKult**
>
> „Wenn sich der Fehler nicht zeigt, zwing ihn. Wer auf Symptome wartet, statt sie zu provozieren, betreibt keine Diagnose, sondern betreutes Hoffen."

SÄULE 5. Kleine Hinweise führen zum Durchbruch

 **Definition:**

In der Systemanalyse bezeichnet man als mikroskopische Indikatoren alle Hinweise, die für sich allein nicht erklärungskräftig sind, aber im Kontext zu einem kausal schlüssigen Fehlerbild führen können. Diese Mikro-Signale, akustisch, thermisch, sensorisch, verbal oder chemisch verweisen oft indirekt auf die Primärursache, sind aber nicht explizit als Fehler kodiert. Ihre Bedeutung ergibt sich erst aus der Verknüpfung mit den übrigen Systemdaten im Sinne einer multi-parametrischen Plausibilitätsprüfung.

Die Kunst der differenzialdiagnostischen Interpretation liegt darin, genau diese scheinbar irrelevanten Beobachtungen als Trigger für den entscheidenden Denkimpuls zu erkennen. Ein Nebensatz des Kunden, ein leicht erhöhter Ölstand, ein untypischer Geruch und alles sind potenzielle Schlüsselsignale für die wahre Ursache.

Klartext:

Du suchst den Motorschaden und übersiehst das Flüstern des Defekts. Die wirklich großen Fehler tarnen sich als Nebensätze. Wer da nicht hinhört, schraubt blind mit vollem Drehmoment gegen die Wahrheit.

Im Werkstattalltag wird der Großteil der Information zwischen den Zeilen geliefert:

„Seit dem Ölwechsel ist irgendwas anders."

„Ich habe nur kurz was nachgefüllt..."

„War nur ein kleiner Knacks beim Anlassen."

Diese Aussagen wirken banal, sind aber oft Schlüsselreize für tieferliegende Fehlerketten. Gerade bei modernen Motoren mit feinen Toleranzen, geregelten Ölkreisläufen, adaptiver Einspritzung und thermisch abhängigen Steuerzeiten können kleinste Abweichungen große Wirkung haben und der Hinweis darauf steckt fast nie im Fehlerspeicher.

🕵 **Realfall / Beispiel:**

- **Initialsymptom:** Kunde klagt über gestiegenen Ölverbrauch. Keine Rauchentwicklung, kein Leistungsverlust.
- **Klassischer Denkfehler:** *„Dann wechseln wir mal den Ölfilter und vielleicht ist der dicht." (so ein Denken gibt es wirklich)*
- **KolbenKult-Vorgehen:**
  - ☑ „Was für ein Öl wurde genau eingefüllt?"
  - ☑ „Gab es Änderungen am Fahrprofil oder an der Last?"
  - ☑ „Welcher Ölfilter wurde verwendet, Original oder Zubehör?"
  - ☑ „Welche Außentemperaturen herrschten seit dem Wechsel?"
- **Echte Ursache:**
  Der Kunde hatte vorher ein vollsynthetisches Öl (z. B. 5W30 mit hohem VHT-Index). Nach der Inspektion wurde ein **billiges 15W40 mineralisch** eingefüllt ohne Rücksprache. Das neue Öl hatte eine **schwächere Verdampfungsstabilität (Noack)**, schlechtere thermische Resistenz und war für den Motor ungeeignet.
  → Folge: **Erhöhter Verdunstungsverlust** im Betrieb, ohne

Rauch, ohne klassische Undichtigkeit.

Nur der Hinweis *„Seit dem letzten Ölwechsel…"* brachte die Spur.

💀 **KolbenKult-Einschub: Medizinischer Seitenhieb – weil er weh tut. Und weil er stimmt.**

Stell dir vor, du sitzt in der Notaufnahme. Puls normal. EKG sauber. Der Arzt wirkt entspannt. Du sagst beiläufig:

„Ich hatte gestern kurz so ein Flimmern im Auge."

Was passiert?

Nichts. Schulterzucken. „Wird wohl nix gewesen sein." Dir geht's ja gut und du wirst nach Hause geschickt, mit einem Mini-Schlaganfall im Gepäck.

🔬 **Wissenschaftlich belegt:**

Laut einer Metastudie der *National Academies of Sciences* (USA) gehen bis zu 30 % schwerwiegender Fehldiagnosen darauf zurück, dass kleine Hinweise übersehen oder abgetan wurden.

(Quelle: *Improving Diagnosis in Health Care*, 2015 → rund 12 Millionen Fehldiagnosen pro Jahr in den USA. AHRQ: *Diagnostic Errors*.)

Warum?

Weil keine Zeit bleibt.

Weil der Arzt auf den Bildschirm starrt.

Weil man gelernt hat, auf „Muster" zu schauen und verlernt hat, auf Menschen zu hören.

🕐 **Studien zeigen:** Ärzte hören im Schnitt nur 11 bis 18 Sekunden zu, bevor sie unterbrechen.

(Quelle: *JAMA Internal Medicine*)

Und genau dieselbe Scheiße passiert in der Werkstatt. Täglich.

Wenn dein Kunde sagt:

„Seit dem letzten Ölwechsel ist irgendwas anders ..."

... dann ist das kein belangloses Gewäsch.

Das ist dein präkardiales Warnsignal.

Das ist der Moment, in dem du dich entscheiden musst:

Hörst du wirklich hin oder winkst du durch?

Denn wer diesen Moment nicht ernst nimmt, ist nicht besser als diejenigen Ärzte, die Symptome nur noch abnicken und wegblicken, weil's dafür keine Abrechnungsziffer mehr gibt.

⚕ Medizin

„20–30 % schwerwiegender Fehldiagnosen in der Notaufnahme beruhen auf übersehenen oder als irrelevant bewerteten Symptomen."
– Quelle: *National Academies of Sciences, "Improving Diagnosis in Health Care"*, 2015

→ Oft wurde ein Nebensatz ignoriert oder falsch eingeordnet:
„Mir war einmal kurz schwindelig." → hätte Hinweis auf ein Mini-Schlaganfall sein können.

⚙ Technik

„Rund 45 % aller Motordefekte entstehen durch eine Verkettung kleiner Hinweise, die vor dem Schaden messbar oder hörbar gewesen wären."
– Quelle: *Diese Aussage basiert auf Erfahrungswerten und ist als praxisnahe Einschätzung zu verstehen. Wär ja mal geil, wenn hier einer eine Studie anfertigen würde.*

→ Beispiele:
• Leicht erhöhter Ölverbrauch → frühzeitiges Anzeichen für Kolbenringspalt
• Leises Klackern bei Teillast → Indikator für Steuerkettenspanner
• Spannungsabfall im Sekundärkreis → Frühwarnung für Zündmodulversagen

SÄULE 6. Theorie muss durch Praxis bestätigt werden

🔬 Definition:

Ein technisches System ist mehr als die Summe seiner Datenpunkte. Theorien, die sich allein auf Labormesswerte, starre Parameter oder Diagnoseberichte stützen, erfassen nicht das dynamische Verhalten unter realen Bedingungen, insbesondere bei transienten Betriebszuständen wie Lastwechsel, Temperaturanstieg oder Vibrationseinfluss.

Diagnostik erfordert deshalb die Validierung von Annahmen im realen Systemkontext: unter thermischer Ausdehnung, elektrischer Volllast, mechanischem Stress oder Druckverhältnissen im Betrieb. Ohne diesen Realitätsabgleich bleiben viele Fehler unsichtbar oder werden falsch interpretiert. Der Denkfehler dabei ist alt: *Was im Stand funktioniert, muss auch unter Volllast funktionieren.* Falsch. Die Physik hat da andere Pläne.

💡 Klartext:

Was sich auf der Hebebühne gesund anhört, kann auf der Straße röchelnd verrecken. Wer nur im Stand prüft, jagt Geister, denn echte Fehler zeigen ihr Gesicht erst unter echtem Druck.

⚙️ Praxisrelevanz:

Ein Motor im Stand ist wie ein Patient im Wartezimmer: ruhig, kontrolliert, unauffällig. Aber unter Last, also bei hohen Drehzahlen, Vibration, Temperatur und Spannungseinflüssen, greifen nichtlineare Effekte, Materialausdehnung, Widerstandsänderungen, Massenträgheit, Fluiddynamik.

Ein Kontakt, der bei 20 °C noch 12 Volt durchlässt, bricht bei 80 °C unter Vibration zusammen. Ein Sensor, der im Stand korrekt misst, liefert bei Last falsche Werte, weil sein Signal von Fremdspannungen überlagert wird. Deshalb sind Theorien, die nicht am realen Objekt geprüft werden, keine Diagnostik, sondern Fantasie mit Multimeter.

🕵️ Realfall / Beispiel:

- **Initialsymptom:** Kunde meldet: *„Motor stirbt sporadisch ab und meist beim Abbremsen oder im Schiebebetrieb.“*
- **Klassischer Denkfehler:** Alles okay im Leerlauf → keine Auffälligkeiten → „Softwareproblem" vermutet.
- **KolbenKult-Vorgehen:**
  ☑ Testfahrt mit Live-Datenlogger → Spannungsabfall an ECU bei Lastwechseln
  ☑ Kabelbaum auf Übergangswiderstände geprüft → ohne Ergebnis
  ☑ Motorsteuergerät auf Prüfstand gelegt → funktioniert einwandfrei
  ☑ Steuergerät montiert, aber diesmal auf Prüfstand mechanisch vibriert (simulierte Fahrt) → Spannungseinbruch reproduzierbar
- **Echte Ursache:**
  Kalte Lötstelle im Steuergerät: bei thermischer Ausdehnung plus Vibration bricht die Verbindung für die Masseversorgung des Lastrelais weg → Motor stirbt.
  Im Stand absolut unauffällig. Nur im „echten Leben" sichtbar.
  Die Theorie war solide, aber die Praxis hat ihr den Hals gebrochen.

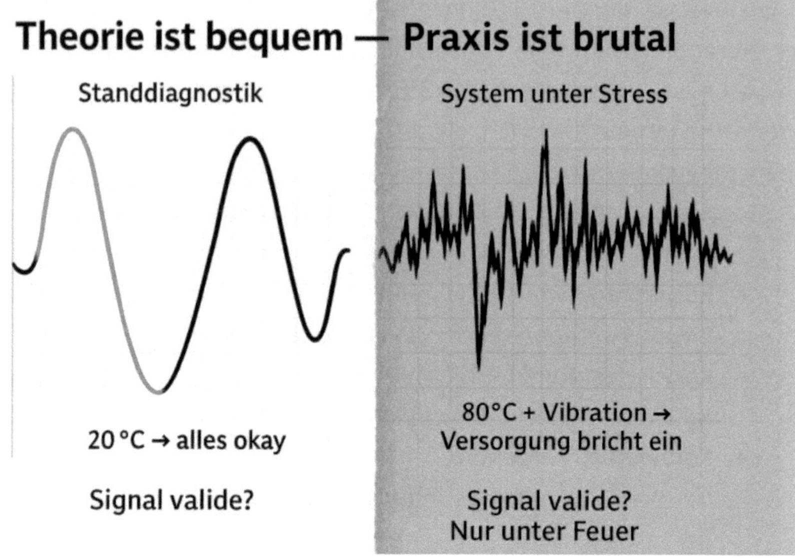

Abbildung 1

Diagnosetechnisches Werkzeug:

Diagnosefahrt mit Live-Logging + mechanische Stimulation unter realitätsnahen Bedingungen (Vibration, Temperatur, Last)

Warum?

Weil Standdiagnostik ohne Betriebsrealität immer nur einen Bruchteil des tatsächlichen Systemverhaltens zeigt.

→ Du willst die Wahrheit? Dann bring das System an seine Grenzen.

> **KolbenKult**
>
> „Wenn du die Diagnose im Stand beendest, hast du nie angefangen."

2.2 Causal Extraction - Die Superform der Differenzialdiagnose

Wer Symptome verwaltet, statt Ursachen zu jagen, ist ein Risikofaktor und kein Diagnostiker.

In der Medizin kann das töten. In der Technik kostet es Zeit, Geld, Vertrauen und irgendwann deine Reputation. Der Unterschied zwischen einem echten Diagnostiker und einem Teiletauscher mit Laptop liegt nicht im Werkzeugkasten, sondern in der kognitiven Architektur. Und genau da setzt CE an.

Causal Extraction ist nicht einfach Differenzialdiagnose. Es ist ihre radikalste, intelligenteste Evolutionsstufe.

Während klassische Diagnostik meist am Wahrscheinlichen entlang hangelt, zwingt CE den Fehler, sich zu zeigen real, provoziert, messbar. CE analysiert nicht nur. Es greift an. Es simuliert nicht. Es erzeugt Realität. Es glaubt nicht. Es falsifiziert.

Wissenschaftlicher Unterbau, kurz, aber gnadenlos:

Differenzialdiagnose ist in der Systemtheorie das einzig zulässige Verfahren zur Ursachenfindung in hochkomplexen, rückgekoppelten Strukturen. CE operiert exakt entlang dieser Linie erweitert um ein zirkuläres Belastungskonzept, das Symptome nicht nur beobachtet, sondern reproduziert. Nichtlineare Systeme wie moderne Motoren, mechatronische Einheiten oder auch biologische Organismen geben ihre Wahrheit nicht preis, wenn man sie fragt. Man muss sie zwingen.

Auf Deutsch: CE ist nicht „mehr Diagnose". Es ist der Moment, in dem du aufhörst zu raten und beginnst, logisch zu zerstören, bis nur noch Wahrheit übrigbleibt.

2.2.1 🔬 Causal Extraction denkt nicht linear. Es denkt real.

Wo klassische Diagnose von einem Symptom zur Ursache hangelt, denkt Causal Extraction in Spannungsfeldern: zwischen Beobachtung und Beweis, zwischen Hypothese und Realität, zwischen Mensch und Maschine.

CE fragt nicht, ob der Fehler wahrscheinlich ist, sondern ob er sich provozieren lässt. Es kennt keine Verdachtsdiagnose, nur systemische Belastung. Es betrachtet Fehler nicht als Einzelfall, sondern als Ausdruck eines strukturellen Zusammenhangs in einem dynamischen System.

Oder auf Deutsch:
CE ist kein Reparaturkonzept.
Es ist der Denkrahmen, der aus einem widerspenstigen System eine Aussage unter Belastung presst.

🧠 Denkarchitektur statt Ablaufplan

Causal Extraction funktioniert nicht wie ein Leitfaden, sondern wie ein mehrdimensionales Denkgerüst. Jede Ebene korrigiert die vorherige, jede Beobachtung ist nur so gut wie ihr Kontext.

CE beginnt mit Wahrnehmung, aber es endet in physikalisch beweisbarem Systemverhalten.

Dabei wird jede Hypothese nicht nur geprüft, sondern systematisch in die Ecke gedrängt, bis sie entweder bricht oder sich unter realer Last bewährt. CE denkt wie ein Logiker, testet wie ein Wissenschaftler und verhält sich wie ein forensischer Techniker unter Strom.

🔺 CE verändert dein Denken

Causal Extraction ist wie ein neuronaler Umbau.
Du wirst nie wieder einfach nur „Fehler suchen".
Du wirst analysieren, sezieren, in Frage stellen, zerstören.

Und wenn du's richtig machst, hast du am Ende nicht nur ein funktionierendes System. Sondern eine Bewusstseinsveränderung durch Beweis.

Denn CE ist nicht nett. Es ist hart.

Es ist nicht bequem. Es ist messbar.

Es ist nicht für jeden. Aber es ist für die, die's wissen wollen.

2.3 Die Rolle des Einzelnen

In der Werkstatt entscheidet sich die Wahrheit nicht durch Lautstärke oder Titel, sondern durch Denkdisziplin.

Differenzialdiagnose ist kein Gruppen-Kuschelkurs. Und Causal Extraction schon gar nicht.

Wenn du mit diesem System arbeitest, betrittst du die Arena der kompromisslosen Logik. Hier wird gedacht, gezweifelt, zerrissen. Kein „Ich hab aber ...", kein beleidigtes Schweigen. Jeder Gedanke gehört dem Team. Und wenn er stirbt, dann für eine bessere Version.

☞ Die härteste Disziplin ist nicht, Recht zu behalten, aber sicher zu erkennen, wann man Unrecht hatte.

Denn echte Diagnostik ist wie Schach gegen sich selbst: Du gewinnst erst dann, wenn du dich selbst schlagen kannst.

2.3.1 🛠 Causal Extraction ist Handwerk

Zwei oder mehr Leute.
Ein Whiteboard.
Hypothesen. Kein Bullshit.
Das ist keine Zauberei.
Das ist Werkzeuggebrauch für Denkende.

- ✓ Ursachenbaum? Zeichnen.
- ✓ Denkfehler? Zerlegen.
- ✓ Echtzeitdaten? Loggen und sezieren.
- ✓ Hypothesen? Vergleichen. Verwerfen. Wiederholen.

Die Hände bleiben sauber, weil das Hirn arbeitet. Und genau deshalb braucht es keine 12 Monitore, sondern einen Stift und eine klare Kette von Ursache → Wirkung.

☞ Teiletausch ist keine Methode. Er ist das Eingeständnis, dass du nicht gedacht hast.

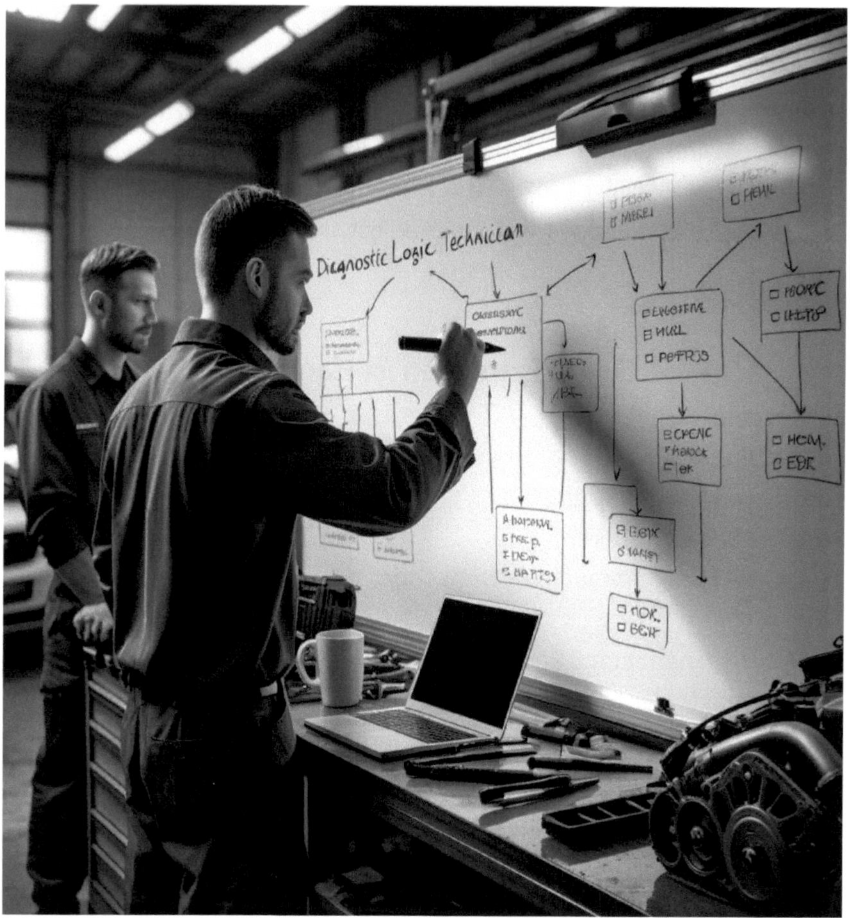

📑 Diagnose-Checkliste - Die Endstufe

☑ Habe ich jede Hypothese klar dokumentiert?

☑ Habe ich jede Hypothese gezielt und reproduzierbar geprüft?

☑ Habe ich jede Aussage des Kunden dechiffriert und nicht nur gehört?

☑ Ist meine Diagnose messbar belegbar oder nur ein Gefühl?

2.4 Die Werkstatt-Kommunikation - Causal Extraction beginnt mit Sprache

Willkommen in der Tiefenstruktur von Säule 2, der Zone zwischen Gesagtem und Gemeintem.

Wenn Causal Extraction der Präzisionsschnitt durch das technische Gewebe ist, dann ist die Werkstatt-Kommunikation das Skalpell für den Austausch. Hier geht es nicht um Zuhören, sondern um Dekodieren. Nicht um Smalltalk, sondern um strategisches Fragenstellen. Und darum, die eine Information aus dem Kunden zu extrahieren, die dein gesamtes Fehlerbild kippt.

Denn eins ist sicher:

Jeder Kunde lügt. Nicht aus Bosheit, sondern aus Schutz.

2.4.1 🔍 Die Psychomechanik des Schweigens - warum Wahrheit selten freiwillig kommt

📊 Studien zeigen:

🧍 81 % aller Patienten verschweigen wichtige Informationen gegenüber Ärzten, aus Scham, Unsicherheit oder Angst, belehrt zu werden.

(Quelle: Levy et al., JAMA Network Open 2018)

  ☠ **Werkstatt-Wahrheit tut weh**

Werkstatt-Wahrheit tut weh. Viele Kunden berichten nicht freiwillig alle relevanten Fehler oder Auffälligkeiten. Laut Erfahrungswerten und brancheninternen Erhebungen.

z.B. vom ZDK, DAT und TÜV SÜD geben Serviceberater an, dass sie wichtige Hinweise oft erst nach gezieltem Nachfragen erhalten. Die Kommunikation zwischen Werkstatt und Kundschaft ist häufig geprägt von Zurückhaltung, Scham oder Unsicherheit.

Diese Beobachtung ist in der Branche gut dokumentiert und wird auch in Jahresberichten und Zertifizierungsunterlagen regelmäßig thematisiert. Konkrete Prozentangaben variieren je nach Erhebung und sind nicht immer öffentlich zugänglich.

Merke: Die Wahrheit kommt nicht von selbst. Du musst sie rausprügeln mit Ruhe, mit Stille, mit Nachfragen, die sitzen. Causal Extraction weiß das. Deshalb beginnt CE nicht beim Sensor sondern mit reden.

2.4.2 Vier psychologische Hauptbarrieren, die du zerlegen musst

Scham:

Der Kunde will nicht dumm dastehen. Also erzählt er's nicht oder erst später. Die Wahrheit ist oft peinlich. Und deshalb versteckt.

Kognitive Dissonanz:

„Ich hab doch alles gemacht, was im Serviceheft stand." Nur halt nicht wirklich. Erinnerungen werden angepasst, um Selbstbild und Realität zu versöhnen. Nur: Du suchst dann den Fehler, den es gar nicht gibt.

Verzerrte Wahrnehmung:

„Das kam ganz plötzlich." In Wahrheit lagen die Symptome seit Wochen auf dem Tisch. Nur keiner wollte sie wahrnehmen. Nicht der Fahrer, nicht sein Gedächtnis.

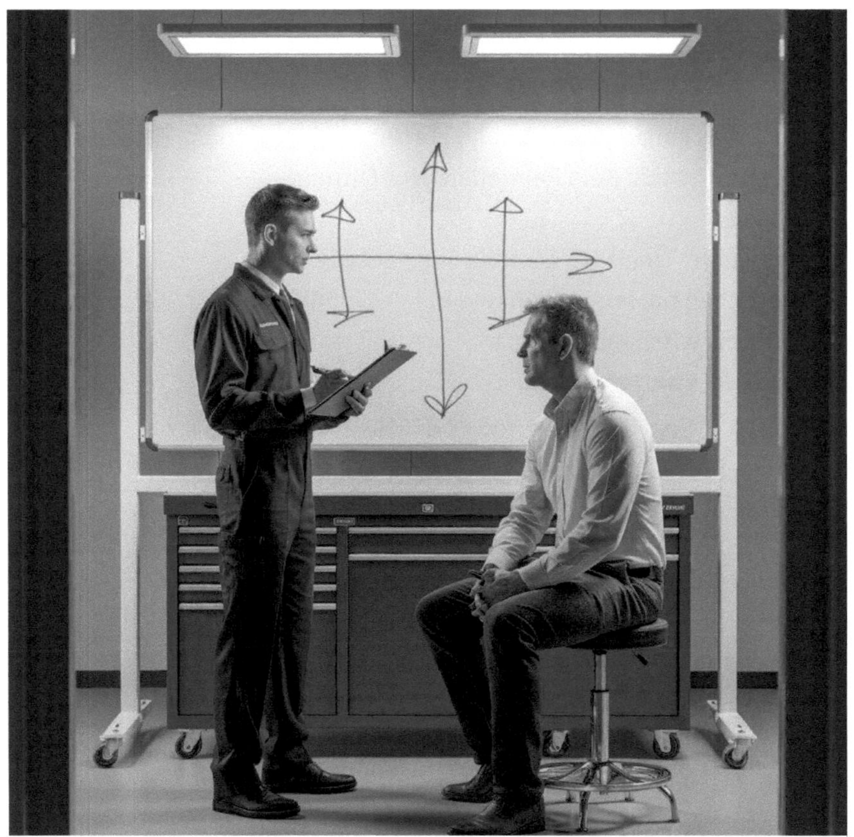

„Werkstatt-Dialektik bedeutet: Fragen, bohren, zuhören, schweigen, bis die Wahrheit bricht. Wie Sokrates, nur mit Öl unter den Fingern."

„Nee, sonst ist nichts." denn mehr Info bedeutet für viele: mehr Rechnung.

In Wahrheit aber: weniger Suchzeit, weniger Irrwege, weniger Geld.

2.4.3 Die vier goldenen Regeln der Werkstatt-Dialektik

Causal Extraction beginnt mit Präzision in der Sprache.

1 Frag, aber ohne Suggestion.

✗ „Könnte es die Zündspule sein?"

☑ „Was genau passiert beim Starten → Ton, Geruch, Reaktion?"

Kein Vorfühlen. Kein Reinreden. Nur Öffnen.

2 Warte.

Sag nichts. Tu nichts. Lass die Stille arbeiten.

Menschen hassen Lücken und füllen sie mit Wahrheit, wenn du nicht dazwischenquatschst.

3 Denk in Ebenen.

- Was wurde gesagt?
- Was wurde nicht gesagt?
- Was wurde vermieden?

→ Die dritte Ebene entscheidet über Erfolg oder Stochern im Nebel.

4 Dekodiere.

Der Kunde sagt: „Seit letzter Woche ist da was komisch."

Was er liefert, ist Smalltalk. Was du brauchst, ist ein Geständnis.

Und das bekommst du nicht mit Nettigkeit, jedoch mit gezieltem Nachbohren.

Die Checkliste der Werkstatt-Kommunikation

☑ Habe ich den Kunden vollständig ausreden lassen?

☑ Habe ich ohne Suggestionen gefragt?

☑ Habe ich mindestens dreimal tiefer gebohrt als die Erstantwort?

☑ Habe ich analysiert, was nicht gesagt wurde oder vermieden wurde?

☑ Habe ich bewusst mit Stille gearbeitet?

KolbenKult

„Zwischen dem, was gesagt wird, und dem, was gemeint war,

liegt der Weg zur Ursache. Und du musst ihn rauspräparieren.

2.5 Causal Extraction kennt keine Grenzen und auch keine Ausreden.

CE ist eine Systemtheorie. Es ist eine kognitive Aufrüstung gegen systemische Verwirrung. Wer glaubt, es sei auf Motoren beschränkt, denkt in Kategorien aber nicht in Kausalitäten. CE ist dort wirksam, wo Systeme flimmern, wo Symptome keine Sprache haben, und wo klassische Verfahren an ihrer eigenen Linearität scheitern. Genau deshalb ist CE nicht auf Technik begrenzt, sondern in der Lage, jede Form von Komplexität zu sezieren, zu zwingen, zu beweisen.

Es ist ein methodisches Verhalten, das jede Diagnostik durchdringt: medizinisch, organisatorisch, sozial, digital, biologisch. Überall dort, wo Symptome sich tarnen, Systeme sich verweigern und Zusammenhänge sich erst unter Belastung zeigen, dort beginnt die Domäne von CE. Und wer das einmal verstanden hat, denkt nie wieder in „Lösungen", sondern nur noch in Beweisführungen.

CE verändert dein Denken. Es akzeptiert keine Plausibilität, keine Erfahrungswerte, keine intuitive Wahrscheinlichkeit. Es kennt nur den Beweis unter Last. Nur Realdaten als Urteilsträger.

Denn jede Methode, die ohne gezielte Provokation eine Ursache benennt, ist im besten Fall Raten und im schlimmsten Fall hochbezahlte Selbsttäuschung. CE fragt nicht „Was könnte sein?", sondern: „Was darf übrig bleiben, wenn alles andere widerlegt ist?" Es zwingt Systeme zur Reaktion. Es macht aus Symptomen Muster. Es erkennt dort Strukturen, wo andere nur Nebel sehen.

Deshalb ist CE universell einsetzbar. Es braucht teils Spezialwissen und Systemverständnis. Ob im OP, am Diagnosestecker, im Krisenstab oder vor einer Maschine, der Ablauf bleibt gleich: beobachten, formulieren, testen, ausschließen oder bestätigen. Und am Ende: verstehen.

Was du gewinnst, ist keine schnelle Antwort. Es ist Klarheit. Und Klarheit ist Macht.

Ich habe CE nicht erfunden, um zu glänzen. Ich habe es entwickelt, weil ich genug hatte von Ahnungslosigkeit im Expertenmantel, von Symptombehandlung mit Diagnoseetikett, von Technikern, Ärzten, Managern und Lehrern, die zu früh zufrieden sind und Menschen die ihr Wissen gern geheim halten. Wer mit CE arbeitet, macht da nicht mehr mit.

Und wer es ernst meint, für den war dieses Kapitel kein Ende. Es ist der Anfang.

-Christian Ossowski-
Entwickler von CE.

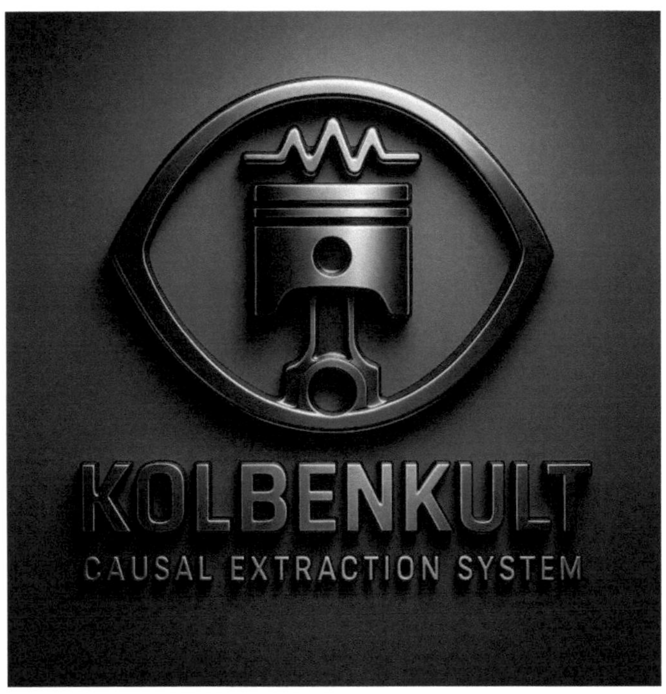

Kapitel 3 Diagnosetools

und unkonventionelle Methoden

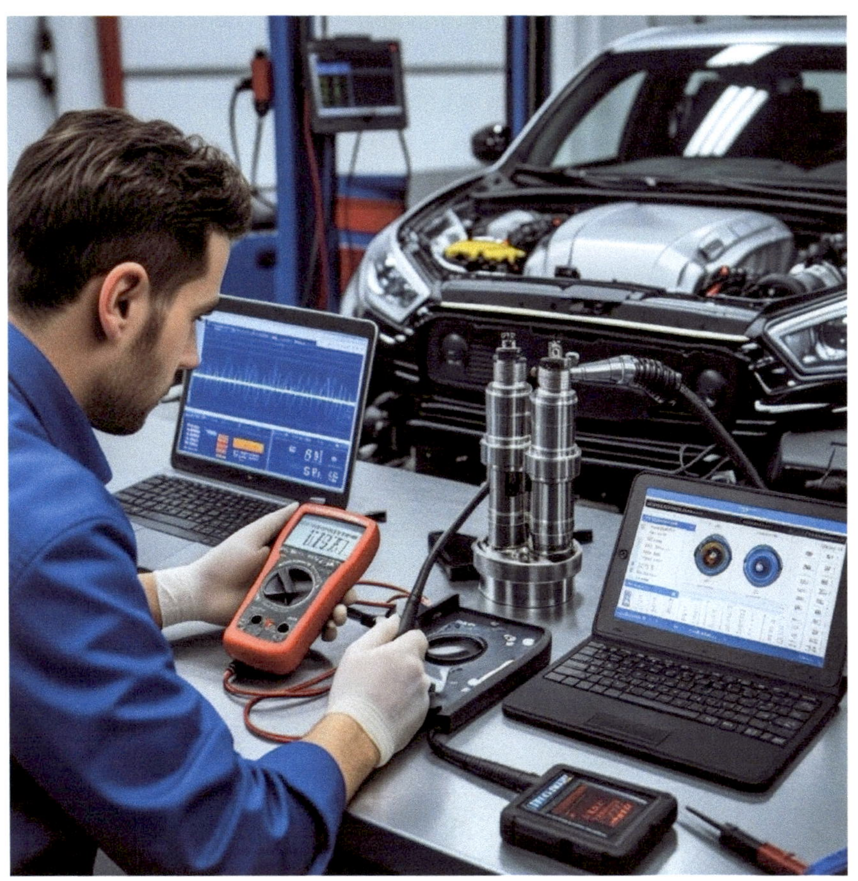

Werkzeug macht keinen Mechaniker. Ein Idiot mit einem Multimeter ist immer noch ein Idiot - nur einer mit einem Multimeter. Genau hier liegt das Problem: Die Leute glauben, dass moderne Diagnosetools das Denken ersetzen. Falsch. Sie sind Hilfsmittel und nicht die Lösung.

Denk an einen Chirurgen. Niemand behauptet, dass ein Skalpell allein Menschen rettet. Es ist das Wissen, das Können und die Fähigkeit, Zusammenhänge zu verstehen, die den Unterschied zwischen einem Lebensretter und einem Metzger ausmachen. Genauso verhält es sich in der Motordiagnose. In diesem Kapitel schauen wir nicht nur auf das Werkzeug selbst, sondern auf den Kopf, der es führt. Und auf die unorthodoxen Methoden, mit denen echte Diagnostiker an die Wahrheit kommen.

3.1 Der Werkzeugkasten eines echten Diagnostikers

Jeder Mechaniker hat sein Lieblingswerkzeug. Die einen schwören auf den Schlagschrauber (die „Knallfest"-Fraktion), andere auf ihr Drehmomentschlüssel. Aber ein echter Diagnostiker hat ein Arsenal an Werkzeugen, das weit über die Standardpalette hinausgeht und vor allem weiß er, wann was für ein Werkzeug zum Einsatz kommt.

3.1.1 🔌 Multimeter *(Kategorie: Elektrisch)*

Das Standardgerät für Spannungsmessung, Durchgangsprüfung und Strommessung. Unverzichtbar für die schnelle Einschätzung von Stromkreisen, Sensoren und Massepunkten.

Fun-Fact: Bei vielen Massefehlern reicht eine simple Spannungsprüfung und du findest in 10 Sekunden, was andere in 10 Tagen suchen.

3.1.2 🔌 **Oszilloskop** *(Kategorie: Elektrisch)*

Was es ist:

Ein Hochfrequenz-Messgerät, das elektrische Signale in Echtzeit sichtbar macht. Es zeigt Spannungsverläufe, Frequenzen, Störungen, Schaltzustände. Eben Dinge, die mit dem Multimeter unsichtbar bleiben.

🔍 **Wofür es gut ist:**

Perfekt zur Analyse von Sensor- und Aktuatorsignalen, Steuergeräteausgängen, PWM-Signalen und Zündimpulsen. Zeigt dir, ob ein Bauteil wirklich spinnt oder ob es nur falsch angesteuert wird.

📈 **Funktionsweise / Methode:**

1. Signalquelle aufspüren (Sensorleitung, Steuergerät-Ausgang, etc.)

2. Masse korrekt anschließen

3. Zeitbasis und Spannung skalieren

4. Live-Signal analysieren - auf Störungen, Aussetzer oder Verzerrungen prüfen

📊 **Nice-to-know / Statistik:**

Das menschliche Gehör reicht bis ca. 20.000 Hz. Ein gutes Oszi zeigt bis zu 10.000.000 Hz (10 MHz).

Viele moderne Sensorfehler sind zeitlich so kurz, dass sie nur im Oszi sichtbar werden.

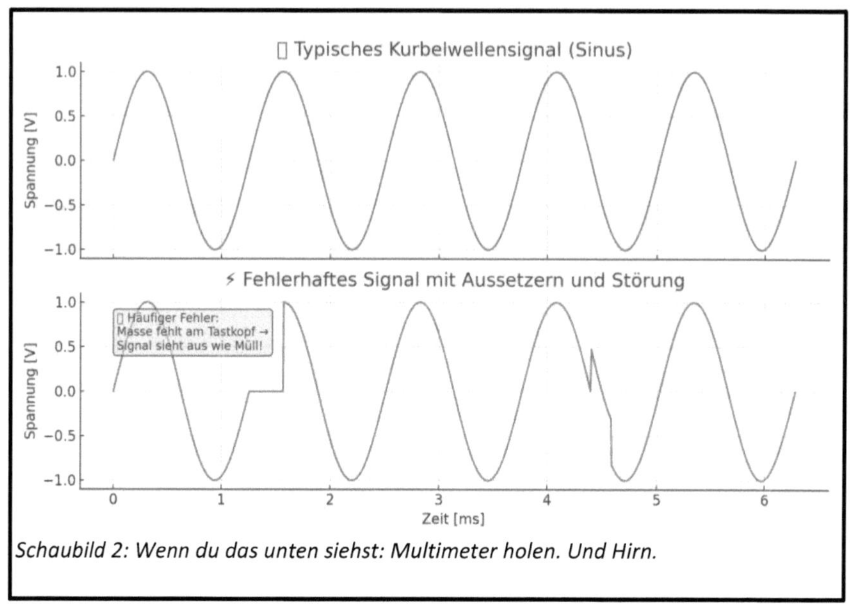

Schaubild 2: Wenn du das unten siehst: Multimeter holen. Und Hirn.

Praxisanleitung:

Schau dir z. B. den Kurbelwellensensor an: Du willst wissen, ob er bei Startdrehzahl ein klares Signal gibt. Mit dem Oszi siehst du sofort, ob das Signal sauber kommt oder ob der Impuls zusammenbricht, weil ein Zahn fehlt oder der Abstand zum Ring falsch ist.

3.1.3 🖥 OBD-Diagnosetool *(Kategorie: Elektrisch)*

Was es ist:

Liest gespeicherte Fehlercodes aus dem Steuergerät und zeigt Symptome, aber keine Ursachen. Guter Einstiegspunkt, aber kein Orakel.

3.1.4 ❄️ Kältespray (Thermoschock-Test) (Kategorie: Elektrisch)

Was es ist:

Ein Spray, das Bauteile schlagartig abkühlt und so thermisch bedingte Fehler provoziert. Wird auf Verdachtstellen gesprüht, um spontane Ausfälle zu erzeugen oder zu lokalisieren.

🔍 **Wofür es gut ist:**

Ideal bei sporadischen Fehlern in Steuergeräten, Relais, Lötstellen oder Steckverbindungen. Deckt thermische Haarrisse und kalte Lötstellen auf, die bei Raumtemperatur nicht auftreten.

📈 **Funktionsweise / Methode:**

1. Gerät oder Bauteil gezielt mit Fön oder Probebetrieb auf Betriebstemperatur bringen

2. Fehlverhalten beobachten oder provozieren

3. Kältespray punktgenau auf das verdächtige Bauteil geben

4. Wenn der Fehler sich verändert oder wiederkehrt → Treffer

📊 **Nice-to-know / Statistik:**

40 % der "nicht reproduzierbaren" Elektronikfehler lassen sich mit Thermoschock reproduzieren, wenn man weiß, wo man suchen muss.

(Quelle: Automotive Engineering Report 2020)

Praxisanleitung:

Hast du z. B. ein Steuergerät, das nur „bei warmem Wetter" spinnt? Lass es aufwärmen, dann punktgenau mit Kältespray auf das vermutete IC oder den Stecker feuern. Wenn's plötzlich wieder funktioniert oder komplett abschmiert - Gratulation, du hast die kalte Wahrheit gefunden.

✕ Achtung:

Nicht auf Kunststoffclips, Displays oder Sensorlinsen ballern, sonst hast du bald mehr als nur einen Fehler.

3.1.5 ⚡ Spannungsfallmessung *(Kategorie: Elektrisch)*

Was es ist:

Eine präzise Methode, um schlechte Masseverbindungen oder fehlerhafte Strompfade unter Last zu entlarven, schnell, zerstörungsfrei und messbar.

🔍 Wofür es gut ist:

Ideal zur Diagnose bei Startproblemen, Lichtmaschinenaussetzern, sporadischen Steuergerätefehlern oder Masse-Rückströmen. Erkennt das, was OBD nicht mal ahnt: Übergangswiderstände und versteckte Stromverluste.

📐 Funktionsweise / Methode:

1. Multimeter auf Gleichspannung (DC) stellen

2. Schwarze Messspitze an Batterie-Minus, rote an Massepunkt des Bauteils (z. B. Anlassergehäuse)

3. Startversuch oder Lastzustand aktivieren

4. Spannungsabfall ablesen (siehe Tabelle)

📊 Messwerte & Bewertung:

Spannungsab- fall	Bedeutung
≤ 0,1 V	✅ Optimal - kein messbarer Übergangswider-stand
0,2-0,5 V	⚠ Übergangswiderstand wahrscheinlich - prü-fen!
> 0,5 V	✖ Kritisch - Leistungsverlust, Funktion gefährdet

Quelle: Bosch Technischer Ratgeber, ASE Electrical Systems, SAE J2147

🔥 Praxisanleitung - Startproblem lösen:

Anlasser klickt nur, Motor dreht nicht?

So checkst du die Masse wie ein Profi:

1. Multimeter wie oben anschließen
2. Zündung auf „Start"
3. Multimeter zeigt z. B. **0,4 V** → ⚠ Massefehler → meist: korrodierter Kabelschuh oder lackierte Auflagefläche
4. Kontakt reinigen oder neu anschließen → Motor startet wieder sauber.

✖ Achtung:

Verbraucher nicht aktiviert → Messung wertlos!

Ohne aktiven Verbraucher gibt's keinen Stromfluss und die Messung ist wertlos.

3.1.6 🔍 Endoskop *(Kategorie: Visuell)*

Was es ist:

Das Auge im Motorinneren: Zeigt dir Kolbenböden, Ventilschäfte, Einschlüsse, Ölkohle, Riefen, Einschläge aber ohne den Zylinderkopf zu demontieren. Auch AGR-Kanäle, Turbo-Einlass, Wärmetauscherkanäle und Glühkerzengewinde werden sichtbar.

 **Bildgebung, wie du sie willst:**

- LED-Ringlicht mit variabler Helligkeit

- 180°-abwinkelbare Optik für Ventilteller und Sitze

- 4K-HD-Live-Bild auf Tablet oder Smartphone

- Zoom-Funktion mit Bildarchivierung → ideal für Doku & Kundenaufklärung

- Wärmebild-Endoskope in der Industrie bereits im Einsatz zur Hot-Spot-Erkennung in Strömungskanälen

Fun-Fact:

Ein Endoskop mit 5-mm-Sonde passt sogar durchs Glühkerzenloch in den Brennraum eines Common-Rail-Diesels. Dort siehst du Dinge, für die früher der ganze Kopf runter musste.

3.1.7 Ölanalyse-Kit *(Kategorie: Visuell)*

Was es ist:

Zeigt dir, was im Motor abgeht: Metallabrieb, Kraftstoffverdünnung, Wasseranteil, Additivabbau, kurz gesagt, das vollständige Blutbild deines Aggregats.

Hinweis: Die volle Power der Ölanalyse inklusive Praxisprotokollen und Schadensbildern bekommst du in **Kapitel 4** serviert. Da wird's richtig schmutzig. Und lehrreich ohne Stock im Hintern.

In der Flugzeugtechnik ist es Vorschrift: Wenn in der Ölanalyse auch nur mikroskopisch kleine Spuren von Nickel, Chrom oder Aluminium auftauchen, wird das Triebwerk sofort außer Betrieb genommen, selbst wenn es butterweich läuft. Warum? Weil diese Metalle exakt verraten, ob ein Lager, eine Beschichtung oder ein Verdichterrad im inneren stirbt lange bevor der Pilot etwas merkt.

Im Kfz-Bereich? Da wird so ein Motor noch monatelang gequält, bis er sich mit einem lauten Knall in Form eines kapitalen Lagerschadens verabschiedet.

3.1.8 ✋ Touching- & Vibrationsprüfung *(Kategorie: Haptisch)*

Was es ist:

Die älteste Diagnosemethode der Welt und noch immer eine der effektivsten. Durch gezieltes Tasten, Drücken und Horchen lassen sich lose Bauteile, verstecktes Spiel und ungesunde Vibrationen aufdecken, ganz ohne Technik-Schnickschnack.

🔍 **Wofür es gut ist:**

- Entlarvt nicht angezogene Schrauben, Halterungen oder Stecker

- Spürt feine Vibrationen, die auf Lagerschäden oder Unwucht hindeuten

- Erfasst Wärmeverformung, Spannungen oder versteckte Reibpunkte

- Extrem hilfreich bei sporadischen Geräuschen und Resonanzproblemen

Technik & Hintergrund:

Diese Methode kommt direkt aus der Boxengasse: Im Profirennsport gehört das „händische Abtasten" aller sicherheitsrelevanten Komponenten zum Pflichtprogramm vor jedem Stint. Und nicht nur da sondern in asiatischen High-End-Fertigungen übernehmen „Cleaner" die finale Inspektion per Fingerspitzengefühl. Sie ertasten alles, was Maschinen oder Kameras übersehen und werden dafür gefeiert wie lebende Sensoren.

Praxis-Mehrwert für den Service:

- Kein Werkzeug nötig nur deine Hand und dein Hirn

- Spart Zeit und Geld, bevor's knallt

- Macht dich zum Diagnostiker

- Kunden merken: „Der prüft nicht nur - der fühlt, was er tut."

Fun-Fact (Säule 5 - Kleine Hinweise):

Der lockere Halter, das vibrierende Sensorgehäuse oder der lose Clip. Oft ist es dieser eine kleine Hinweis, den du nicht siehst, sondern *spürst*. Genau dafür steht Säule 5 des KolbenKult-Protokolls:

Wer genau hinfühlt, findet das, was andere übersehen.

> **KolbenKult**
> Die Hand als Detektor. Die Vibration als Sprache.

3.1.9 Mechaniker-Stethoskop *(Kategorie: Haptisch / Akustisch)*

Was es ist:

Der Hörverstärker für Profis: Erkennt Lagerklopfen, Ventilklappern oder Injektor-Stakkato direkt am Bauteil mit chirurgischer Präzision.

Fun-Fact

Es gibt seit langem modifizierte Profi-Stethoskope mit austauschbaren Sonden, Verlängerungen und Körperschallverstärkern, die gezielt für den Werkstatteinsatz entwickelt wurden und sich exakt so bedienen wie das Pendant beim Herzchirurgen. Nur dass du hier keine Herzklappe hörst, sondern das Rasseln einer defekten Nockenwelle.

3.1.10 🔧 Kompressionsdruckprüfung *(Kategorie: Logisch / Analytisch)*

Was es ist:

Mithilfe eines Drucksensors im Zündkerzenschacht wird sichtbar, ob der Zylinder noch „Druck macht" oder schon pfeift wie ein undichter Fahrradreifen. Unverzichtbar bei Verdacht auf Leistungsverlust oder unklaren Störungen. **Ein absolutes „Must Have" und Standard!**

🎭 Fun-Fact:

Regelmäßige Kompressionsprüfungen sind ein bewährtes Mittel, um frühzeitig thermodynamische Defekte wie undichte Ventile oder Kolbenringverschleiß zu erkennen - lange bevor sie zu kapitalen Motorschäden führen. Fachliteratur und technische Berichte betonen die Bedeutung dieser Maßnahme in der vorbeugenden Instandhaltung.

3.2 Testmethoden - konventionelle und unkonventionelle

3.2.1 ⬚ A/B-Test (Swap-Test) *(Kategorie: Logisch / Analytisch)*

Ein Vergleichstest mit Methode: Du tauschst zwei gleichartige Bauteile (z. B. Injektoren, Zündspulen, Sensoren) gegeneinander aus und beobachtest, ob der Fehler *mitwandert*.

Das Prinzip ist so simpel wie genial: Wenn der Fehler folgt, ist das Bauteil schuld. Wenn nicht, such woanders.

🔍 Wofür es gut ist:

- Erkennung defekter Injektoren, Zündspulen, Einspritzventile

- Bestätigung von Sensorproblemen ohne Neuteil

- Ausschluss von Steuergerätefehlern (wenn Fehler nicht wandert)

Genial bei sporadischen Fehlern, die nicht eindeutig messbar sind

📈 Funktionsweise / Methode:

1. Fehler identifizieren (z. B. Zylinder 3: Fehlzündung)

2. Verdächtiges Teil (z. B. Injektor) mit baugleichem Teil tauschen (z. B. von Zyl. 3 ⟷ Zyl. 2)

3. Fehler erneut provozieren oder auslesen

4. Beobachtung:
   - Fehler jetzt bei Zyl. 2? → Bauteil ist Ursache ☑
   - Fehler bleibt bei Zyl. 3? → Andere Ursache ✗

📊 Nice-to-know / Statistik:

Effiziente Diagnosemethoden im Bereich der Fahrzeugdiagnostik können dazu beitragen, die durchschnittliche Zeit für die Fehlersuche pro Fall deutlich zu verkürzen. Gleichzeitig lässt sich dadurch in einer erheblichen Anzahl von Fällen der Kauf überflüssiger Ersatzteile vermeiden.

◌ Praxisanleitung:

Ein Motor stottert, OBD zeigt „Fehlzündung Zyl. 4". Der Kollege will direkt neue Zündspulen bestellen. Halt ihn auf und bau die Spule von Zyl. 2 nach Zyl. 4. Fehler wandert? Zack: Spule im Arsch.

Wandert nix? Dann ist's entweder ein anderes Bauteil oder ein verstecktes mechanisches Problem. Und *das* ändert alles.

3.2.2 ◌ On-Road-Test / Live-Lastdaten *(Kategorie: Logisch)*

Fehler im Stand? Keine. Fehler bei 4000 U/min unter Volllast? WTF. Viele Defekte zeigen sich erst, wenn der Motor arbeitet und nicht, wenn er sich langweilt. Wer nur im Leerlauf misst, analysiert den Patienten im Liegen, obwohl der beim Joggen zusammenbricht.

◌ Säule 4: Provokation des Wirkmechanismus

Du willst wissen, warum dein Motor aussetzt? Dann bring ihn dahin, wo er stirbt. Unter Last. Unter Hitze. Unter realen Bedingungen. Denn erst wenn du den Fehler *provozierst*, kannst du ihn begreifen.

◌ Fun-Fact:

Manche Steuergeräte „lernen" im Leerlauf neue Referenzwerte und *verfälschen* damit gezielt die Symptome. Ohne Fahrt? Kein echter Fehler. Nur Theater.

On-Road-Test

3.2.3 🔆 Rauchgenerator / Lecksuche *(Kategorie: Visuell)*

Wenn Unterdrucklecks oder Falschluft verdächtigt werden, hilft kein Raten, sondern Rauch.

Einfach den Rauchgenerator ans Ansaugsystem anschließen, Schläuche abdichten und beobachten, wo's rausqualmt.

Praxisanleitung:

Mit einem Rauchgenerator (z. B. EVAP-Tester oder Werkstattgerät) Druckluft in den Ansaugtrakt, AGR- oder Unterdrucksystem einspeisen. Undichte Stellen zeigen sich sofort als Rauchfahne und auch da, wo man nie hingeschaut hätte.

3.2.4 🔧 Warmstartanalyse / Temperaturtests *(Kategorie: Thermisch)*

Viele Fehler treten nicht beim Kaltstart auf, sondern erst bei Betriebstemperatur. Sensoren, Lötstellen, Steuergeräte und mechanische Toleranzen verhalten sich im warmen Zustand anders und genau dann beginnt die Show.

🔍 **Wofür es gut ist:**

- Zündaussetzer bei Warmstart

- Trägheitsprobleme von Sensoren (z. B. Hallgeber, Kurbelwellensensor (KWS))

- Thermisch bedingte Ausdehnung → Kontaktunterbrechung

- Kraftstoffverdampfung in Leitungen → Startprobleme bei Hitze

- Steuergeräte-Fehler durch kalte Lötstellen oder Temperaturdrift

📉 **Funktionsweise / Methode:**

1. Fahrzeug vollständig auf Betriebstemperatur bringen

2. Motor abstellen, 2-4 Minuten warten

3. Erneuter Startversuch oder gezielte Messung unmittelbar nach dem Start

4. Beobachte Startverhalten, Spannungseinbrüche, Diagnosedaten (z. B. DME-Zustand, Einspritzkorrektur, Luftmassenwert etc.)

🔋 Nice-to-know:

Viele Hallgeber liefern bei über 80 °C instabile Signale, die im Standlauf nie auffallen, aber bei Warmstart zum kompletten Stillstand führen.

💧 Praxisanleitung:

Ein Kunde meldet: *„Springt nach Tankstopp nicht mehr an.“* Fehler lässt sich kalt nicht reproduzieren. Also: Wagen warmfahren, abstellen, 3 Minuten warten, dann erneut starten. Ergebnis: Anlasser dreht, aber keine Zündung.

KWS getauscht, alles läuft. Diagnose gewonnen. Im Kaltzustand: Fehlanzeige.

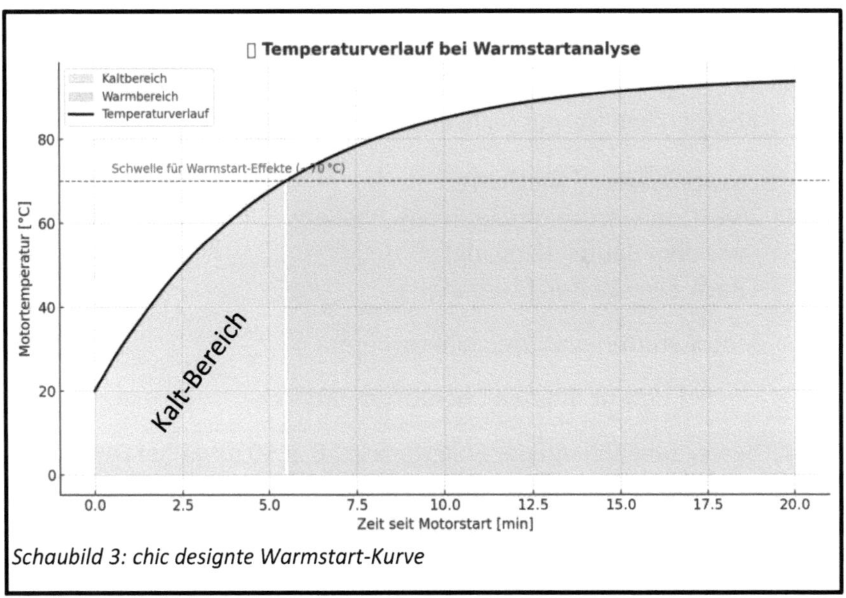

Schaubild 3: chic designte Warmstart-Kurve

✳️ Säulenbezug - Säule 4: Provokation

Hier provozierst du ganz bewusst den Zustand, in dem der Fehler auftritt.

Nur wer den thermischen Schmerzpunkt trifft, findet die echte Schwachstelle.

3.2.5 ⚗ Differenzdruckprüfung AGR / DPF *(Kategorie: Analytisch)*

Eine einfache, aber geniale Methode, um Verstopfungen oder Durchflussprobleme in Abgas- und Rückführsystemen aufzudecken, durch reinen Druckvergleich.

🔍 **Wofür es gut ist:**
- Diagnose verstopfter DPF (Dieselpartikelfilter)

- Erkennung zugesetzter AGR-Kühler oder -Rohre

- Bewertung der Reinigungsleistung (z. B. nach Spülung oder Reinigung)

- Abgleich von Ist- mit Sollwerten im Steuergerät

📈 **Funktionsweise / Methode:**
1. Zwei Drucksensorleitungen anschließen:
   - **vor** dem Bauteil (Eingang)
   - **nach** dem Bauteil (Ausgang)

2. Motor starten und Drehzahl variieren

3. Druckdifferenz messen und dokumentieren

4. Bewertung anhand der Sollgrenze (z. B. < 50 mbar bei DPF im Leerlauf)

📊 **Nice-to-know / Statistik:**
Laut einem OEM-Werkstatttest lag in über 60 % der als "Sensorfehler DPF" diagnostizierten Fälle die Ursache in der Verstopfung selbst, nicht im Sensor.

Einfach gesagt: Der Sensor war der Bote und nicht der Täter.

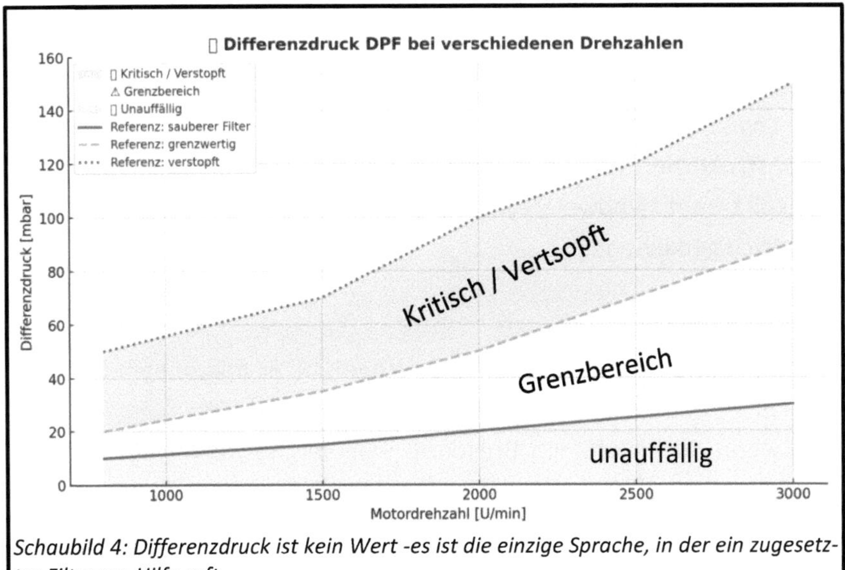

Schaubild 4: Differenzdruck ist kein Wert -es ist die einzige Sprache, in der ein zugesetzter Filter um Hilfe ruft.

🌢 Praxisanleitung:

Motor zeigt sporadisch DPF-Fehlercode, keine Leistungsverluste im Stand.

Du misst 80 mbar Differenzdruck im Leerlauf, obwohl laut Hersteller 35 mbar erlaubt wären.

Daraus folgt: DPF zu → nicht tauschen auf Verdacht, sondern mit Rückspülung oder Ersatz reagieren.

KolbenKult

Ein Filter, der dicht ist, ist kein Sensorproblem, sondern ein Atemstillstand.

119

3.2.6 📋 Systematisches Testprotokoll / Checkliste *(Kategorie: Logisch)*

Wer strukturiert prüft, findet mehr und übersieht nichts. Ein sauberes Protokoll trennt Handwerk von Ratespiel und liefert den Nachweis, dass du wirklich gedacht hast.

🎭 **Fun-Fact:**

Ein Chirurg operiert nicht aus dem Bauchgefühl. Er folgt einem präzisen Protokoll.

Denn wenn du im offenen Brustkorb was vergisst, stirbt der Patient. Beim Motor ist's ähnlich: Wer ohne Checkliste schraubt, lässt Fehler drin, nur, dass der Kunde erst später unterwegs stehen bleibt.

Kapitel 4 Ölanalyse

Die geheime DNA deines Motors

4.1 Warum dein Öl spricht und du besser zuhörst

Wenn du wirklich wissen willst, was in deinem Motor passiert, dann brauchst du keine Kristallkugel. Du brauchst eine verdammt präzise Ölanalyse.

Motoröl ist nicht einfach nur Schmierstoff. Es ist ein Bote. Ein molekularer Informant. Er trägt Spuren jedes thermischen Exzesses, jedes mechanischen Versagens, jeder falschen Einspritzung. Wer ihm zuhört, kann erkennen, ob sich Bauteile langsam auflösen oder ob du in naher Zukunft eine unfreiwillige Mechanikertherapie absolvieren wirst.

Ein Ölwechsel ist Routine. Eine Ölanalyse ist Kontrolle. Wer sich nur auf die Serviceintervalle verlässt, ist wie jemand, der erst zum Arzt geht, wenn er schon 40 Grad Fieber hat. Im Motorsport, in der Industrie, bei stationär-Motoren und in der Luftfahrt ist die Ölanalyse kein Nice-to-Have. Sie ist Überlebenswerkzeug.

Warum? Eine gute Analyse zeigt dir:

- Verschleißtrends, noch bevor der Motor sich selbst auffrisst.

- Lagerschäden, noch bevor Aluminium beginnt, metallisch zu glitzern.

- Kraftstoff- oder Kühlerleckagen, die deinen Schmierfilm in eine chemische Lachnummer verwandeln.

- Additivabbau und Viskositätsdrift, die aus Schutzwirkung puren Abrieb machen.

Kurz: Sie ist dein Motor-Blutbild. Und wenn du nicht hinhörst, wird's teuer.

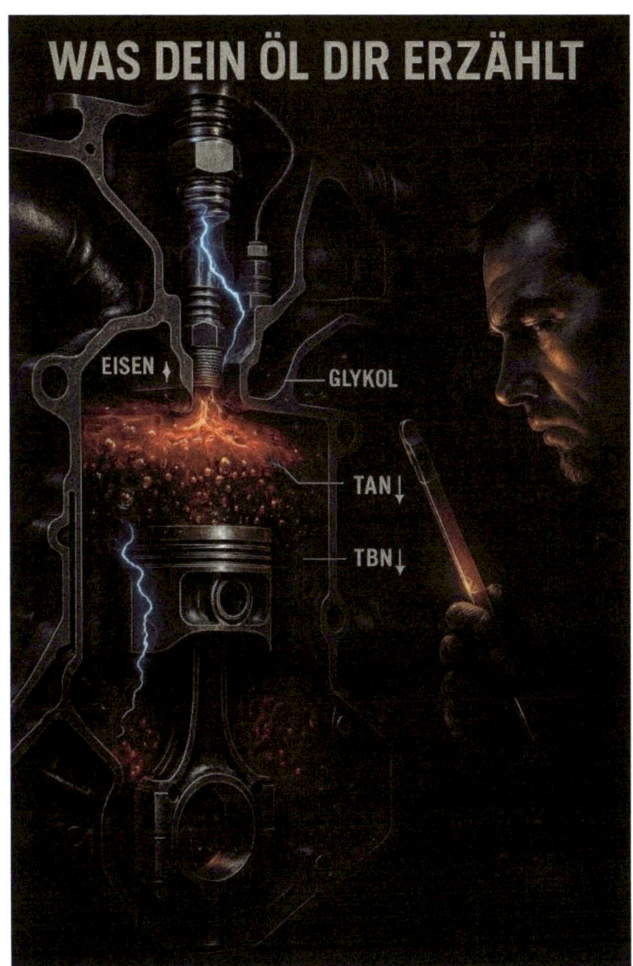

Die Sprache des Öls, Parameter, Codes & Konsequenzen

Wenn dein Motor eine Biografie hätte, dann wäre das Öl sein Tagebuch mit jeder Seite vollgeschrieben in feinster Elementarschrift. Wer die Zeichen lesen kann, weiß nicht nur, was passiert ist. Sondern auch, was bald passieren wird.

Denn jedes Milligramm Metall, das da rumschwimmt, erzählt eine Geschichte.

4.2 Die metallischen Botenstoffe und was dir dein Öl wirklich sagt

4.2.1 ⌂ Eisen (Fe)

Das klassische Warnsignal. Kommt aus Zylinderlaufbahnen, Kolbenringen, Kurbelwellenlagern. Wenn es steigt, löst sich die Basis deiner Bewegung auf.

Wissenschaftliche Tiefe:

- Eisenpartikel entstehen primär durch adhäsiven Verschleiß (Mikroschweißen) unter Grenzschmierung, wenn der Schmierfilm versagt.
- Besonders anfällig: Tribokontakte mit hohem Flächenpressdruck, z. B. zwischen Kolbenring und Zylinderwand. Dort führt lokale Überhitzung zur Abschmelzung von Fe-Strukturen.

4.2.2 🥉 Kupfer (Cu)

Deutet auf Gleitlager oder die Auflösung von Lagerschalen hin. Wenn viel Kupfer auftaucht, ist dein Lager nicht mehr stabil, sondern bereits in Auflösung.

Wissenschaftliche Tiefe:

Kupfer ist Bestandteil vieler Tri-Metalllager, speziell in der mittleren Schicht (zwischen Stahlrücken und Zinn-Aluminium-Deckschicht).

Steigende Cu-Werte deuten darauf hin, dass die obere Lagerschicht bereits durch Verschleiß oder Kavitation abgetragen wurde Kupfer ist also das „Was drunterliegt".

4.2.3 ⬤ Aluminium (Al)

Kolbenmaterial. Auch in Lagerschalen oder Ventilträgern. Wenn hier Werte steigen, klopft der Kolben schon fast an die Tür der Werkbank.

Wissenschaftliche Tiefe:

Moderne Kolben bestehen aus hochbelastbaren AlSi-Legierungen. Wird Al nachgewiesen, kann das auf Kolbenkipper, Kolbenschlagen oder Heißfresser hinweisen.

In Lagerschalen tritt Al oft in Verbindung mit Zinn auf. Der Werteanstieg zeigt die Zerstörung der weichmetallischen Deckschicht, noch vor dem Kupfer.

4.2.4 ☁ Silizium (Si)

Der feine Staubtod. Oft vom Luftfilter verschuldet oder besser: nicht verhindert. Wenn Si steigt, schleift sich dein Motor von innen auf.

Wissenschaftliche Tiefe:

SiO_2 (Quarzstaub) ist mit Mohs-Härte 7 härter als Stahl. Bei Eintritt ins Öl wirkt es wie ein Schleifmittel → dreifach erhöhter abrasiver Verschleiß.

Typische Eintragsquellen: leckende Luftfilter, poröse Ansaugrohre, falscher Filtereinbau, der Motor wird von außen „gesandet".

4.2.5 ✎ Blei (Pb)

Der Klassiker aus der Antiklopf-Zeit oder als Teil von Babbitt-Lagermaterial. Kritisch bei Oldschool-Motoren, aber auch heute noch ein Indikator für tiefe Lagerschmerzen.

Wissenschaftliche Tiefe:

Blei ist ein Schlüsselbestandteil in alten Babbitt-Legierungen, die in Hauptlagern eingesetzt wurden. Steigt Pb, ist oft die gesamte Lagerstruktur betroffen.

Auch geringe Spuren in neueren Motoren können auf verdeckte mechanische Überlastung hinweisen, oder auf rückständige Kraftstoffverunreinigung bei alten Additiven.

4.3 Die chemischen Saboteure - was nicht ins Öl gehört

4.3.1 💧 Glykol

Kühlwasser im Öl. Bedeutet meistens: Kopfdichtung durch, Kühlkreislauf kompromittiert. Sobald Glykol da ist, wird's toxisch.

Wissenschaftliche Tiefe:

Glykol reagiert mit Zink- und Phosphorhaltigen Additiven zu sauren und viskositätsverändernden Verbindungen → schneller Additivabbau.

Es fördert Mikropitting an Lagerstellen durch Reduktion des Schmierfilms → Kombination aus Korrosion und Reibung.

4.3.2 ⛽ Kraftstoff (Fuel Dilution)

Hinweis auf undichte Einspritzung oder Blow-by. Reduziert die Viskosität → Schmierfilm ade.

Wissenschaftliche Tiefe:

Kraftstoff hat niedrigere Viskosität als Öl → bei >2-4 % Eintrag sinkt der hydrodynamische Druckaufbau im Lager → Lagerversagen durch Mangelschmierung.

Ursachen: defekte Injektoren, Start-Stopp-Betrieb, zu kurze Intervalle → Blow-by führt zu Rückströmung in die Ölwanne.

4.3.3 😱 TAN (Total Acid Number)

Zeigt dir, wie sauer dein Öl geworden ist. Ein Maß für Alterung, chemische Zersetzung, Oxidation. Hoher TAN = Korrosionsrisiko.

Wissenschaftliche Tiefe:

Oxidationsprodukte wie Peroxide, organische Säuren, Harze entstehen bei Ölalterung → TAN steigt → Kupferkorrosion, Schlamm, additive Zersetzung.

Ab ca. 4-5 mgKOH/g → hoher Risikoindex für Additivversagen und korrosiven Verschleiß, besonders in wärmebelasteten Bereichen.

4.3.4 💉 TBN (Total Base Number)

Deine letzte Verteidigungslinie. Zeigt, wie viel „Puffer" dein Öl noch hat, um Säuren zu neutralisieren. Sinkt der TBN zu tief → Adieu Korrosionsschutz.

Wissenschaftliche Tiefe:

TBN misst die alkalische Reservefähigkeit, meist durch Calcium- oder Magnesium-Salze → neutralisiert TAN-induzierte Säuren.

Sinkt TBN < 3 mgKOH/g → Additive erschöpft, keine Neutralisation → freie Säuren greifen Metall direkt an (Korrosion, Lagerschaden, Ölverdickung).

Mindfuck: Warum dein Ölwechselintervall dich belügt

Viele halten sich brav an das, was im Serviceheft steht: 15.000 km oder 12 Monate. Ölwechsel. Fertig. Haken dran. Aber das ist wie Fiebermessen nach der Beerdigung. Völlig sinnlos, wenn du die eigentlichen Einflussfaktoren ignorierst.

Denn die Wahrheit ist: Dein Ölalterungsprozess interessiert sich nicht für dein Intervall. Er interessiert sich für deine Fahrweise, deine Startzyklen, deine Außentemperaturen und deine Kraftstoffwahl.

Das Problem? Öl lebt. Aber nicht lang, wenn du es falsch behandelst.

Kurzstrecken kills: Bereits bei 20 % Kurzstreckenanteil im Fahrprofil kann sich messbar mehr Kondenswasser und Kraftstoff im Öl anreichern. Die Folge? Verdünnter Schmierfilm, beschleunigte Oxidation, Additivabbau. Das Öl stirbt innerlich, während du noch denkst: „Ist doch noch golden."

Stop-and-Go = Additiv-Suizid: Jedes Anfahren, jedes Abbremsen, jede kurze Leerlaufphase ist ein Schlag in die Fresse für die Additive im Öl. Thermische Zyklen + Partikelbelastung = verstärkter Verschleiß trotz frischem Öl.

Biokraftstoffe? Schön für die Umwelt, tödlich fürs Öl. Studien zeigen, dass gerade moderne Bio-Ethanol- oder RME-Blends die chemische Stabilität des Öls massiv beeinträchtigen durch Säurebildung und Additivreaktionen.

Und was macht der durchschnittliche Fahrer?

Er wartet. Auf die Anzeige. Auf das Intervall. Auf das Versagen.

Die Konsequenz?

Wer nur auf Kilometer zählt, fährt bald ohne Motor.

Ohne regelmäßige Ölanalyse, ohne Berücksichtigung realer Fahrbedingungen, vertraust du blind einem Durchschnittswert - in einer Welt voller Extremwerte.

Empfehlung:

Mach's wie ein Profi. **Ölanalyse nach Fahrprofil statt Kalender.**

Und falls du denkst, das sei übertrieben: Frag mal deinen Steuerkettenspanner, was er von Kraftstoffeintrag und Ölverdünnung hält.

4.4 Wie du die Ölanalyse meisterhaft verkackst

Hier entscheidet sich, ob du Daten bekommst oder Kaffeesatz liest. Wer an dieser Stelle patzt, kann auch gleich Tarotkarten aus der Ölwanne ziehen.

🔧 **Die Klassiker - so geht's garantiert daneben:**

- **Direkt nach öffnen der Ablassschraube?**
  Falsch. Du ziehst den Bodensatz.

  ➤ *Das ist wie eine Wasserprobe aus dem Klärbecken. Sie zeigt, was ganz unten passiert, nicht was im Betrieb zirkuliert.*

- **Kalt entnommen?**
  Verfälscht.

  ➤ Additive, Metallpartikel und Kraftstoffeintrag sind nicht homogen verteilt, sondern sedimentieren. Nur warm gefahren = Wahrheit.

- **Falsches Gefäß?**
  Marmeladenglas = chemische Reaktionskammer.

  ➤ Wer Öl ins Einmachglas füllt, darf sich nicht wundern, wenn er Marmeladenchemie statt Motorzustand misst.

- **Bremsenreiniger beim Entnehmen?**
  Viel Spaß. Du analysierst dann eher Aceton als Additive.

  ➤ Schon kleinste Lösungsmittelreste verfälschen FTIR- oder ICP-Messungen massiv.

- **Wasser im Öl?**
  Nur messbar, wenn du es nicht vorher verdampfst.

  ➤ Also: kühlen, lichtdicht lagern, und keine ewige Standzeit vor dem Versand.

✅ **Die richtige Methode**

- **Betriebswarm entnehmen** - nach mind. 15 Minuten Laufzeit.
- **Mittelstrahlentnahme** - nicht Anfang, nicht Ende. Optimal mit Vakuumpumpe via Peilstab.
- **Laborgeprüfte Flasche** - trocken, neutral, luftdicht.
- **Sofort versenden** - nicht erst neben dem Kaffeeautomaten vergessen oder tagelang herumfahren.

4.5 Interpretation & Irrglauben - Was die Analyse dir sagt (und was eben nicht)

Fallen:

- 10 ppm Eisen? Muss nix sein.

- 300 ppm Aluminium? Vielleicht nur ein Einlaufprozess bei Neumotoren.

- Trend steigt? Dann wird's spannend.

Zwei Typen:

- **Panikmacher:** rufen bei jedem Wert "Motortod!"

- **Ignoranten:** sehen nichts, bis der Block platzt

Mythen-Exorzismus:

💧 Mythos 1: „Dunkles Öl ist kaputt"

Dein Öl ist kein Schönheitswettbewerb, sondern ein Staubfresser auf Molekülebene. Wenn's dunkel ist, hat es seinen Job gemacht und es hat Dreck geschluckt, Ruß gebunden und deinem Motor den Arsch gerettet. Wer helles Öl will, soll's sich in die Haare schmieren. Wer einen sauberen Motor will, lässt es arbeiten.

Wissenschaftliche Erklärung:

Motoröl enthält **Dispersanten** - Additive, die Ruß, Oxidationsprodukte und metallische Abriebpartikel feinverteilt in Schwebe halten.

Diese feinverteilten Partikel sind verantwortlich für die Färbung des Öls, insbesondere in Dieselmotoren.

Ein dunkles Öl zeigt, dass es aktiv Verunreinigungen bindet statt ablagert, was Schlamm, Ringverkokung und Kanalverstopfung verhindert. Nur der Farbton „Asphaltbrühe" vom Öl wäre ein Problem, denn das heißt: Es hat nicht mehr die Kapazität, Schadstoffe aufzunehmen. Es ist „satt" oder chemisch erschöpft. Nur die Analyse zeigt es perfekt.

💧 Mythos 2: „Dickeres Öl schützt besser"

Dickes Öl ist wie Bodybuilder in der Telefonzelle: Viel Masse, wenig Beweglichkeit.

Wer glaubt, dass mehr Viskosität mehr Schutz bringt, hat nie einen Kaltstart bei -10 °C gesehen.

Dein Motor will Fluss, nicht Fett.

Was bringt dir ein „Schutzfilm", wenn er zu zäh ist, um rechtzeitig anzukommen?

🧪 Wissenschaftliche Erklärung:

Die Schutzwirkung eines Öls hängt nicht linear von seiner Viskosität ab. Moderne Motoren mit engen Lagerspielen und präzisen Hydraulikkomponenten sind auf definierte Fließverhalten ausgelegt. Zu viskoses Öl (z. B. 20W-50 statt 5W-30) erhöht Reibungsverluste, verschlechtert die hydrodynamische Schmierung bei niedrigen Temperaturen und verzögert den Aufbau des Schmierfilms bei Kaltstarts.

Besonders kritisch:

Startverschleiß macht nach Studien und Fachartikeln mehr als 60 % des Gesamtverschleißes aus.

Zu dickes Öl erreicht die Schmierstellen verzögert → Mangelschmierung → Metallkontakt.

Mythos 3: „Additive helfen immer"

Additive im Zubehörregal sind wie Diätpillen im Supermarkt: große Versprechen, zweifelhafte Wirkung, manchmal giftig.

Dein Öl ist bereits eine präzise gemischte Molekül-Symphonie. Wenn du da Additive reinkippst wie Oregano in ein Sternegericht, darfst du dich nicht wundern, wenn der Laden brennt.

Was in der Werbung „reinigt, schützt und regeneriert", blockiert im schlimmsten Fall Ölkanäle, Additivreserven und Sensoren.

Wissenschaftliche Erklärung:

Moderne Motoröle sind engineered fluids - hochkomplexe Gemische aus Grundölen und bis zu 20 % Additivpaket:

Detergents, Dispersants, ZDDP, Friction Modifiers, AW- und EP-Additive, Viskositätsindex-Verbesserer u. v. m.

Diese Formulierung ist ausbalanciert auf den Motortyp, Abgasnachbehandlung (z. B. DPF!), Temperaturfenster und Wechselintervall.

Fremdadditive (z. B. aus Zubehörhandel) können:

- die Basenreserve verändern (TBN/TAN-Verhältnis destabilisieren)

- Zink- oder Phosphoranteile erhöhen, was Katalysatoren und DPF schädigen kann

- Viskosität lokal verändern → Ablagerungen in engen Ölkanälen

- Inkompatible Additive verdrängen (z. B. Reibmodifikatoren durch überdosierte Molybdänverbindungen)

Wer blind Additive kippt, führt chemischen Krieg in seinem Ölkreislauf und der erste, der stirbt, ist der Schmierfilm.

💧 Mythos 4: „Nachkippen reicht"

„Ich hab doch nachgefüllt" ist das motorische Äquivalent von: „Ich hab Blutverdünner wie Marcumar®, Xarelto® oder einfaches Aspirin® genommen, obwohl ich eine innere Blutung hatte."

Nachkippen bringt Volumen zurück, aber nicht die Viskosität, nicht die Additive und nicht die chemische Schutzwirkung.

Du füllst was oben drauf, während unten schon alles am Kippen ist.

📝 Wissenschaftlich brillante Erklärung:

Motoröl verliert im Betrieb nicht nur Volumen, sondern vor allem chemische Wirksamkeit durch:

- Oxidation

- Additivabbau

- Kraftstoff- und Kühlmitteleintrag

- Schermodifikation (Viskositätsindex-Zerstörung)

Ein Nachfüllen bringt zwar neues Ölvolumen, verdünnt aber zugleich den Gesamtölbestand - ohne das Problem zu lösen:

- Kraftstoff im Öl → **Viskosität gesenkt** → Filmabriss

- TAN gestiegen → **Korrosionsrisiko**

- TBN verbraucht → **kein Basenschutz**

- Abriebpartikel im Altöl → **Dispersanten überlastet**

Beispiel:

Ein Motor hat aktuell 4,5L von 5L Öl. Das ist durch Blow-by, Kraftstoffeintrag und thermischen Stress bereits verdünnt oder chemisch gealtert funktional entwertet.

Wenn du nun 0,5 L nachfüllst, bist du wieder auf Stand , aber die verbliebene Masse ist eine Mischung aus frischem und zerstörtem Öl. Das nennt sich Verdünnung der Erschöpfung und nicht deren Behebung.

Nachkippen ersetzt keinen Ölwechsel. Es ist wie Parfüm auf Leichengeruch: klingt zwar gut, stinkt aber weiter.

Zusammenfassung: Die 4 häufigsten Öl-Mythen - Wissenschaftlich zerlegt

🔧 Mythos	💡 Realität	⚒ Wissenschaftliche Begründung
1. Dunkles Öl = kaputt	Falsch. Es zeigt, dass das Öl arbeitet	Dispersanten halten Ruß & Abrieb in Schwebe. Das färbt das Öl.
2. Dickeres Öl = besserer Schutz	Falsch. Kann Schmierung verzögern	Zu hohe Viskosität → Startverschleiß ↑ bei Kälte
3. Additive helfen immer	Gefährlich. Können Öl zerstören	Fremdadditive stören Additivpaket, Sensoren, Ölkanäle
4. Nachkippen reicht	Trügerisch. Chemie bleibt kaputt	Volumen ≠ Wirkung. TBN/TAN, Viskosität, Additive verbraucht

Typische Werte aus der Ölanalyse:

Parameter	Normalwert	Auffällig	Mögliche Ursache	Konsequenz
Eisen (Fe)	< 20 ppm	50 ppm	Lager-/Kolbenverschleiß	Motorschaden möglich
Kupfer (Cu)	< 5 ppm	20 ppm	Lagerschalenauflösung	Kritischer Lagerschaden
Aluminium (Al)	< 10 ppm	30 ppm	Kolben-/Lagerschalenabrieb	Erhöhter Verschleiß
Silizium (Si)	< 10 ppm	25 ppm	Staubeintrag, schlechte Luftfilterung	Zylinder-/Kolbenschaden
Glykol	0 %	0 %	Kühlmittelleckage	Akuter Schmierverlust, Motorschaden
Kraftstoff	< 2 %	4 %	Defekte Einspritzdüsen	Ölverdünnung, Schmierverlust
Wassergehalt	< 0,1 %	0,2 %	Kondensation, Kühlmittelverlust	Korrosion, Schmierverlust
Viskosität (40°C)	Herstellerspezifikation	> 10 % Abweichung	Ölalterung, Rußbelastung	Erhöhter Verschleiß
Neutralisationszahl (TAN)	< 2 mg KOH/g	3 mg KOH/g	Oxidation, Säurebildung	Korrosion, Ölalterung
Basenzahl (TBN)	8 mg KOH/g	< 5 mg KOH/g	Additivabbau	Verlust der Säureneutralisation

Es gelten IMMER die Herstellerangaben.

 **Hinweise:**

Die angegebenen Werte dienen als Richtwerte und können je nach Motortyp und Hersteller variieren.

Eine regelmäßige Motorölanalyse hilft, frühzeitig Abweichungen zu erkennen und entsprechende Maßnahmen zu ergreifen, um die Lebensdauer des Motors zu verlängern.

Hinweis 5 – 8, Diagnose an der Hardware: Wie Baugruppen entlarvt werden

Ab hier geht's ans Eingemachte.

Die Theorie steht. Die Ölanalyse hat das Fundament gelegt. Jetzt wird's konkret: Zündung, Einspritzung, Kühlung, Sensorik. Die üblichen Verdächtigen, die in jeder Werkstatt regelmäßig vorgeführt und regelmäßig falsch verdächtigt werden.

Eine Ursache findet sich nicht mit Social-Media-Content.

Du musst selbst denken. Du musst Schlüsse ziehen und zwar logisch, belastbar, testbar.

Und genau dafür reicht reines Wissen nicht.

Du brauchst ein System, das dir hilft, Unsinn auszublenden und echte Beweise zu erzeugen.

Motorfehler haben oft mehr als einen Grund. Aber sie haben fast immer eine Primärursache und die gehört in eine dieser Kategorien:

- **Mechanisch** → Riss, Spiel, Verschleiß, Verzug

- **Thermisch** → Überhitzung, Schmierverlust, Wärmestau

- **Elektrisch/Regelung** → Sensorspinne, Massefehler, Steuerlogikfehler

Wer das nicht trennt, diagnostiziert Chaos. Deshalb: Bevor du „Einspritzdüse defekt" oder „Zündspule kaputt" rufst, frage dich: Welche Art von scheiß Fehler willst du eigentlich beweisen?

Kapitel 5 Zündung unter Verdacht

Die Zündung. Jeder kennt sie, jeder tauscht Teile, aber kaum einer weiß, wie man sie wirklich belastet, provoziert oder logisch überführt. **Willkommen im ersten Baugruppenprozess.** Beweissicherung statt Bauchgefühl. Hochspannung für dein Hirn.

Zündungsprobleme gehören zu den häufigsten und gleichzeitig unterschätztesten Fehlern im Motoralltag. Kaum ein Thema bringt so viele Werkstätten ins Schleudern, weil der Fehler nicht sichtbar ist, der Speicher nichts sagt und der Kunde trotzdem jammert. Genau deshalb ist dieses Kapitel kein netter Überblick, sondern ein Systemwechsel.

Wer dieses Kapitel gelesen hat, diagnostiziert Zündprobleme auf einem anderen Level. Punkt.

Hier geht's nicht um Meinung, sondern um Methodik. Du bekommst nicht nur Erklärungen, sondern Werkzeuge. Du lernst, wie du mit reiner Logik, Physik und sauberem Denken jede Spule entlarvst - ob sie warm stirbt, seitlich funkt oder dein Kat in ein Keramikgrab verwandelt.

Und falls du jetzt denkst: „Ach, Zündung ist doch einfach, hab ich im Griff" - dann bleib trotzdem dran. Die meisten, die das sagen, jagen seit Monaten einem Leistungsverlust hinterher und haben drei Lambdasonden getauscht, ohne den Übeltäter je anzuschauen.
Was dich erwartet:

- Wie man Zündaussetzer erkennt, auch wenn der Fehlerspeicher schläft.
- Warum manche Spulen nur unter Last sterben und wie du das beweist.
- Wieso ein falscher Elektrodenabstand dein Kat-Massaker starten kann.
- Ob du Wärmeleitpaste brauchst oder nur YouTube-Unsinn geglaubt hast.
- Wie du auch ohne Oszilloskop Klarheit bekommst - wenn du weißt, worauf es ankommt.

- Und was du bei feuchten Zündkabeln garantiert nicht tun solltest.

Und die, die trotzdem hier was zu meckern haben? Auch gut. Lies weiter - oder tausch halt noch ein paar Spulen auf Verdacht. Ist ja nicht dein Geld, oder?

5.1 🔌 Zündsysteme im Überblick

Der Zündfunke ist kein elektrischer Zufall, sondern das Ergebnis aus Software, Strompfad, Wärmelast und Timinglogik. Wer Zündprobleme wirklich lösen will, muss Systeme nicht beschreiben, sondern sezieren.
Hier ist deine Übersicht als Fehlerquellen-Atlas.

Systemvergleich: Was lässt sich wie diagnostizieren?

Systemtyp	Aufbau	Diagnoserelevanz & typische Schwächen
Einzelzündspule	1 Spule pro Zylinder	Hohe Präzision, aber thermisch empfindlich. Fehler oft nur unter Last/Wärme nachweisbar. Kein OBD-Eintrag.
Doppelfunkenspule	1 Spule für 2 Zylinder	Fehler „wandern" nicht. Diagnose nur über Zylindervergleich. Rückzündung möglich.
Verteilerzündung	Mechanisch getaktet	Diagnose via Sichtprüfung & Kontaktbild. Zündzeitpunkt mechanisch verstellt - Prüflampe & Stroboskop nötig.
CDI-Systeme (Randgruppe)	Kondensatorentladung	Funken zu kurz für Sichtprüfung. Keine Brenndauer erkennbar. Fehlfunktionen nur über Signalverlauf messbar.

141

➤ **Induktiv (Einzel- oder Doppelspule):**

Systeme mit Transistorsteuerung und Spuleninduktion liefern Funken mit 40-80 mJ bei 1-2 ms Dauer. Fehler zeigen sich erst bei thermischer Belastung oder unter Druck. Diagnose nur effektiv mit Oszilloskop (Burn Time, Überschlagspannung, Glimmphase).

Falsch: Nur Funke prüfen.

Richtig: Spannungskurve unter Last anschauen. *Burn Time < 1 ms* oder ein steiler Abfall der Glimmphase deuten auf thermische Vorschädigung oder innere Isolationsprobleme hin.

➤ **Verteilerzündung (alt, aber lehrreich):**

Die gute alte Verteilerzündung ist kein Kind von Traurigkeit – aber eben auch kein Pflegefall, der sich selbst überlebt hat. Wer hier Fehler sucht, muss wissen, wo's wirklich knallt:

- **Typische Schwachstellen**: Ausgeleiertes Lagerspiel, abgebrannte Kontakte, Fliehkraftversteller mit Alzheimer. Klassiker eben.
- **Feuchtigkeit & Materialermüdung**: Nasse oder spröde Verteiler-kappen sorgen nicht nur für Zündaussetzer, sondern für eine regelrechte Hochspannungs-Disco unter der Haube.
- **Diagnose? Ja. Aber mit Hirn.** Das Stroboskop und das Oszi sind deine Freunde, solange du weißt, was du da eigentlich siehst. Warnung: Überschläge im Verteiler = Kontaktmord in Zeitlupe.

✴ **Fehlerfalle**

Viele messen an der Spule rum wie ein Blinder an der Brille. **Fakt ist:** Die Zündspule ist hier selten der Schuldige. Die meisten Probleme sitzen *hinter* der Spule im Verteiler. Wer da mit einem Multimeter ran will, kann's auch gleich mit Kaffeesatz versuchen.

➤ **CDI-System (nur wenn relevant):**

Funke <0,1 ms, Spannung extrem steil. Ideal für >10.000 U/min, aber problematisch bei fettem Gemisch. Diagnose nur mit Signalabtastung - nicht durch Sicht oder Widerstand.

Falsch: Multimeter-Messung.

Richtig: Oszillografische Funkenform & Impulsdauer messen. Störungen im Impulsgeber (Pickup) sind eine häufige Fehlerquelle bei CDI-Systemen, z. B. falscher Luftspalt oder Temperaturlauf.

Anwendungsbereiche und Diagnoseprioritäten:

Einsatzgebiet	System	Diagnosetipp
PKW, Krafträder	Einzel-/Doppelfunkenspule	Fehlerspeicher ≠ Wahrheit. Immer Lasttest & Oszianalyse verwenden.
PKW/Stationär / BHKW	Einzelfunkenspule	Thermosensitiv - Fön- oder Lastprüfung notwendig.
Motorsport, Modellbaumotoren	Induktive Hochdrehzahlsysteme	Funke ≠ Zündung. Elektrodenabstand, Steckerzustand & Timing prüfen.

Die wahre Zünddiagnose beginnt dort, wo der Fehlerspeicher aufhört

Moderne Zündsysteme steuern Brenndauer, Intensität und Zündform softwareseitig und abhängig von Drehzahl, Last, Lambda und sogar Abgastemperatur.

Ein sichtbarer Funke ist kein Beweis für Funktion. Wer heute noch mit einem „Funkentester" Fehler sucht, betreibt Holzhammermedizin bei einem Patienten mit Vorhofflimmern. Jedoch sollte ein Spannungsprüfer aber zur Grundausstattung gehören.

5.2 Typische Zündungsfehler & ihre physikalische Ursache

Wenn der Funke zwar springt, aber nicht dahin, wo er soll. Die Zündung ist das Hochspannungs-Äquivalent einer Präzisionsinjektion: Wenn Ort, Zeit oder Dosis nicht stimmen, kippt das ganze System. Dieser Abschnitt klärt die häufigsten Fehlerbilder mit ihren Ursachen, Wirkungen und Gegenmaßnahmen.

5.2.1 Seitlicher Überschlag (ionisierte Luft)

Wissenschaftlich:

Ein seitlicher Überschlag tritt auf, wenn der Zündfunke nicht den vorgesehenen Weg durch den Elektroden-Spalt im Brennraum nimmt, sondern stattdessen über eine alternative, elektrisch leitfähige Strecke außen an der Zündkerze entlangspringt.

Diese parasitäre Entladung entsteht durch kontaminierte oder feuchte Isolationsflächen, Risse im Kerzenkörper oder unzureichende Verbindung zwischen Kerze und Zündstecker.

Physikalischer Mechanismus:

- Die elektrische Durchschlagsfestigkeit trockener Luft liegt bei ca. 30 kV/cm, bei ionisierter, feuchter oder ölbehafteter Luft sinkt sie deutlich - z. B. auf unter 3-5 kV/cm.
- Dadurch entsteht ein *Niederspannungskorridor* entlang des Isolators, besonders bei Ölfilm, Feuchtigkeit oder Schmutz.
- Sobald dieser Pfad weniger Widerstand bietet als der Elektroden-Spalt (typisch: 0,7-1,3 mm, mit ca. 12-20 kV Überschlagsspannung), weicht der Funke seitlich aus.
- Es kommt zu Spannungsteilverlust, ineffizientem Funkenverlauf und kompletter Zündaussetzung.

Messbare Einflussgrößen:

- Durchbruchspannung Kerzenspalt (trocken, sauber): 10-18 kV
- Durchbruchspannung Isolator außen (bei Feuchte/Öl): 3-8 kV
- Kerzenwiderstand (integrierter Entstörwiderstand): typ. 3-10 kΩ
- Widerstandsanomalie bei Kriechstrombildung: >15 kΩ $\rightarrow$ Funkenverlust
- Erhöhtes Risiko bei Umgebungsluftfeuchte >70 % und Isolatorkontamination

KolbenKult-Übersetzung:

Wenn du die Zündkerze einbaust wie ein fettiger Currywurst-Fanatiker mit öligen Fingern, dann brauchst du dich nicht wundern, wenn der Funke andere Pläne hat.

Was passiert? Der Strom sagt sich: „Warum soll ich durch diesen kleinen, sauberen Elektroden-Spalt springen, wenn ich viel bequemer außen rum kann? Hier ist's feucht, schön schmutzig und elektrisch lecker." Ergebnis: Der Funke geht Party machen, aber nicht da, wo du ihn brauchst. Also sei sauber bei Handling.

Und du?

- Der Motor klingt wie ein Jahrmarktsgenerator.
- Der Kat bekommt rohen Sprit serviert.
- Das Steuergerät denkt, du bist irre.

Technische Ursache: Ionisierte Luft bildet einen leitfähigen Kanal mit geringerer Durchschlagsfestigkeit. Der Funke nimmt den Weg des geringsten Widerstands, eben außen entlang, nicht durch den Brennraum.
Typische Symptome:

- ✕ Unrunder Motorlauf. Klingt wie ein maroder Generator auf Speed
- ✕ Leistungsverlust & schlechte Gasannahme
- ✕ Zündaussetzer (vor allem unter Last oder bei hoher Drehzahl)
- ✕ Blaue Blitze außen am Kerzenstecker bei Dunkelheitstest
- ✕ Knallen im Auspuff → Kat in Gefahr

- ✕ Zündaussetzer bei Regen oder nach Motorwäsche
- ✕ Motor ruckelt wie frisch geschieden

Maßnahmen:

1. Stecker prüfen - sitzt er fest und dicht? Gummi porös? → Tauschen.

2. Keine fettigen Finger am Isolator! Sauber montieren, bei Verunreinigung säubern.

3. Öl oder Wasser an der Kerze? → Ursache finden: Ventilschaftdichtung, Steckerdichtung etc.

4. Dunkelheitstest: Zündung im Dunkeln beobachten: blauer Blitz = Leck.

5. Widerstand prüfen oder neue Kerze zum Testen einsetzen.

> **KolbenKult**
>
> Wenn's außen funkt, brennt's innen nicht. Wer das ignoriert, wird bald vom Kat daran erinnert.

5.2.2 Spannungsabfall bei defekter Spule

Wissenschaftlich:

Ein Spannungsabfall in einer Zündspule tritt auf, wenn die erzeugte Hochspannung im Sekundärkreis nicht die erforderliche Zündspannung zur Durchschlagung des Elektrodenabstands erreicht. Die Ursache liegt in einer reduzierten magnetischen Feldenergie durch thermische Schäden, Isolationsverluste, Wicklungsfehler oder fehlerhafte elektrische Ansteuerung.

Physikalischer Prozess:
- Eine intakte Zündspule wandelt 12-14 V (Primärkreis) über Feldaufbau (Induktion) in bis zu 30-40 kV (Sekundärkreis) um. (gängige PKW und Krafträder)
- Bei Isolationsschäden (z. B. Mikroriss im Verguss) entstehen Leckströme, die Energie „versickern".
- Der Spannungsanstieg ist langsamer, die Haltephase kürzer, und die notwendige Zünddurchbruchspannung von ca. 12-15 kV wird teils nicht mehr erreicht.
- Der Funke bleibt aus oder brennt zu kurz.

Messbare Größen & Werte:
- **Zündspannung (gesund)**: 25-35 kV
- **Zündspannung (kritisch)**: <15 kV → Risiko für Aussetzer
- **Lichtbogenbrennzeit (Hold time)**: Ideal 1-2 ms, bei defekter Spule <0,5 ms
- **Spulenwiderstand (Primär)**: ca. 0,3-1,0 Ω
- **Spulenwiderstand (Sekundär)**: 5.000-15.000 Ω
- **Spulen-Ausfalltemperatur**: keine spezifischen Angaben.

KolbenKult-Übersetzung:

Eine Zündspule muss wie ein Strom-Schlagbohrer sein: gnadenlos auf den Punkt. Wenn da aber nur noch ein laues Zittern kommt, ist das Ding durch.

Was passiert? Die Spule säuft ab und statt Blitzkrieg kommt Kerzenlicht. Weil ein haarfeiner Riss, eine schimmelnde Masseverbindung oder ein billiger Nachbau-Spulenklon im Inneren Energie frisst.

Und was merkst du?
- Der Motor klingt, als wär er frisch exorziert worden, schüttelt sich, stottert, röchelt.

- Leistungsverlust beim Gasgeben.
- Die Kontrollleuchte grinst dich an: P0300 - Misfire-Party auf allen Zylindern.
- Und manchmal? Gar nix im Fehlerspeicher aber der Kat hat schon Fieber.

Wenn du Glück hast, springt der Funke noch so halbherzig über. Wenn nicht, stirbt der Zylinder leise und mit ihm bald der Kat.

Technische Ursache:
- Risse in der Isolation
- Wicklungsbruch
- Schlechte Masseverbindung
- Thermischer Schaden oder Spannungsverlust durch feuchte Steckkontakte

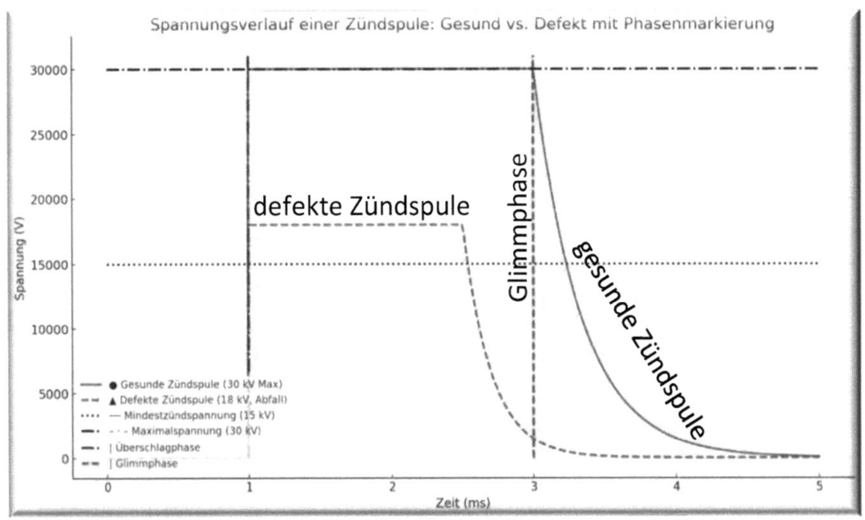

-

Typische Symptome:
- ✖ Schwacher oder gar kein Zündfunke

- ✗ Zündaussetzer bei hoher Last oder warmem Motor
- ✗ Knallgeräusche (Backfire)
- ✗ Erhöhter Verbrauch, Kontrollleuchte P0300ff

Maßnahmen:

(1) Dunkelheitstest - blaue Blitze an der Spule? → Isolationsleck.

(2) Stecker & Masse prüfen - Korrosion oder loser Kontakt? → Reinigen, nachziehen.

(3) Multimeter-Test - Spannung unter 15 kV? → Tauschen.

(4) Steuergerät prüfen, falsche Ansteuerung oder Fehlercode (z. B. P0351)?

KolbenKult

Wenn der Blitz nicht trifft, wird nicht gezündet. Wer billig kauft, kauft doppelt und spätestens beim Kat merkst es dann.

5.2.3 Klopfende Verbrennung (Frühzündung)

Wissenschaftlich:

Klopfende Verbrennung (auch Detonation oder Knock) bezeichnet eine unerwünschte Selbstzündung von Kraftstoff-Luft-Teilvolumina im Brennraum nach der Zündung durch den Funken. Diese Teilzündungen treten mit sehr hoher Flammgeschwindigkeit und heftigem Druckanstieg auf. Die Entzündung erfolgt durch sogenannte „Hot Spots" (z. B. Glühzündstellen, Ablagerungen oder lokale Druck- und Temperaturmaxima), bevor die vorgesehene Flammenfront diese Bereiche erreicht hat.

Mechanismus im Detail:

- Der initiale Zündfunke startet die Hauptverbrennung.
- Währenddessen steigen Druck und Temperatur im restlichen unverbrannten Gemisch (Endgas).
- Überschreitet das Endgas dort die Selbstzündgrenze (abhängig von Oktanzahl, Temperatur, Druck), entzündet es sich unkontrolliert.
- Es entstehen Druckwellen im Bereich von typischer Weise 5-15 kHz, die sich gegen den Kolben bewegen.

Typische Messwerte & Kennzahlen:

- **Selbstzündtemperatur von Benzin**: ca. 280-450 °C, variiert je nach Druck, Oktanzahl und Luftverhältnis.
- **Zylinderdruck bei Klopfen**: bis zu 70-90 bar (nicht selten über dem mechanischen Designwert).
- **Frequenz des Klopfens**: typischerweise 5-8 kHz → gut detektierbar über Körperschallsensoren.
- **Klopfgrenze**: Kritisch bei Zündzeitpunkten > 12° v. OT bei hoher Verdichtung (>11:1) und Volllast.
- **Temperatur im Endgas**: >850 °C → Selbstzündneigung stark erhöht.

KolbenKult-Übersetzung:

Stell dir vor, du willst jemanden sanft aufwecken, aber stattdessen fliegt ihm ein Megafon ins Gesicht. Das ist Klopfen. Der Kolben kommt gerade schön hoch, das Gemisch im Brennraum zündet zu früh, brutal, gegen seine Fahrtrichtung.

Statt kontrolliertem Flammenkuss gibt's einen thermoakustischen Schlag in die Fresse.

Und der Schaden?

- Kolben zerfetzt, weil der Druck vor OT zuschlägt.

- Pleuel verbogen, weil's keinen Bock auf Rückwärtsschub hat.
- Lager abgenutzt, weil es unter 100 bar arbeitet statt der geplanten 70.

Klartext:

Du wolltest Energie und du kriegst Krieg.

Wenn du mit falschem Sprit, miesem Timing oder schleichendem Lambdasondenversagen rumfährst, dann hast du bald mehr Aluminiumspäne im Öl als der Fräskopf in der Insustrie.

Technische Ursache:
- Falscher Zündzeitpunkt
- Falscher Kraftstoff (Oktanzahl zu niedrig)
- Klopfsensor arbeitet nicht korrekt
- Mageres Gemisch durch Sensordrift (Lambdasonde, MAP)

Typische Symptome:
- ✖ Leistungsverlust, metallisches „Klingeln"
- ✖ Spritverbrauch steigt
- ✖ Überhitzung, evtl. Fehlermeldung Motortemperatur
- ✖ Schäden an Kolben, Pleuel, Lager

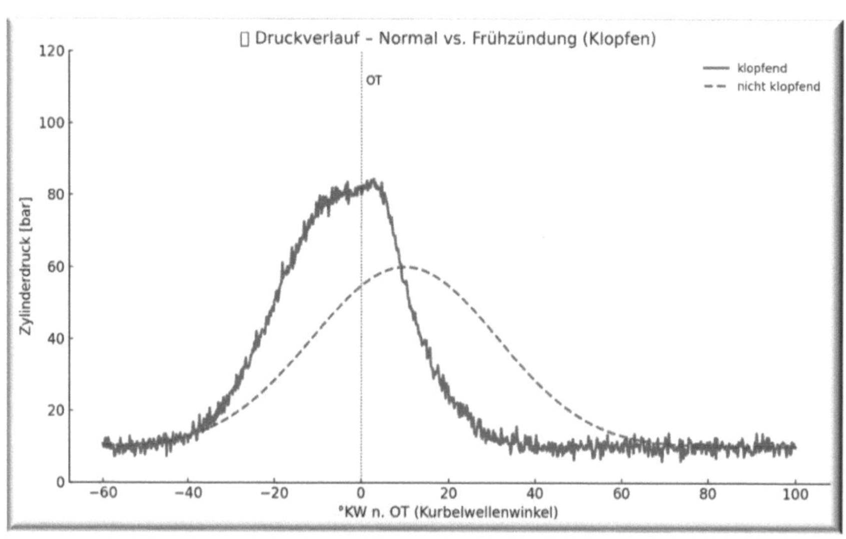

Maßnahmen:

(1) Zündzeitpunkt kontrollieren & bei Bedarf korrigieren

(2) Oktanzahl laut Handbuch tanken. Kein E10, wenn's nicht passt

(3) Klopfsensor prüfen / Lambdasonde kalibrieren

(4) Kompression & Einspritzung prüfen. Zu hohe Verdichtung kann klopfen provozieren

KolbenKult

Wer Frühzündung ignoriert, hat bald Späne im Ölfilter.

5.2.4 Fehlzündungen – das Chaosprinzip

Definition: Fehlzündungen (engl. *misfires*) bezeichnen das vollständige oder teilweise Ausbleiben einer kontrollierten Zündung im Brennraum, obwohl Kraftstoff und Luft vorhanden sind. Dies kann zyklisch, sporadisch oder permanent auftreten mit potenziellen Folgen für Effizienz, Emissionen und Bauteilbelastung.

Ursachen – differenziert nach Systemebene:

1. **Zündspannung zu niedrig:**
   Wenn die Primärwicklung der Zündspule nicht ausreichend magnetische Energie aufbaut (z. B. wegen schwacher Bordspannung, Isolationsbruch oder interner Verluste), wird die Sekundärspannung <15 kV. Das liegt *unterhalb* der typischen Durchbruchspannung eines Standard-Elektrodenabstands (0,7-1,2 mm bei Normaldruck), sodass der Funke nicht entsteht.

2. **Hochohmige Zündkerzen oder Kabel:**
   Langfristige thermische Alterung, Kriechströme oder Korrosion erhöhen den Innenwiderstand über den kritischen Grenzwert

(>15 kΩ laut NGK, Denso & Bosch-Datenblätter), was zur Dämpfung der Hochspannung führt.

→ Folge: Der Energieimpuls reicht nicht zur Ionisation - der Funke bricht zusammen oder wird versetzt ausgelöst.

3. **Zeitversetzte oder fehlende Triggerung:**

   Bei defekten Steuergeräten, Masseproblemen oder fehlerhaften Kurbelwellensensoren kann der Zündzeitpunkt völlig entgleisen. Die Spule zündet zu spät, zu früh oder gar nicht - mit der Folge einer inkonsistenten Flammenfront oder *Backfire* (Nachverbrennung im Auspufftrakt).

4. **Gemischbedingte Instabilitäten:**

   Ein zu mageres Gemisch ($\lambda > 1,3$) kann *selbst bei vorhandenem Funken* nicht entzündet werden. Das liegt am lokal zu hohen Ionisationspotential. Es fehlt schlicht an brennfähigen Radikalen zur Plasmabildung. Auch zyklische Abweichungen (cycle-to-cycle variations) bei Einspritzung, Saugrohrgeometrie oder AGR beeinflussen die Zündsicherheit massiv.

KolbenKult-Übersetzung: Wenn dein Motor die Kontrolle verliert

Fehlzündungen sind ein Hilfeschrei aus dem Brennraum, laut, ungefiltert und meistens ignoriert.

Mal kommt der Funke zu früh, mal zu spät, mal gar nicht. Und wenn er doch zündet, dann mit so wenig Energie, dass der Sprit bloß klatschnass im Zylinder liegt und danach in deinem Motoröl. Ergebnis: Keine Leistung, mieser Sound, steigende Bauteiltemperaturen.

Was da läuft, ist keine Verbrennung, das ist ein Schlaganfall.

Technische Werte:

- Fehlercodebereiche: P0300-P030X → Zündaussetzer erkannt
- Fehlzündung: >5 % nicht gezündete Takte = Performanceverlust messbar

- Elektrodenabstand: sollte je nach System bei 0,6-1,1 mm liegen zu groß = Überschlag erschwert (stationär Motor 0,2-0,35mm)
- Zündspannung fällt unter 10 kV → kritische Untergrenze für sichere Entladung

Technische Ursache:

- **Spule schlapp oder Kerze hochohmig?** → Kein Saft = kein Funke.
- **Signalchaos vom Steuergerät?** → Motor zündet random - klingt dann wie ein kaputter Taktgeber im Techno-Bunker.
- **Kabel gammelig?** → Spannung haut ab, bevor sie den Brennraum erreicht.
- **Gemisch zu mager oder sensorisch daneben?** → Selbst ein schöner Funke hilft nix, wenn der Sprit keinen Bock hat zu brennen.

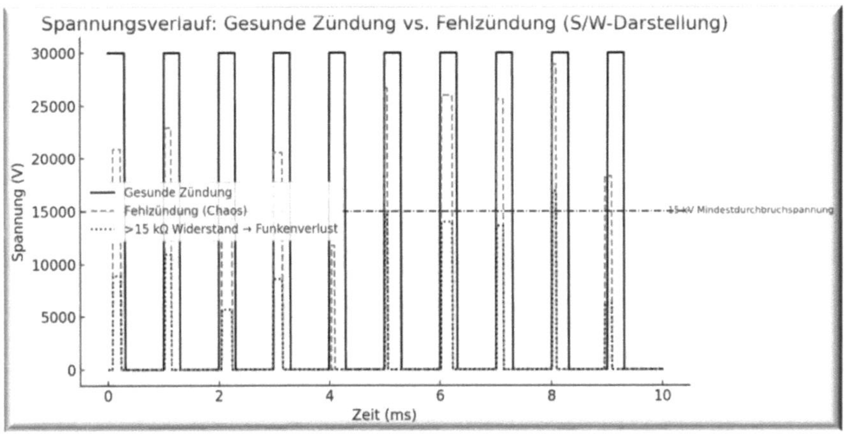

Typische Symptome:

- ✗ Ruckeln, Leistungsverlust, Kontrollleuchte P030x
- ✗ Knallen im Auspuff, unregelmäßiger Leerlauf
- ✗ Hoher Verbrauch, Lambdasonde meldet Mist

- ✖ Spontanes Absterben beim Lastwechsel

Maßnahmen:
(1) **Zündkerzen prüfen:**
Sind die Biester verrußt, ölig, falsch eingestellt oder >15 kΩ?
Dann ab in die Tonne.

(2) **Spule checken:**
Multimeter ran - Primärwiderstand ≈ 0,3-1,5 Ω, Sekundär 8-20
kΩ (je nach Typ). Darunter oder drüber? Dann ist's vorbei mit
der Spannung. (*Angaben exemplarisch für induktive Einzelspulen,
herstellerspezifisch prüfen.)*

(3) **Elektrodenabstand korrekt einstellen:**
Je nach System 0,6-1,3 mm - *nicht* die 0,3-mm-Märchen aus
Opa's Zweitakterbuch.

(4) **Zündzeitpunkt & Sensorik checken:**
Kurbelwellengeber, Steuergerät, Klopfsensor - wenn da Mist
rauskommt, ist der schönste Funke nur ein Placebo.

KolbenKult

Fehlzündungen sind zyklische Instabilitäten in der Energiezufuhr
oder der Verbrennungsinitiierungm, oft durch Spannungsdefizite,
zeitliche Desynchronisation oder thermische Alterung verursacht.

Wenn dein Zündsystem klingt wie ein talentfreies Schlagzeugsolo
im Kopf, ist's Zeit für Diagnose. Denn was da nicht richtig funkt,
macht dich sonst arm und möglicherweise wird dein Kat zur Glühkerze.

5.2.5 Mindfuck: Teillast-Fehlzündungen - Das Chamäleon unter den Zündproblemen

Definition:

Teillast-Fehlzündungen sind sporadische Verbrennungsaussetzer, die ausschließlich in spezifischen Betriebszuständen auftreten, besonders bei mittlerer Last, konstanter Fahrt und thermisch vorbelasteten Komponenten. Diese Fehlerbilder bleiben häufig unsichtbar für das Steuergerät und entziehen sich der klassischen Diagnose.

Technische Ursachen

1. **Kritischer Brennraumdruck:**

   Im Teillastbereich ($\approx$ 6-10 bar) ist der Druck hoch genug, um die Durchschlagsfestigkeit des Luft-Kraftstoff-Gemischs zu erhöhen, aber zu niedrig, um das Gemisch durch Verdichtung aktiv zu stabilisieren.

   $\rightarrow$ *Der Zündfunke braucht mehr Energie, als die Spule liefern kann.*

2. **Thermisch geschwächte Spulen:**

   Zündspulen mit bereits beginnender Wicklungsalterung zeigen oft ab 70-120 °C Gehäuse- oder Wicklungstemperatur ersten Spannungsabfall.

   $\rightarrow$ Die Sekundärspannung sinkt um >20 %, der Funke kollabiert - ohne dass ein Fehlercode generiert wird.

3. **Magerlauf im Teillastbereich:**

   Lambda >1,1 erhöht das elektrische Durchbruchfeld, die Zündspannung steigt exponentiell.

   $\rightarrow$ Wenn die Mindestfunkenenergie >50 mJ betragen müsste, aber die Spule real nur 30 mJ schafft, bleibt der Funke aus, trotz intakter Ansteuerung.

4. **Steuersignalverzögerung im Steuergerät:**

   In hochintegrierten ECU-Systemen kann es bei intermittierender

Sensorik zu leichten Kennfeldverschiebungen kommen, die *nur* bei konstantem Teillastbetrieb zur Fehlanpassung führen.

Teillast-Fehlzündung

Das ist der unsichtbare Bastard unter den Zündproblemen. Kein Fehlercode, kein klarer Aussetzer, aber der Motor läuft, als hätte er rhytmische Zuckungen im Leerlauf. Und warum? Weil die Physik im Teillastbereich keinen Bock auf lauwarme Zündenergie hat. Der Brennraumdruck liegt so tricky zwischen „zu wenig für einen sicheren Funken" und „zu viel für schwache Spulen", dass du den Effekt nur fühlst, aber selten siehst.

Noch schlimmer: Viele Steuergeräte drücken im Teillastbereich das Gemisch Richtung mager (Lambda > 1,1), um Sprit zu sparen. Blöd nur, dass dann die benötigte Zündspannung auf bis zu **20-25 kV** ansteigt und deine alte Spule liefert grad mal 17. Da kannst du zünden wollen, bis du schwarz wirst, das Ding bleibt still.

Und dann wird der Motor launisch. Erst ruckelt er, dann zickt er beim Gasgeben, und irgendwann fragt sich der Kat, ob er bald Urlaub kriegt. Die meisten tauschen dann alles durch, aber keiner sieht die eigentliche Ursache:

Temperatur + Magerlauf + schwacher Zündfunke = Scheißkombination.

KolbenKult

Teillast-Fehlzündung ist wie ein Elektroschocker mit leerer Batterie. Der Wille ist da, aber der Funke bleibt aus.

Symptome - typisch für das Teillast-Gespenst:

- ✗ Ruckeln bei konstanter Geschwindigkeit (z. B. 60-90 km/h im 4. Gang)

- ✖ Kein Fehlercode - aber spürbare Leistungslöcher
- ✖ Leicht erhöhte Abgastemperatur
- ✖ Lambdaregelung flattert (Sprungsonde zeigt instabile Werte)
- ✖ Schlechte Gasannahme bei minimalem Lastwechsel

Technische Grenzwerte:
- Brennraumdruck bei Teillast: 6-10 bar
- Erforderliche Funkenenergie bei Lambda >1,1: ≥ 50 mJ
- Spulenleistung bei Hitzeschäden: möglich <30 mJ
- Temperatur für thermische Ausfälle: >70 °C (Steckkontakte), >90 °C (Wicklungen)

Maßnahmen:

(1) **Thermo-Check der Spulen:**

Messung der Oberflächentemperatur nach Fahrt - liegt sie >80 °C und der Fehler tritt auf → Spule tauschen.

(2) **Fahrt unter reproduzierbaren Bedingungen (On-Road-Test):**

Gleichmäßige Teillast, ggf. 4. oder 5. Gang, leichte Steigung, Beobachtung über OBD oder Lambda-Werte.

(3) **Funkenbild beobachten (Zündlückentest oder Oszi):**

Spulen mit schwacher Energie zeigen flackernden, gelblichen oder wandernden Funken.

(4) **Probeweise Umrüstung auf leistungsstärkere Spule:**

Vor allem bei Nachrüstzündanlagen oder älteren Systemen kann eine stärkere Spule das Problem sofort lösen.

Was passiert?

- Die Spule wird warm → fängt an zu schwächeln.
- Das Gemisch wird mager → braucht mehr Zündenergie.
- Der Brennraumdruck passt perfet ... für ein Desaster.
- Und dein Steuergerät? Guckt zu, weil nix richtig schiefgeht, aber eben auch nix mehr richtig läuft.

5.3 Methoden zur Diagnose von Zündproblemen

Zündprobleme gehören zur Königsdisziplin der Differenzialdiagnose. Und das hier ist ihre Bühne.

Willkommen bei „**Säule 3 - Hypothesen testen**" und „Säule 4 – **Provokation**", den vielleicht unterschätztesten, aber mächtigsten Waffen des KolbenKult-Protokolls. Hier wird nicht geraten. Hier wird systematisch zerstört oder bestätigt

Abbildung 2

Besonders tricky: Fehler, die nicht im Speicher auftauchen. Willkommen in der Grauzone der elektrischen Wahrheiten.

Hier ist dein strukturierter Diagnoseleitfaden, fundiert, reproduzierbar und sauber ableitbar.

5.3.1 Sichtprüfung - Das, was Laien nicht sehen

Was tun?

- Zündkerzenbild checken:
    - Schwarz = zu fett (Gemischproblem?)
    - Hellgrau / Rehbraun = gesund
    - Weißlich oder Blasenbildung = zu mager oder thermisch überlastet

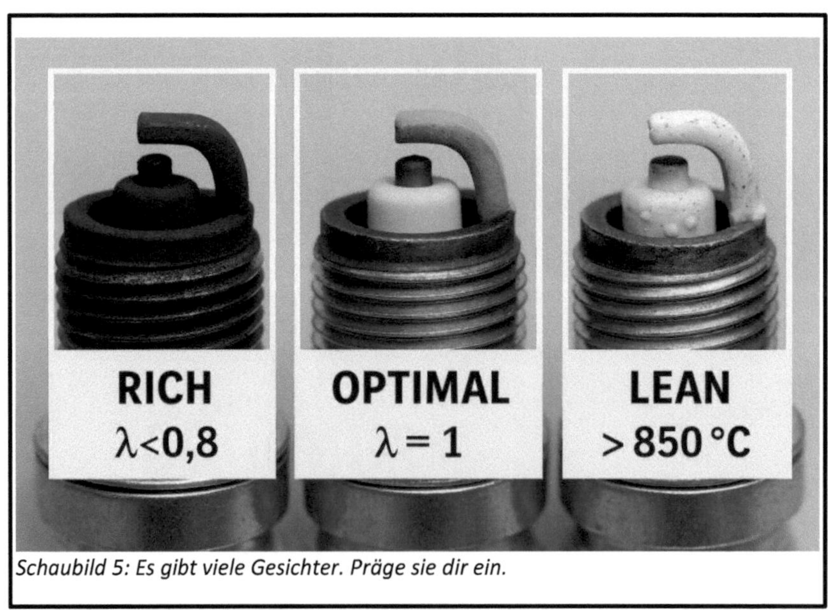

Schaubild 5: Es gibt viele Gesichter. Präge sie dir ein.

Wissenschaftlich:

Weißfärbung und Blasenbildung am Isolator deuten auf thermisch-kritische Betriebsbedingungen hin (Zündzeitpunkt zu früh, Lambda > 1,2). Die Wärmebelastung der Keramik steigt dabei über 850 °C - thermomechanisches Versagen vorprogrammiert.

5.3.2 Zylinderselektive Tauschtechnik

Was tun?

- Zündspule oder Stecker zylinderweise tauschen
- Wandert der Fehler mit → Bauteil defekt

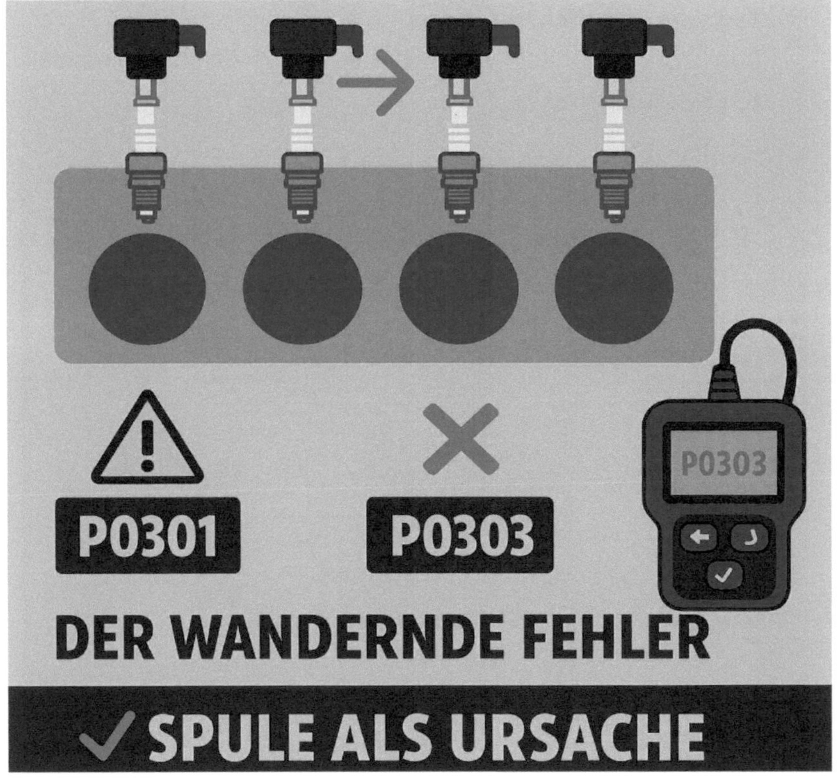

Wertvoll bei:

- Fehlercodes wie **P0301-P0304**
- sporadische Aussetzer bei Last oder Temperatur
- wandert der Misfire, ist der Schuldige eindeutig

5.3.3 Warm-Kalt-Vergleich

Was tun?

- **Ziel:** *Finde thermisch vorgeschädigte Spulen, die im Stand versagen - durch Erwärmung des Motors.*
- **Testprinzip:** Motor im kalten Zustand läuft sauber → bei Betriebstemperatur (>85 °C) beginnen sporadische Aussetzer.
- **Typische Ursachen:** Mikrorisse im Wicklungslack, die bei Hitze durchschlagen. Induktive Schwäche, die sich erst bei kombinierten Belastungen zeigt.

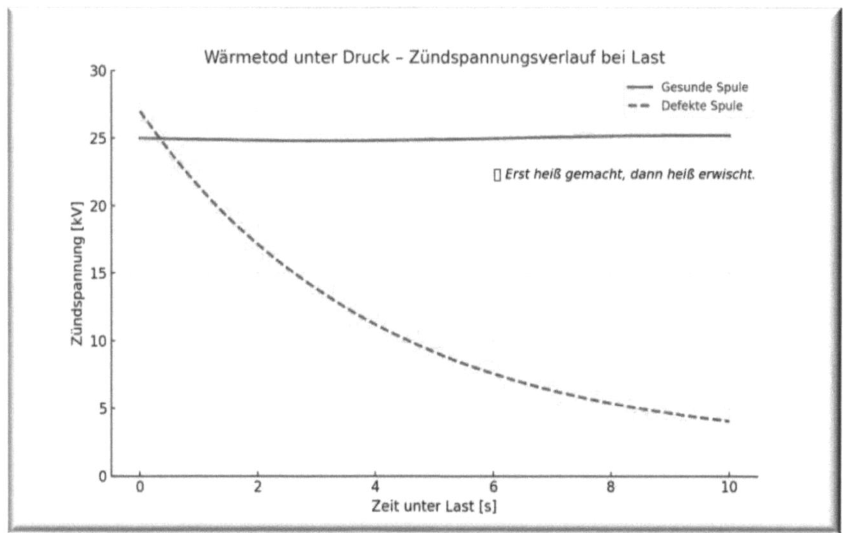

Thermische Dekompensation einer Einzelzündspule unter Last ist der exponentielle Spannungsverlust als stiller Vorbote des Versagens.

- **Messart:** keine Last nötig -> reiner Temperaturvergleich und Zündspannungsverlauf unter Druckbelastung ->messbar mit Oszi oder Spannungssimulator.
- **Visual:** Thermogramm mit Hotspot an der Wicklung. Spannungsverlauf mit einbrechender roter Kurve bei steigender Last.

Erklärung:

Thermisch vorgeschädigte Spulen zeigen erst bei Wicklungstemperaturen von 70-90 °C Risse im Lackdraht oder mangelhafte Isolation → induktive Leistung sinkt.

🩺 **Diagnose-Tipp:**

Diagnose im Ruhezustand bei Temperaturdifferenz

Fehler, die erst im warmen Zustand kommen, sind fast immer thermisch bedingt. Der Induktor ist schuld, nicht die ECU. Eine exponentielle Charakteristik entsteht im praktischen Betrieb oft durch zusätzliche Effekte: thermische Isolationsverluste, Degradation der Lackisolation, und nichtlineare Erwärmung durch Joulesche Verluste bei Belastung ($P = I^2{\cdot}R$)

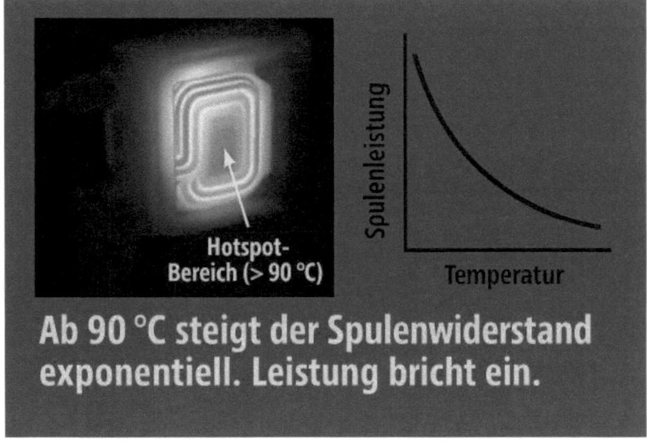

Abbildung 3

5.3.4 Dunkelheitstest & Kriechströme

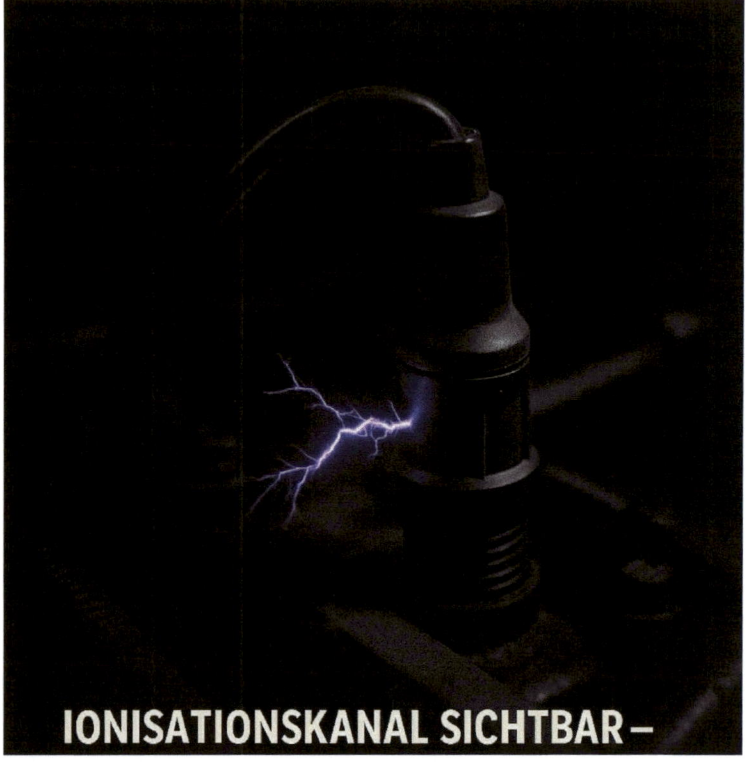

Technisch wichtig:

Schon **Feldstärken von 1 MV/m** (10^6 V/m) reichen, um ionisierte Luft-kanäle zu erzeugen → kleinste Haarrisse, Ölreste oder Feuchte reichen aus.

Was tun?

- Motor bei Dunkelheit laufen lassen
- Blauer Blitz am Stecker? → Isolationsleck
- Kriechstromspray als Option (→ kein Product-Placement)

5.3.5 Multimeter-Check - Für die, die messen statt raten

Was tun?

- Primärwiderstand Spule: < 1 Ω
- Sekundärwiderstand: 3-6 kΩ (je nach System)
- Zündkerze: < 10 kΩ (ab 15 kΩ kritisch!)

Erklärung:

Zu hoher Widerstand verhindert einen schnellen Stromanstieg → die Zündinduktivität kollabiert, Spannung bricht ein.

5.3.6 Oszilloskopanalyse - Die Königsklasse

Was tun?

1. Oszi-Kanal auf Sekundärzündung triggern
2. Spannungsverlauf aufzeichnen
3. Übergangsphasen markieren:
    - Überschlagphase
    - Burn-Time
    - Glimmphase

Typische Kennwerte:

- Überschlagspannung: **15-25 kV**
- Funkenhaltezeit: **1,0-2,0 ms**
- Glimmphase: < 1 ms (exponentiell abfallend)

Analyse:

Ein Funken <1 ms = zu kurz → entweder Spule kollabiert, oder der Kerzenwiderstand liegt jenseits von Gut und Böse (>15 kΩ).

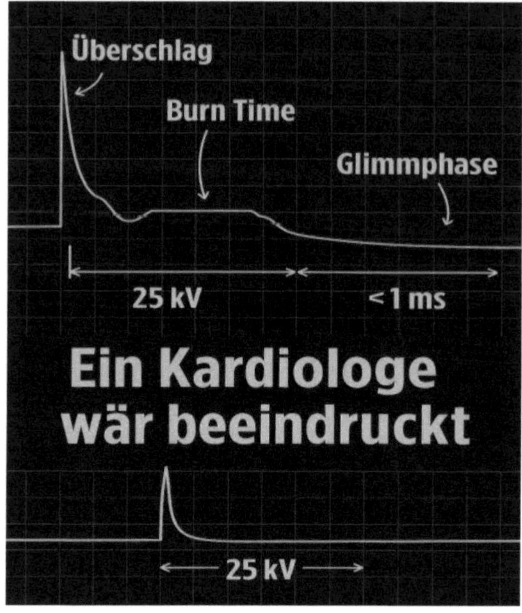

Sekundärspannungsverlauf einer Einzelzündspule im Idealzustand.
Klar segmentiert in Überschlag, Lichtbogenphase und Glimmabfall. Jede signifikante Abweichung von dieser Kurve ist keine Meinung, sondern ein physikalischer Defekt.

KolbenKult

„Oszilloskoparbeit ist wie Mikrochirurgie am offenen Motor.

5.3.7 Magnetfeldanalyse bei Spulen - Diagnose durch Induktionsprüfung

Was tun?

Wir prüfen nicht, *ob* Spannung ankommt, sondern *was* die Spule damit macht.

Mit einem Hand-Induktionssensor (Magnetfeldtester) oder einfachen

Oszilloskop mit Hall-Sonde lässt sich das Schaltverhalten der Spule sichtbar machen.

Warum das geil ist:

Die Spule funktioniert wie ein elektrisches Katapult: Wenn der Primärstrom unterbrochen wird, kollabiert das Magnetfeld und genau da entsteht die Hochspannung.

Wenn dieser magnetische „Einsturz" ausbleibt oder asymmetrisch ist → hat die Spule entweder einen Wicklungsfehler oder das Steuergerät liefert keinen präzisen Trigger.

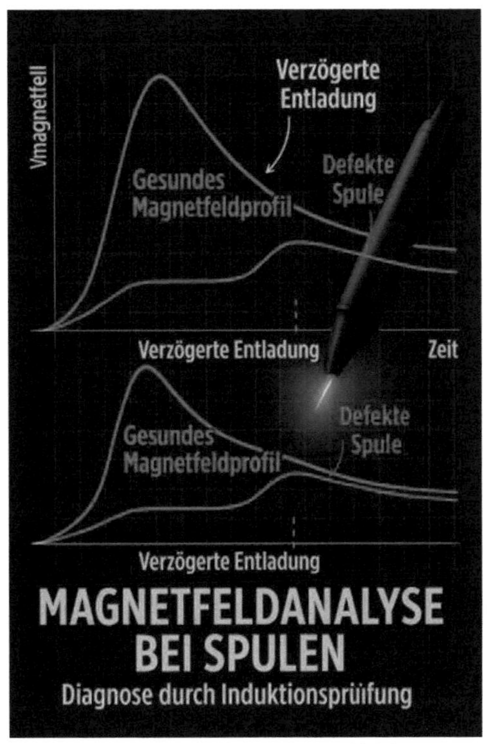

Abbildung 4

Wissenschaftlich:

- Die magnetische Flussdichte $B(t)$ sinkt im Idealfall **exponentiell** mit der Zeitkonstante τ =L/R wobei L die Induktivität und R der Widerstand der Wicklung ist. Der klassische Verlauf lautet:

$$B(t) = B_0 \cdot e^{-t/\tau}$$

- Eine **intakte Spule** zeigt einen sauberen, glockenförmigen Aufbau und eine gleichmäßige Entladung - quasi ein Lehrbuchsignal.
- Eine **defekte Spule** aber zeigt:
  - verzögerte Magnetfeldbildung
  - asymmetrische oder flache Kurven
  - Sprungstellen oder Rauschanteile im Profil

Diese Abweichungen sind diagnostisch messbar, auch ohne Zündfunkenanalyse und können frühzeitig auf Wicklungsbruch, thermische Schäden oder Isolationseinbußen hinweisen.

KolbenKult-Übersetzung:

Die Zündspule ist wie ein Orchester: Solange alle Windungen sauber zusammenspielen, entsteht ein stabiles Magnetfeld und der Funke trifft im Takt. Aber wehe, ein Instrument fällt aus: Wackelkontakt, Windungsschluss oder Übergangswiderstand, schon spielt der Zündfunke aus der Reihe. Die Folge: unregelmäßige Zündung, Leistungsloch oder Misfire-Feuerwerk.

Gemessen wird das aber nicht direkt im Magnetfeld. Sondern elektrisch über Zündkurve, Spannung und Stromverlauf. Wer weiß, was er da tut, erkennt Fehler wie ein Kardiologe im EKG.

Für unsere Hobbyschrauber aus der Medizin:
"Das ist wie ein EKG des Herzens, nur für die Zündspule."

Die Diagnose der Zündspule ist mit der Auswertung eines EKGs vergleichbar. Allerdings wird hier nicht das Magnetfeld, sondern die elektrische Spannung und die Zündkurve analysiert. Unregelmäßigkeiten in der Zündkurve deuten auf einen Defekt hin, ähnlich wie Abweichungen im EKG auf Herzprobleme hinweisen. Wer solche Unregelmäßigkeiten ignoriert, diagnostiziert nicht, er hofft.

5.4 Montage & Fehlereinbau vermeiden

Wenn du hier einen Fehler machst, braucht dein Motor keinen Feind mehr, er hat dich.

Zündkerzen sind keine „Rein und Fest“-Teile. Sie sind thermisch hochbelastete Präzisionsteile mit Toleranzen im Zehntelbereich. Sie müssen elektrische Durchschlagsfestigkeit, Wärmeleitung und mechanischen Halt gleichzeitig erfüllen und das unter Verbrennungsdruck, Hochspannung und Temperaturzyklen.

Medizinische Analogie:

Eine falsch eingedrehte Zündkerze ist wie ein Schrittmacher, den man falsch einsetzt. Es funktioniert kurz, aber niemand überlebt das lange.

Elektrodenabstand prüfen und zwar immer.

Warum? Weil selbst neue Kerzen beim Versand verbogen werden können. Oder weil dein Lieblings-Influencer beim Unboxing versehentlich die Elektrode gegen den Schraubstock gehauen hat.

- **Idealwert**: je nach System **(Herstellerangaben beachten)**
- **Zu groß** → Höhere Zündspannung nötig → Risiko für Aussetzer oder Spulenüberlastung.

- ⚠ **Zu klein** → Zu kurzer Funke, schlechte Flammfrontbildung → ineffiziente Verbrennung.

> **KolbenKult**
>
> Ein Elektrodenabstand ist keine Glaubensfrage. Er ist das Ergebnis aus Ionisationsphysik, Flammenkernbildung und thermischer Grenzschicht.

🔧 Von Hand eindrehen, dann mit Drehmoment!
- Erst **von Hand** einschrauben - schräges Ansetzen ruiniert das Gewinde genauso scheiße, wie ein Schlagschrauber an der Stelle.
- Dann **mit Drehmomentschlüssel** anziehen.
- 📈 Drehmoment:
    - Alu-Zylinderkopf: **15-25 Nm**
    - Grauguss: **max. 30 Nm**
    - **Herstellerdaten geht immer vor!**

Wissenschaftlich:
- Wärmeabfuhr erfolgt zu >70 % über das Gewinde.
- Eine zu lose Kerze führt zu Hitzenest → Überhitzung, Glühzündung, Kerzenbruch.
- Zu fest = Bruch im Keramikisolator oder abrasiertes Gewinde im Alukopf.

Fett, Öl, Paste - alles raus aus dem Spiel.
- ✗ Kein Fett auf dem Isolator.
- ✗ Kein Öl am Gewinde.
- ✗ Keine Paste „auf Verdacht".

Warum?

Moderne, trockenschmierend wirkende Zündkerzen (Bosch, Denso, NGK, usw.) besitzen Beschichtungen wie Zinnoxid, Nickel, Keramik. Wärmeleitpaste nur verwenden, wenn sie explizit freigegeben wurde, sonst droht Hitzestau oder sogar Isolation!

Zündkabel & Stecker prüfen, jedes Mal.
- Sichtprüfung: Risse, bröselige Isolierung, Ölreste?
- Fester Sitz? Stecker muss satt rasten!
- **Ohmmessung** nicht vergessen - Zündleitungen dürfen nicht über 6 kΩ pro 30 cm liegen!
- **Isolator reinigen:** Fettige Finger → Kriechstrom = Fehlzündung.

Was du nie tun solltest (aber zu viele trotzdem tun):
1. **Elektrode auf die Werkbank legen.** → Justierung per Hammerschlag = Aussetzer garantiert.
2. **Zündkerzengewinde trocken ins Alugehäuse „prügeln".** → Besser: leichtes keramiktaugliches Schmiermittel, wenn überhaupt und nur, wenn freigegeben!
3. **Flexpolitur zur Wiederverwendung.** → Wer auf die Idee kommt, Kerzen zu „polieren", sollte besser Glühkerzen in Dieselmotoren verbauen, da sieht man den Fehler wenigstens direkt.
4. **Ohne Drehmoment reinschrauben.** → Eine abgerissene Kerze im Alukopf ist kein Abenteuer, es ist das Ende eines guten Tages.

Wissenschaftlich beeindruckend:
- Der Temperaturanstieg bei nicht angezogener Zündkerze kann bis zu +200 °C betragen → Isolatorbruch, Glühzündung, Frühzündung.
- Elektrodenabstand +0,2 mm = bis zu +8 kV Spannungsbedarf → Spule überlastet → Ausfall unter Last.

- Untersuchungen zeigen, dass sich ein unzureichend montiertes Gewinde um bis zu 20 % schlechter wärmeleiten kann → die Kerze stirbt langsam, aber sicher.

Mindfuck-Fact für Fortgeschrittene:

In stationären Motoren wird bei Hochleistungs-Zündkerzen eine sogenannte mechanische Ausschusssicherung eingebaut, also eine zweite Sicherung nach dem Einschrauben, damit sich die Kerze bei Druckspitzen nicht selbst aus dem Kopf katapultiert.

Warum? Weil ein Zündkerzenausschuss bei 130-190 bar Brennraumdruck das Zylinderkopfgewinde wegreißt, den Spulenstecker zerfetzt und im schlimmsten Fall jemanden töten kann, der neben dem Motor steht.

Takeaway für alle Level:

Symptom	Ursache	Lösung
Zündaussetzer nach Kerzenwechsel	Elektrodenabstand falsch	Nachmessen & einstellen
Riss im Isolator	Zu fest oder schief eingeschraubt	Immer mit Drehmoment, nie mit Gewalt
Kerze rostet fest	Fett/Öl falsch verwendet	Nur trocken montieren bei beschichteter Kerze
Funke schlägt außen über	Fettiger Isolator, Kriechstrom	Reinigen, Zündstecker prüfen

Willkommen in der Champions League der Montage. Wer hier alles richtig macht, hat das halbe Zündsystem schon gewonnen. Wer nicht, der kriegt's vom Kat, dem Kolben oder der Zylinder aufs Maul.

5.5 Statistiken & Hidden Facts zur Zündung

5.5.1 >40 kV Zündspannung?

Moderne Hochleistungszündanlagen liefern im Peak bis zu 45.000 Volt - aber nur dann, wenn die Systemimpedanz stimmt und der Elektrodenabstand perfekt eingestellt ist.

☞ Schon 0,1 mm mehr Abstand kann den benötigten Durchbruch auf über 38 kV treiben, viele Spulen packen das nicht sauber.

5.5.2 Thermischer Grenzwert Keramik-Isolatoren:

Die meisten Zündkerzen-Isolatoren (Al_2O_3, 95-99%) halten bis zu 1.200 °C kurzzeitig aus, ABER:

Schon bei >850 °C Dauerbelastung beginnt Mikrorissbildung, die den Widerstandswert drastisch verändert.

☞ Das führt zu intermittierenden Aussetzern, die kein Tester erkennt.

Stichflamme mit Zündverzögerung = Totalschaden für Kat & Kerze:

Ein Funken, der >1 ms zu spät zündet, führt zu einem Flammenfrontversatz →

🔥 Spontane Drucküberhöhung im Abgastrakt → Kat überhitzt innerhalb von 10 Sekunden auf >950 °C,

wenn gleichzeitig unverbrannter Kraftstoff anliegt.

>40 kkV
ZÜNDSPANNUNG?

Moderne Hochleistungszündanlagen liefern im Peak bis zu 45.000 Volt - aber nur dann, wenn der Elektrodenabstand perfekt eingestelit ist. Schon 0.1 mm me die Abstand kann die benötigte Durchbruchspannung auf übe 38 kV treiben - viele Spulen packen das

THERMISCHER GRENZWERT DER KERAMIK-ISOLATOREN

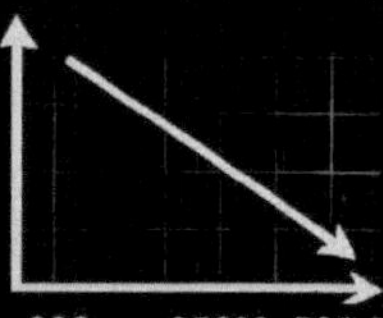

Die meisten Zündkerzen-isolatoren (Al_2O_3, 95-9%) halten bis zu 1.200 °C kurzzeitig aus – **ABER:** Schon bei >850"C Dauerbelastung beginnt Mikrorissbiidung, die den Widerstandswert drastisch verandert. Das führt zu intermifie-len den Ausselzern, die kein Tester erkennt – **nur dein hirn.**

ZÜNDKERZENWIDERSTAND >15 kΩ = DRAMATISCHER SPANNUNGSABFALL

Bei >15 kΩ Widerstand (z. B, durch Kriechstrome; Alter, thermische Mikrorisse) fällt die effektive Durchbruchspannung um bis zu 8 - 12 kV ab. Ergebnis: Der Funke springt nicht mehr über – oder er r[rs, aber so schwach, dass er keine saubere Verbrennung zündet.

STATISTIKEN & HIDDEN FACTS ZUR ZÜNDUNG

5.5.3 Zündkerzenwiderstand >15 kΩ = dramatischer Spannungsabfall

bei >15 kΩ Widerstand (z. B. durch Kriechströme, Alter, thermische Mikrorisse) fällt die effektive Durchbruchsspannung um bis zu 8-12 kV ab.

☞ Ergebnis: Der Funke springt nicht mehr über, oder er tut's - aber so schwach, dass er keine saubere Verbrennung zündet.

5.5.4 Zündfunke dauert ca. 1-2 ms, aber der Energieimpuls ist nur ~1,5 Millijoule.

Was bedeutet das?

☞ Der gesamte Zündprozess ist energiearm, aber extrem präzise. Eine ineffiziente Ansteuerung (zu hoher Stromanstieg, zu kurze Haltezeit) reduziert die mögliche Brennraumdurchdringung der Flammenfront → Leistungsverlust trotz "Funke".

5.5.5 Luftdruckabfall oder Höhenlage = Zündaussetzer-Risiko steigt exponentiell

Ab ca. 1.500 m ü. NN sinkt der Umgebungsdruck soweit, dass die Luftdichte (und damit die Dielektrizitätskonstante) stark abnimmt.

☞ Folge: Der Funke überspringt leichter außen als innen, wenn Kerzenstecker oder Isolator nicht 100% sauber sind.

5.5.6 >50 % aller Zündprobleme sind thermisch bedingt - aber nicht im Fehlerspeicher sichtbar.

Die meisten Spulen- oder Kerzendefekte zeigen sich erst bei Wicklungstemperaturen >80 °C.

☞ Wer nur im Leerlauf prüft, prüft gar nichts. Lasttest oder Fön drauf - oder es bleibt ein Ratespiel.

5.5.7 Ionisationsspannung des Luft-Kraftstoff-Gemischs variiert mit Lambda - aber kaum einer weiß das.

Bei Lambda >1.1 steigt die Ionisationsenergie und damit die Durchbruchspannung - um bis zu 20 %.

☞ Mager gemischte Motoren brauchen stärkere Funken, alte Spulen knicken da reihenweise ein.

5.5.8 Zündverzögerung bei CDI-Systemen: quasi Null.

Capacitive Discharge Ignitions (CDI) liefern die Entladung in wenigen Mikrosekunden (µs).

☞ Vorteil: Ideal für Hochdrehzahlmotoren.

Nachteil: Kurzer Funke muss sitzen, sonst kein Feuer.

5.5.9 Zündversatz zwischen Steuergerät und tatsächlichem Funken: bis zu 2° KW bei defektem Massepunkt.

☞ Massefehler = schleichender Timingfehler → Zündung trotz korrektem Kennfeld → Kolben bügelt sich selbst raus.

Niemand prüft das, du jetzt schon.

5.5.10 Zündkerzenbrüche durch zu hohes Drehmoment: >28 Nm bei Alukopf = Risiko

Ab 30 Nm bei Aluzylinderköpfen treten mikroskopische Haarrisse in der Keramik auf, die nach wenigen hundert Betriebsstunden zum Ausfall führen.

☞ Nicht sichtbar - aber tödlich für die Zündqualität.

Kapitel 6 Der ewige Turbolader-Mythos.

Es gibt drei Dinge, die in der Werkstatt regelmäßig ohne echten Grund ersetzt werden: Sensoren, Steuergeräte und Turbolader. Letzterer ist der unangefochtene König der Fehldiagnosen. Wenn ein Motor ruckelt, keine Leistung hat oder nur ein bisschen zu viel Ruß spuckt, kommt oft reflexartig:

"Das wird wohl der Turbo sein."

Ja, genau. Und wenn jemand Kopfschmerzen hat, dann liegt das natürlich am Gehirntumor und nicht am übermäßigen Bierkonsum vom Vorabend.

Lass uns das ein für alle Mal klarstellen: Ein Turbolader stirbt selten einfach so. Wenn er sich verabschiedet, dann aus gutem Grund und genau den muss man finden. Wer einfach nur einen neuen Turbo draufknallt, ohne die Ursache zu verstehen, kann sich schon mal für den nächsten Tausch in ein paar tausend Kilometern bereithalten.

6.1 Warum so viele Turbolader sinnlos getauscht werden

Warum? Weil sie teuer sind und eine Reparatur das Werkstattkonto schön aufpolstert? Vielleicht. Viele Werkstätten vergessen, dass ein Turbo selten Ursache, sondern meist Opfer ist. Der Turbo bekommt, was der Motor ihm gibt. Wenn er stirbt, liegt das oft an Vorgeschädigten Lagern, Ölverkokung oder Ladedruckregelproblemen und nicht daran, dass er plötzlich beschlossen hat, Feierabend zu machen. Aber oft liegt es einfach an einer fundamentalen Fehleinschätzung der Symptome.

Ein Kunde kommt mit einem Leistungsverlust, das Auto zieht nicht richtig, ein Mechaniker hört „Turbo" und denkt sich:

"Klarer Fall. Neuer Lader drauf, dann läuft die Karre wieder."

Denkste.

Das Problem liegt oft ganz woanders.

Hier sind einige der schönsten Fehldiagnosen:

- **Kein Ladedruck?** Klar, könnte der Turbo sein, aber vielleicht ist es nur eine rissige Ladedruckstrecke oder ein undichtes AGR-Ventil.
- **Öl im Ansaugtrakt?** Ja, das kann von einem sterbenden Lader kommen, oder von einer verkokten Kurbelgehäuseentlüftung.
- **Ruß ohne Ende?** Vielleicht ist es der Lader, oder vielleicht eine völlig verdreckte Einspritzanlage.

Der beste Part? Viele dieser Fehler sind auch nach dem Turbotausch noch da, weil das Problem nie wirklich gefunden wurde.

6.2 Wie ein Turbolader wirklich arbeitet

Ein Turbo ist im Grunde eine simple, aber geniale Maschine. Er nutzt den Druck der Abgase, um ein Verdichterrad anzutreiben, das wiederum mehr Luft in den Motor schaufelt. Mehr Luft bedeutet mehr Sauerstoff, mehr Sauerstoff bedeutet mehr Leistung. Klingt einfach? Ist es auch. Solange alles richtig funktioniert.

Damit ein Turbo seinen Job erledigen kann, muss er sich an ein paar Grundgesetze der Physik halten:

1. **Er braucht saubere Luft.** Wenn Dreckpartikel durch einen defekten Luftfilter ans Verdichterrad kommen, schleifen sie es langsam aber sicher ab.
2. **Er braucht korrekte Ölschmierung.** Hochgeschwindigkeitslager bei über 200.000 Umdrehungen pro Minute ohne saubere Schmierung? Klingt wie eine gute Idee, wenn man auf spektakuläre Lagerschäden steht.
3. **Er braucht einen freien Abgasweg.** Ein zugesetzter Dieselpartikelfilter (DPF) kann den Turbo ersticken. Wenn der Partikelfilter dicht ist, staut sich der Abgasdruck. Der Turbo bekommt auf der heißen Seite Backpressure, während auf der kalten Seite das Verdichterrad noch mehr Luft pumpen will. Ergebnis? Hitzestau, thermische Risse oder Lagerüberlastung.

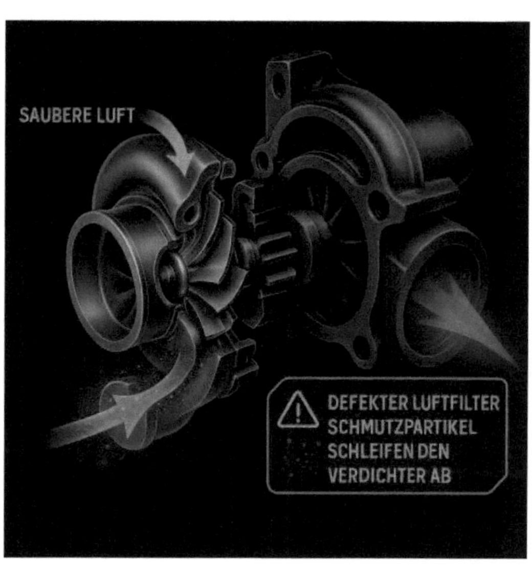

Merke: "shit in, shit out"

Was passiert, wenn auch nur einer dieser Punkte nicht stimmt? **Der Lader stirbt nicht, weil er schlecht konstruiert ist, sondern weil ihn jemand auf eine Art behandelt hat, für die er nicht gebaut wurde.**

6.3 Differenzialdiagnose Turbolader

Ein Patient kommt in die Notaufnahme und klagt über Atemnot. Der unerfahrene Arzt hört kurz hin, stellt die vorschnelle Diagnose „Asthma" und gibt ein Spray. Doch was, wenn die wahre Ursache eine Lungenembolie, eine Herzinsuffizienz oder eine schwere Infektion ist? Dann ist die falsche Therapie nicht nur nutzlos. Sie ist potenziell tödlich.

Genauso läuft es in vielen Werkstätten mit dem Turbolader.

Ein Kunde kommt, sein Diesel zieht nicht mehr richtig. „Turbo kaputt", sagt der Mechaniker, Turbo neu, Fehler weg.

Aber ist das wirklich die Ursache? Oder nur ein Symptom?

Wenn du einen Turbo diagnostizierst, behandelst du nicht einfach nur ein defektes Teil. Du analysierst ein gesamtes System, das perfekt abgestimmt sein muss, denn ein Turbolader stirbt fast nie ohne eine Vorgeschichte. Wenn du sie ignorierst, ist der neue Turbo bald wieder tot.

Also: Wie geht echte Differenzialdiagnose?

6.3.1 Basischeck, Systematischer Ausschluss von Fehlursachen

Luftversorgung prüfen

- Luftfilter verdreckt oder zu? → Ladedruck kann gar nicht aufgebaut werden.
- Undichte Ladeluftstrecke? → Auch der beste Turbo bringt nichts, wenn die Luft entweicht.
- Verstopfter Ladeluftkühler? → Leistungsverlust durch Überhitzung.

KolbenKult

„Kein Ladedruck" heißt nicht „defekter Turbo". Es kann genauso gut ein Loch im System sein.

Abgassystem inspizieren

- Dieselpartikelfilter (DPF) zugesetzt? → Überdruck auf der heißen Seite, Turbo kann nicht frei drehen.
- AGR-Ventil defekt oder verkokt? → Störungen im Luftstrom, falsche Verbrennung, Leistungsverlust.
- Abgaskrümmer-Riss? → Druckverhältnis verschoben, Turbo ineffektiv.

Ein erstickter Motor kann keinen Ladedruck aufbauen, egal, wie neu
der Turbo ist.

Ölversorgung checken

Ölleitung verkokt oder verstopft? → Kein Öl = Lagerschaden, aber auch
keine schnelle Spulendrehzahl.

- Motorölqualität? → Verdrecktes oder verdünntes Öl kann La-
  ger- und Dichtungsprobleme verursachen.
- Öl im Verdichtergehäuse? → Übermäßige Blow-By-Gase oder
  verstopfte Kurbelgehäuseentlüftung.

„Öl im Ansaugtrakt" ist nicht automatisch „Turbo defekt". Es kann genauso gut ein Kurbelgehäuse-Entlüftungsproblem sein.

Druckregelung kontrollieren

Wastegate klemmt oder Undichtigkeiten im Unterdrucksystem? →
Turbo kann nicht sauber regeln.

- Ladedrucksensor falsche Werte? → Steuergerät korrigiert ins
  Leere.
- Aktuatorsteuerung überprüfen (elektronisch oder pneuma-
  tisch)? → Ein defektes Stellglied verhindert die richtige Drucksteuerung.

Läuferwelle, die durch schwarze Ölkohleklumpen erdrückt wird, wie   Aterienverkalkung in der Kardiologie

---

6.3.2 Die Unsichtbare Gefahr von Fehlinterpretierten Sensorwerten und das verrutschte Kennfeld

Ein kritischer Diagnosefehler, den selbst erfahrene Mechaniker begehen: Ladedrucksensoren liefern „falsche" Werte, obwohl technisch alles in Ordnung scheint.

Weil moderne Steuergeräte adaptiv lernen. Sie „verschieben" intern das erwartete Verhalten des Motors.

Wenn ein Turbo über längere Zeit mit Leckagen, falscher Regelung oder zugesetztem Dieselpartikelfilter (DPF) betrieben wurde, merkt sich das Motorsteuergerät die Abweichung.

Es verlagert quasi das Kennfeld des Motors in eine fehlerhafte Realität.

Das ist wie ein Arzt, der denkt, 39 °C Fieber sei bei dir normal, weil du ständig krank warst.

👉 Folge: Selbst wenn du das Problem mechanisch behoben hast, bleibt der Fehler im Kopf des Steuergeräts bestehen. Es regelt weiter nach dem „alten Plan".

In der Praxis bedeutet das:
- Der Ladedruck wird nicht mehr sauber aufgebaut,
- das Wastegate regelt zu früh oder gar nicht,
- die Soll-/Ist-Werte stimmen nicht überein und das Steuergerät (STG) glaubt trotzdem, alles sei korrekt.

Fix: So bringst du den Turbo zurück ins echte Kennfeld

☑ Nach jeder Reparatur am Turbo oder Ladeluftsystem:
- ✔ Adaptionswerte zurücksetzen (Diagnosegerät oder per Batterieab-klemmen + Leerlauf)
- ✔ Probefahrt unter variabler Last, damit das STG das reale Verhalten neu lernt
- ✔ Verdichterkennfeld prüfen: Liegt der Messpunkt wieder innerhalb der Sollzone?

Nutze ein Livediagramm mit Druckverhältnis vs. Massendurchsatz, um zu sehen, ob der Lader effizient arbeitet, oder ob er im Pump- oder Stopf-bereich „verloren geht".

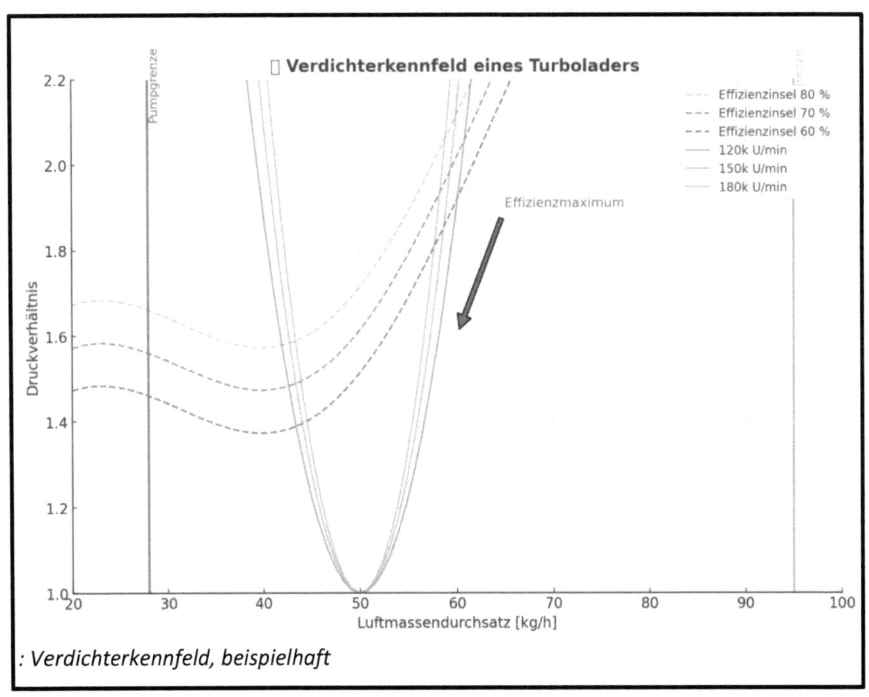

: Verdichterkennfeld, beispielhaft

KolbenKult

Wer den Turbo tauscht, wird mit hoher Wahrscheinlichkeit glauben: „Der neue Turbo ist auch defekt." Dabei liegt der Fehler in der Denkweise des Steuergeräts und nicht im Material.

6.3.3 Der richtige Ablauf

Schritt-für-Schritt-Protokoll für die Praxis:

1. Mechanische Vorprüfung:

☑ Sichtkontrolle aller Luft- und Ölführenden Leitungen.

☑ Sichtprüfung des Turboladers auf Spiel und Ölverluste.

☑ Prüfen des Wastegate-Antriebs (elektrisch/pneumatisch).

2. Druckmessung & Sensor-Analyse:

☑ Differenzdruck messen vor/nach Ladeluftkühler & DPF.

☑ Live-Werte für Ladedrucksensor und Regelklappen prüfen.

☑ Oszilloskop-Messung von Sensordaten für Wellenstörungen.

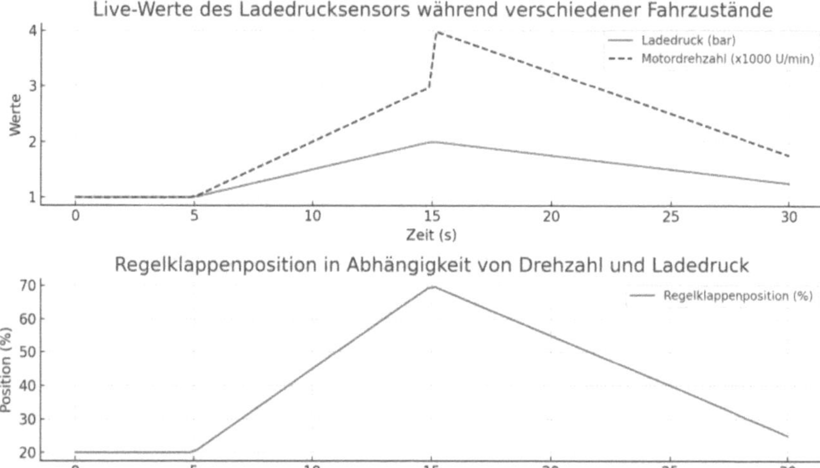

Hier sind die Live-Werte für den Ladedrucksensor und die Regelklappenposition:

1. **Obere Grafik (Ladedrucksensor-Messwerte)**
   - **Rote Linie:** Ladedruck in bar (steigt während der Beschleunigung an, fällt nach Volllast leicht ab).
   - **Blaue gestrichelte Linie:** Motordrehzahl in x1000 U/min (typischer Verlauf von Leerlauf über Beschleunigung bis Volllast).

2. **Untere Grafik (Regelklappenposition)**
   - **Grüne Linie:** Öffnungswinkel der Regelklappe in %, abhängig von Drehzahl und Ladedruck.

- Die Regelklappe öffnet mit steigender Drehzahl und schließt wieder bei Lastreduktion.

Ladedruck

- Minimum: 1.0 bar (entspricht Atmosphärendruck im Leerlauf)
- Maximum: 1.99 bar (realistisch für einen aufgeladenen Motor, typischer Arbeitsbereich liegt bei 1.5 bis 2.5 bar)

Motordrehzahl:

- Minimum: 1000 U/min (realistischer Leerlaufwert für moderne Motoren)
- Maximum: 3977 U/min (typisch für einen Dieselmotor mit Turbolader, Benziner würden höher drehen)

Regelklappenposition:

- Minimum: **20 %** (Leerlauf oder geringer Lastbereich)
- Maximum: **69.5 %** (realistisch für einen Teillast-/Volllastbereich, aber unter 100 %, da die Turbosteuerung nicht immer voll öffnet)

3. **Erst dann: Entscheidungsbaum „Turbo defekt - ja oder nein?"**
   - ✔ Wenn Öl im Verdichter: Ursache eingrenzen (Lager oder Blow-By).
   - ✔ Wenn zu wenig Ladedruck: Undichtigkeiten ausschließen.
   - ✔ Wenn Überdruck: Abgassystem prüfen.

Einen Turbo einfach zu ersetzen, ohne die wahre Ursache zu verstehen, ist wie eine **Fehlbehandlung in der Notaufnahme**, sinnlos, teuer und oft gefährlich für den nächsten Turbo.

6.4 Turbolader-Fehldiagnosen aus der Praxis

Ein besonders schönes Beispiel, das zeigt, wie schnell man sich irren kann:

Ein Fahrer meldete „kein Ladedruck". Die erste Vermutung? Turbo kaputt. Doch die Ölprobe aus dem Motor zeigte eine überraschend hohe Konzentration an Metallabrieb wie hohe Bleiwerte. Ein Drucktest des Ladeluftsystems ergab, dass eine Dichtung im Ansaugtrakt defekt war.

Das eigentliche Problem? Der Motor hatte durch die Falschluft falsche Werte an das Steuergerät geliefert, das daraufhin den Lader aus dem Spiel nahm.

In einem anderen Fall meldete ein Fahrer einen „pfeifenden" Turbo. Diagnose in der freien Wildbahn? „Defekt, sofort austauschen!" Tatsächlich war es aber nur eine lockere Ladeluftschelle, die unter Druck ein Geräusch erzeugte, das an ein sterbendes Laderad erinnerte.

Aber Achtung: Das sollte man nicht verwechseln mit dem Sound, den ein gesunder Turbolader macht!

Wer jemals Fast & Furious gesehen hat oder sich noch an Walter Röhrls Audi Quattro mit dem legendären Fünfzylinder-Turbo erinnert, der weiß: Ein gesunder Turbo kann und soll geil klingen. Und zwar nicht einfach nur laut, sondern auf eine Art, die einen fühlen lässt, als würde die Apokalypse persönlich in den Ladeluftkühler brüllen.

Dieser Sound ist kein Defekt sondern pure Ladedruck-Poesie. Ein Geräusch, das klingt, als würde Thors Hammer im Ansaugtrakt mit Chuck Norris' Roundhouse-Kick fusionieren, während hinten der Höllenhund Cerberus ins Wastegate beißt.

Wer also nur „pfeifende Geräusche" hört, sollte genau hinhören, bevor er dem Turbo vorschnell das Lebensende diagnostiziert. Denn zwischen einem sterbenden Lader und einer ordentlichen Ladedruck-Oper liegen Welten. Stabil.

Symptom-Sammlung: Turbolader-Diagnose von A - Z

(1) Leistungsverlust

Mögliche Ursachen:

- **Riss in der Ladeluftstrecke** - Undichte Schläuche oder Verbindungen sorgen für Druckverlust.
- **Defekte Regelklappe** - Wastegate oder VTG-Steuerung klemmt und begrenzt den Ladedruck.
- **Luftmassenmesser (LMM) defekt** - Falsche Werte führen zur Drosselung der Einspritzmenge.
- **Zugesetzter Dieselpartikelfilter (DPF)** - Rückstau des Abgasstroms, Turbo bekommt keinen Flow
- **Abgasgegendruck zu hoch** - Durch Verstopfung oder umgefallene Schalldämpfer-Schwallbleche
- **Turbolader-Lagerschaden** - Verdichter- oder Turbinenrad dreht nicht mehr frei

Maßnahmen zur Diagnose:

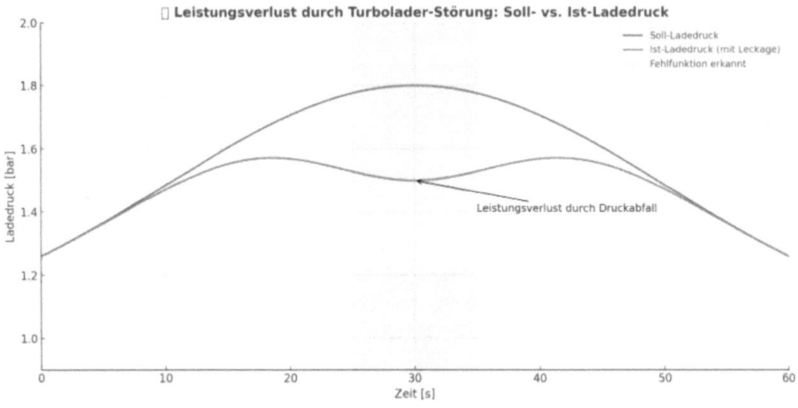

- Ladeluftstrecke mit Nebelgerät abdrücken.
- Ladedrucksensor auslesen und mit Sollwerten vergleichen.
- Wastegate-/VTG-Mechanismus auf freien Lauf prüfen.
- DPF-Differenzdrucksensor checken, über 100 mbar Differenz? Filter verstopft!

- Ölprobe analysieren, Metallabrieb? Lagerschaden im Turbo!

---

(2) Pfeifgeräusche - Ist der Turbo wirklich schuld?
Mögliche Ursachen:

- **Gerissene Krümmerdichtung** - Lecks zwischen Zylinderkopf und Turbo erzeugen hohe Frequenzen
- **Riss im AGR-Rohr** - Hochfrequente Strömungsgeräusche durch Undichtigkeiten.
- **Ladeluftschlauch nicht richtig montiert** - Schlauchschelle undicht? Druckverluste unter Last!
- **Schwungrad-Gegenschwinger defekt** - Geräusche verändern sich mit Last, oft fehlinterpretiert.

Defekte Krümmerdichtung

Maßnahmen zur Diagnose:
- Sichtprüfung der Krümmer- und Turbo-Dichtflächen.

- Ladeluftstrecke mit Seifenlösung einsprühen und nach Blasenbildung suchen.
- Stethoskop zur Geräuschanalyse nutzen - Lecks pfeifen nur in einem bestimmten Drehzahlbereich.

---

(3) Überhitzung & Ölverbrauch

Mögliche Ursachen:

- **Verstopfter Ladeluftkühler** - Ölrückstände und Schmutz blockieren den Luftdurchsatz.
- **Öl im Verdichtergehäuse** - Ursache: Verkokste Kurbelgehäuseentlüftung
- **Falsches Motoröl oder zu niedriger Öldruck** - Turbolager laufen trocken, hitzebedingter Schaden.
- **Axiallager verschlissen** - Erhöhte Reibung, führt zur Verformung des Verdichterrads

Maßnahmen zur Diagnose:

- Ölstand und Viskosität prüfen. Ist es für Turbos freigegeben?
- Ladeluftsystem auf Ölspuren kontrollieren.
- Abgastemperatur messen. Über 900°C? Turbo lebt nicht mehr lange! Killzone erreicht.

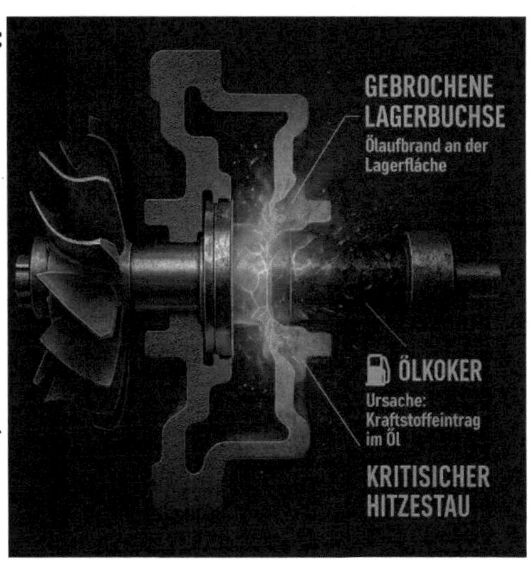

(4) Kein oder zu hoher Ladedruck

Mögliche Ursachen:

- **Wastegate klemmt oder VTG-Regelung defekt** - Ladedruck entweicht oder steigt unkontrolliert
- **Unterdruckschläuche porös oder abgerutscht** - Steuerung des Turbos fällt aus.
- **Defekte Magnetventile für die Drucksteuerung** - Stellt sich der Ladedruck nur langsam ein?
- **LMM oder Ladedrucksensor liefern falsche Werte** - Motorsteuergerät bekommt falsche Eingaben.

Maßnahmen zur Diagnose:

- Unterdruckanlage auf Lecks prüfen.
- Druckdose/Wastegate per Hand testen. Beweglich oder schwergängig?
- Oszilloskop-Messung der Sensorsignale auf Wellenstörungen.

(5) Der Motor stirbt beim Gasgeben ab

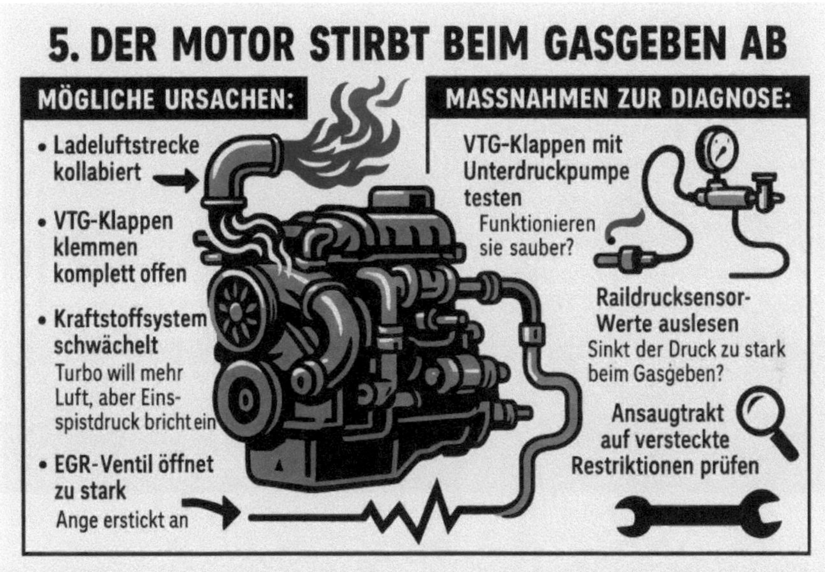

(6) Kapitale Schäden: Bruch der Turbowelle oder Schaufeln
Mögliche Ursachen:

- **Fremdkörper im Verdichter** - Schraube oder Kleinteile vom Luftfilterkasten verschluckt
- **Ölmangel oder falscher Öldruck** - Läuferwelle wird nicht stabilisiert, Lagerschaden.
- **Überschreitung der Drehzahlgrenze (Overspeeding)** - VTG-Defekt oder Manipulation durch Tuning
- **Extremer Abgasgegendruck** - Axialspiel wächst, Verdichter streift am Gehäuse

Diese kleine Sammlung zeigt: Ein defekter Turbo ist fast immer das Symptom, nicht die Ursache!

6.5 Key Takeaways

Der größte Irrglaube: Kein Ladedruck = Turbo defekt

In der realen Werkstattwelt zeigt sich immer wieder das gleiche Muster: Der Turbolader ist selten der Bösewicht, meistens ist er nur das letzte Glied in einer Kette ungeklärter Ursachen. Statt selbstständig den Dienst zu quittieren, stirbt er oft als Folge tieferliegender Probleme im Motor- oder Abgassystem.

Technische Analysen und Rückmeldungen aus dem Feld, von freien Werkstätten bis zu OEM-nahen Diagnoselabors, zeigen: In einem erheblichen Teil der Fälle ist der Lader **nicht** der primäre Verursacher. Er ist das Symptom, nicht die Ursache.

Eine umfassende Systemdiagnose ist Pflicht, **vor** dem Austausch. Denn wer nur den Turbo sieht, übersieht das System. Und wer das System nicht versteht, ruiniert auch den nächsten Lader.

Wichtige Fehlerquellen, die oft übersehen werden:

☑ **Ladeluftstrecke undicht?** - Druckverluste durch poröse Schläuche oder lockere Schellen.

☑ **DPF oder Katalysator zugesetzt?** - Abgasstau erstickt den Turbo!

☑ **Luftmassenmesser defekt?** - Falsche Werte → falsche Kraftstoff-Luft-Mischung.

☑ **Wastegate oder VTG-Klappen klemmen?** - Turbo kann nicht sauber regeln.

☑ **Ölversorgung mangelhaft?** - Keine Schmierung = schneller Tod des Laders.

Wichtige Messungen vor dem Turbo-Tausch:

Ladedruck-Soll-/Ist-Werte vergleichen - Sensorfehler ausschließen!

Unterdruck- & Regelventile testen - Steuerung in Ordnung?

Abgastemperaturen messen - Überhitzung kann Ursache sein!

Ölprobe analysieren - Späne = Lagerschaden?

Nach jeder Reparatur: Adaptionswerte zurücksetzen!

☑ **Ein neuer Turbo ohne Reset bringt oft keine Lösung!** Das Steuergerät muss sich anpassen:

Adaptionswerte löschen oder eine variable Last-Probefahrt durchführen.

Frage dich vor jedem Turbo-Tausch:

- Ist das Problem wirklich der Lader oder nur ein Symptom?
- Habe ich alle anderen Ursachen ausgeschlossen?
- Sind meine Messwerte physikalisch schlüssig?

Kapitel 7 Kühlung –

Die unsichtbare Grenze zwischen Leistung und Hitzetod

Kühlung ist nicht einfach nur ein bisschen Wasser, das im Kreis fließt - sie ist die verdammte Lebensversicherung deines Motors. Sie entscheidet, ob dein Aggregat mit voller Power durchzieht oder ob es am Ende nur noch ein wertloser Metallklotz ist - egal ob du einen filigranen Sportmotor mit 150 kg, einen 500 kg schweren Diesel aus einem SUV oder einen 1,5-Tonnen-Koloss aus einer Landmaschine vor dir hast. Und wer denkt, dass es hier nur um Kühlwasser geht, kann sich direkt ein Technikbuch aus den 70ern schnappen und in die Werkstattecke weinen. Kühlung ist ein System aus Öl, Luft, Wasser und kluger Wärmeableitung und wer das nicht versteht, wird in der Diagnose gnadenlos scheitern.

Warum Kühlung kein Nebenschauplatz ist

Ein Verbrennungsmotor ist eine kontrollierte Explosion, aber eben eine, die nicht außer Kontrolle geraten darf. Jedes Mal, wenn der Kolben nach oben rast, entsteht eine Druck- und Temperaturhölle. Wir reden hier nicht von laschen 400°C wie in einem Pizzaofen, sondern von über 2.500°C im Feuerball der Verbrennung. Das ist heiß genug, um Aluminium in Sekunden zu schmelzen und Stahl zu schwächen. Zum Glück hält das nicht lange an, denn der Brennraum erlebt diese Extreme nur für Millisekunden. Aber selbst diese kurzen Hitzeattacken reichen aus, um das Material über Zeit zu zermürben.

Und genau hier kommt die Kühlung ins Spiel: Wärme muss weg schnell, effizient und genau dort, wo sie entsteht. Kühlmittel, Öl, Ladeluft, Abgasführung, jedes einzelne System muss perfekt zusammenspielen. Wenn nur eine Komponente versagt, wird aus Hochleistung ruckzuck ein Hitze-Kollaps. Und dann ist es egal, ob dein Motor 150 kg oder 1,5 Tonnen wiegt. Wenn er einmal thermisch kollabiert, bleibt nur noch ein verdammt teurer Haufen Metall.

7.1 Luft - Unsichtbarer Krieger gegen den Wärmetod

Viele denken bei Kühlung nur an Flüssigkeiten. Aber hier kommt die unbequeme Wahrheit: Ohne Luft kannst du dir deine gesamte Wärmemanagementstrategie in die Haare schmieren. Luft ist das heimliche Rückgrat jeder thermischen Balance, sei es als direkte Kühlung oder als essenzieller Teil der Wärmeabgabe. Luftgekühlte Motoren, Ladeluftkühlung, Öl-Luft-Wärmetauscher, sogar der simple Fahrtwind. Alles hängt an diesem unsichtbaren Medium.

Mindfuck: Selbst wassergekühlte Motoren sind zu fast 100 % auf Luft angewiesen. Denn wo gibt das Wasser seine Hitze ab? Richtig, an den Kühler und dieser wiederum an den verdammten Fahrtwind oder Lüfter. Ohne eine vernünftige Luftführung wäre dein Kühlsystem nur eine heiße Suppe ohne Funktion.

Mehr als nur ein Relikt aus der Käfer-Zeit

Luftkühlung ist nicht tot, sie ist nur missverstanden. In modernen Hochleistungsmotoren ist sie der stille Helfer, der thermische Spitzen abfängt. Flugzeugmotoren, Motorsportaggregate, selbst viele Industriemotoren setzen darauf. Und warum? Weil Luft zwar ineffizienter ist als Wasser, aber dafür kein Risiko für Lecks, Korrosion oder Pumpenausfälle birgt. Das richtige Design macht Luftkühlung extrem widerstandsfähig, breite Kühlrippen, gezielte Luftführung, optimierte Strömungsdynamik.

Und dann ist da noch der Turbo. Ladeluftkühlung ist nichts anderes als Luft, die andere Luft kühlt. Verdichtete Luft heizt sich auf und heiße Luft ist schlecht für die Leistung. Deshalb wird sie durch einen Wärmetauscher geführt, wo der Fahrtwind sie abkühlt. Ohne diese Luftkühlung würde ein Turbo nach wenigen Minuten nur noch heiße Luft pusten und Leistung? Fehlanzeige.

„Verdichtete Luft klingt nach Leistung, aber sie bringt auch Hitze. Und Hitze frisst Motoren. Wer glaubt, dass ein Turbo nur für mehr Bums sorgt, ohne die Physik zu respektieren, hat's nicht verdient, Leistung zu fahren."

7.1.1 Zeit, die Thermodynamik der Ladeluftkühlung zu sezieren.

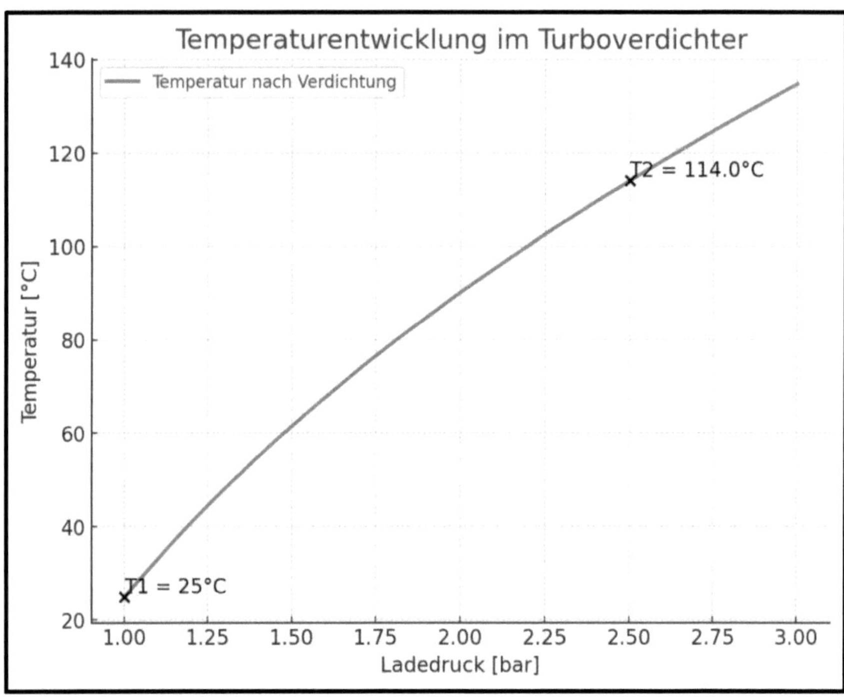

Ein Turbolader ist thermodynamisch gesehen nichts anderes als ein Kompressor, der Luft verdichtet.

Dabei folgt er der allgemeinen Gasgleichung:

$$p \cdot V = n \cdot R \cdot T$$

Mit anderen Worten: Erhöht man den Druck (p), steigt zwangsläufig auch die Temperatur (T), solange das Volumen (V) konstant bleibt. Der Effekt ist bekannt als adiabatische Kompression, beschrieben durch die

Poisson-Gleichung:

$$T_2 = T_1 \cdot \left(\frac{p_2}{p_1}\right)^{\frac{gamma-1}{gamma}}$$

Wobei: $T1$ die Ansauglufttemperatur ist (z. B. 25 °C = 298 K), $p1$ der Umgebungsdruck (1 bar), $p2$ der Ladedruck (z. B. 2,5 bar absolut), γ das Isentropenexponent für Luft (ca. 1,4).

Setzt man die Werte ein:

$$T_2 = 298 \cdot (2.5)^{\frac{0.4}{1.4}}$$

$$T2 \approx 298 \cdot 1,32 = 393K = 119°C$$

Das heißt, die Luft, die aus dem Verdichter kommt, ist im Worst Case locker 120-180 °C heiß. Und hier liegt das Problem: Warme Luft ist leistungstötend!

A) Warum heiße Ladeluft der Feind ist

Dichteverlust: Die Dichte von Luft ist umgekehrt proportional zur Temperatur nach der idealen Gasgleichung. Eine Erwärmung von 25 °C auf 114 °C reduziert die Luftmasse bei gleichem Volumen um etwa 25-30 %. Bedeutet: Weniger Sauerstoff pro Ladedruck = weniger Leistung.

Klopfneigung: Heiße Luft erhöht das Risiko von unkontrollierter Selbstzündung im Brennraum (Klopfen). Moderne Motorsteuerungen begegnen dem mit Zündwinkelrücknahme - aber das bedeutet weniger Leistung und höherer Verbrauch.

B) Thermische Belastung

Turbomotoren sind ohnehin thermisch gefordert. Heiße Ladeluft erhöht die Temperatur der Einlassventile und Kolbenböden, was wiederum zu Materialermüdung, Ventilsitzproblemen und im Extremfall sogar zu Motorschäden führt.

C) Ladeluftkühler, der letzte Rettungsanker

Damit das nicht passiert, kommt der Ladeluftkühler (LLK) ins Spiel. Seine Aufgabe ist simpel: Die heiße, komprimierte Luft nach dem Verdichter durch einen Wärmetauscher zu jagen, wo sie von Umgebungsluft oder Wasser heruntergekühlt wird.

Die Berechnung der abzuführenden Wärmemenge basiert auf der

Formel für die Wärmeübertragung:

$$Q = m \cdot c_p \cdot \Delta T$$

Wo:

Q die abzuführende Wärmemenge (Joule) ist, m die Luftmasse pro Sekunde (kg/s), c_p die spezifische Wärmekapazität von Luft (ca. 1,005 $\frac{kJ}{kgK}$), ΔT die Temperaturdifferenz.

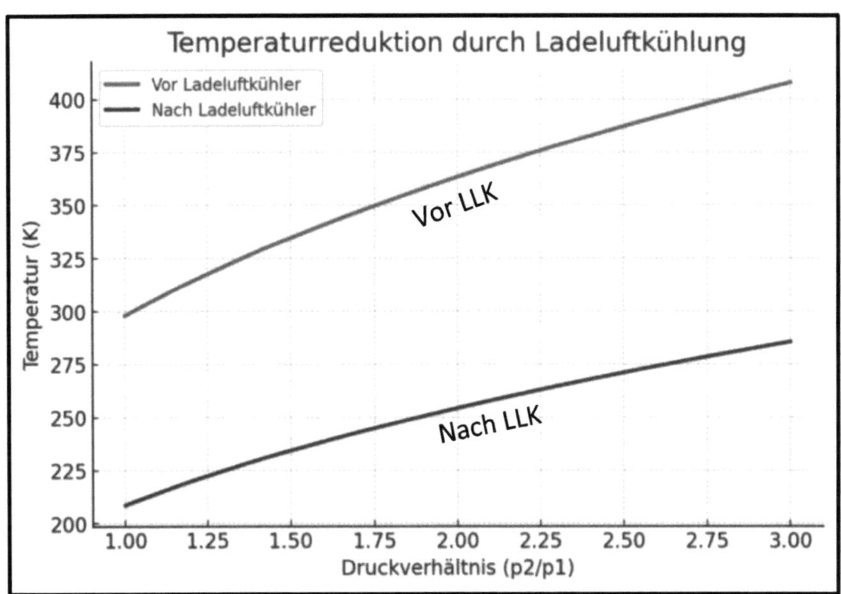

Ein Beispiel:

Luftdurchsatz: 0,15 kg/s,

Temperatur vor LLK: 114 °C,

Temperatur nach LLK: 50 °C

Dann:
$$Q = 0,15 \cdot 1,005 \cdot (114 - 50)$$
$$Q \approx 10,5\,\frac{kJ}{s} = 10,5\,kW$$

Bedeutet: Der LLK muss 10,5 kW Wärmeleistung abführen, sonst bläst im wahrsten Sinne dein Turbo nur noch heiße Luft.

Effizienz und warum ein scheiß LLK dich Leistung kostet

Die Effizienz eines Ladeluftkühlers wird durch den Wirkungsgrad beschrieben:

$$\eta(\text{eta})_{\text{LLK}} = \frac{T_{\text{Einlass}} - T_{\text{Auslass}}}{T_{\text{Einlass}} - T_{\text{Umgebung}}}$$

Nehmen wir:

$$T_{Einlass} = 114\,^\circ\mathrm{C},\ T_{Auslass} = 50\,^\circ\mathrm{C},\ T_{Umgebung} = 25\,^\circ\mathrm{C}$$

Dann:

$$\eta_{LLK} = \frac{114 - 50}{114 - 25} = \frac{64}{89} \approx 0.72$$

Das heißt, der LLK hat 72 % Wirkungsgrad. Ein guter LLK schafft über 80 %, ein schlechter weniger als 50 %, und dann kannst du dir die Leistung in die Haare schmieren.

Klartext:

Wahrscheinlich fühlst du dich, als hätte dir gerade jemand ein Thermodynamik-Handbuch mit 200 Sachen ins Gesicht geknallt. Dein Hirn brennt, du fragst dich, ob das hier noch ein Buch oder doch eine geheime NASA-Unterlage ist, und während du das alles zu verarbeiten versuchst, ist irgendwo in deinem Hinterkopf eine kleine Glühbirne angegangen.

Während andere noch glauben, dass Leistung mit Ladedruck gleichzusetzen ist, hast du verstanden, dass ein Turbo kein Zauberstab, sondern ein Skalpell ist. Wer hier rumeiert, schneidet sich nur selbst und zwar tief.

Und wenn du das nächste Mal jemanden hörst, der „einfach mehr Boost gibt", dann lehn dich entspannt zurück, nimm einen tiefen Atemzug und genieße die Gewissheit, dass du in einer anderen Liga spielst. In einer, die nicht auf Hoffnung, sondern auf Physik basiert.

Und genau das macht den Unterschied zwischen einem ahnungslosen Schrauber und einem echten Diagnostik-Endgegner. Hier geht's nicht um Halbwissen oder Trial-and-Error-Irrsinn. Hier geht's um Physik. Knallhart. Unumstößlich. Und wenn du das verinnerlichst, dann bist du nicht nur einer, der Motoren repariert. Dann bist du einer, der sie versteht.

Willkommen im Club der Wissenden.

7.1.2 Wie Diagnostik von Luft als Kühlmedium profitiert

Luftprobleme sind tückisch, weil sie oft unsichtbar sind. Hier sind die größten Fehlerquellen und wie du sie findest:

➢ **Verstopfte Luftkanäle:** Schau dir den Kühler an. Ein verschmutztes oder verbogenes Lamellenfeld kann die Luftdurchströmung drastisch reduzieren.

➢ **Lüfterstörung:** Bei langsamer Fahrt oder im Stand sollte der Lüfter die Luftbewegung übernehmen. Dreht der nicht? Dann kannst du das Kühlsystem vergessen.

➢ **Falsch positionierte Hitzeschilde:** Besonders bei Nachrüstungen oder Reparaturen werden gerne Hitzeschilde „optimiert" - leider oft so, dass sie die natürliche Luftzirkulation blockieren.

> **Ladeluftkühler ineffektiv:** Wenn der Kühler mit Öl oder Dreck zugesetzt ist, verliert er massiv an Effizienz. Hier hilft nur eine gründliche Reinigung.

7.1.3 Luft als ultimative Diagnose-Checkliste

- **Kühler-Check:** Lamellen intakt und sauber? Luftstrom nicht blockiert?
- **Lüfter-Funktion:** Schaltet er ein, wenn's heiß wird? Richtige Drehrichtung?
- **Ladeluftkühler inspizieren:** Ölverkrustung? Beschädigte Lamellen?
- **Luftführung optimieren:** Sind alle Strömungswege frei? Keine unnötigen Störkanten?
- **Motorraumdruck beachten:** Ein schlechter Unterboden oder geöffnete Karosserie-Bereiche können den Luftstrom so beeinflussen, dass der Kühler ineffektiv wird.

Die Bedeutung der Luft für die Motorkühlung zu unterschätzen, ist wie einen Patienten ohne Herzschlag mit Schmerzmitteln zu behandeln.

Es geht um das Fundament, um die Basisphysik. Du begehst fahrlässige Sabotage am Motor und kein Diagnosefehler, wenn du das ignorierst. Also: Luft als Kühlfaktor ernst nehmen, Strömungsmechanik verstehen und Diagnosen auf physikalischen Tatsachen aufbauen. Sonst bist du nicht der Mechaniker, sondern der Totengräber deines Motors.

7.2 Kühlmittelkreislauf - Die unsichtbare Schlacht gegen den Hitzetod

Ein Verbrennungsmotor ist eine kontrollierte Explosion, die ständig an der thermischen Belastungsgrenze arbeitet. Ja, klugscheißerhaft betrachtet ist es „nur" eine schnelle exotherme Reaktion mit Druckanstieg, aber wenn du danebenstehst, fühlt es sich verdammt explosiv an. Ohne eine funktionierende Kühlung wäre jedes Metallteil nach wenigen Minuten entweder verformt, versprödet oder komplett geschmolzen. Genau hier kommt das Kühlmittel ins Spiel: Seine Aufgabe ist es, die erzeugte Hitze präzise und effizient abzuleiten, ohne dabei selbst zu verdampfen oder die Wärmeableitung zu behindern. Ein fehlerhafter Kühlkreislauf bedeutet, dass sich der Motor selbst zerstört - langsam, schleichend und mit absoluter Endgültigkeit.

Die Physik dahinter: Warum Wasser allein nicht reicht

Reines Wasser wäre als Kühlmittel eine schlechte Wahl. Es würde bei 100 °C kochen und sich in Dampf verwandeln, wodurch die Kühlung sofort zusammenbricht. Deshalb arbeiten moderne Systeme mit druckgesteuerten Kreisläufen, die den Siedepunkt anheben und das Kühlmittel in flüssigem Zustand halten. Zusätzlich werden Additive verwendet, um Korrosion und Ablagerungen zu verhindern, denn selbst kleinste Partikel können zu Wärmestaus führen und den Motor thermisch in die Knie zwingen.

Das Problem mit zu viel Glykol

Wenn Kühlmittel zur Isolierung wird: Kühlmittel besteht aus Wasser und Glykol, in der richtigen Mischung ein unschlagbares Team als Frostschutzmittel. Doch wer glaubt, dass mehr Glykol immer besser ist, hat das Konzept nicht verstanden. Ein zu hoher Glykolanteil senkt nicht nur die spezifische Wärmekapazität des Kühlmittels, sondern erhöht auch seine Viskosität. Das bedeutet: Die Wärmeaufnahme wird schlechter, der Durchfluss nimmt ab, und der gesamte Kreislauf verliert an Effizienz. Das ist, als würde man die Blutbahnen eines Menschen mit zähem Sirup füllen und irgendwann kommt nichts mehr dort an, wo es hin soll.

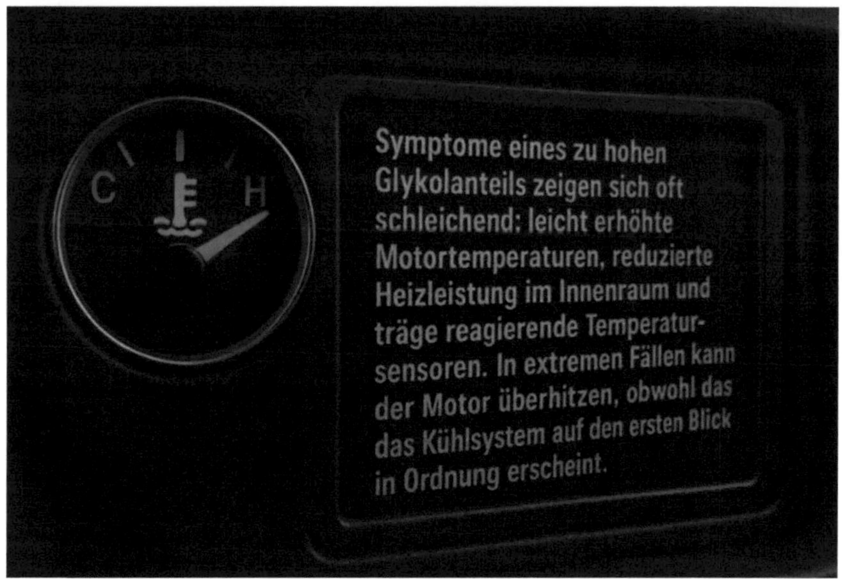

herausfordernd, Säule 1 zu erkennen 1

Nachfolgend die Grafik, die das Problem von zu viel Glykol im Kühlmittel verdeutlicht! 🚙 💧

Was zeigt die Grafik?

- **Rote Linie**: Die spezifische Wärmekapazität (wie gut Wärme aufgenommen wird) nimmt ab, je mehr Glykol im Kühlmittel ist. Weniger Wärmeaufnahme = schlechtere Kühlung!
- **Blaue Linie**: Die Viskosität (Fließverhalten) nimmt zu, wenn mehr Glykol enthalten ist. Höhere Viskosität = schlechterer Durchfluss = weniger Kühlleistung!

Warum ist das wichtig?

- Viele Leute denken, mehr Glykol = besserer Frostschutz = besser für den Motor.
- **Falsch!** Zu viel Glykol macht das Kühlmittel dicker, isoliert es thermisch und behindert den Durchfluss.

Folge: Höhere Motortemperaturen, ineffiziente Wärmeübertragung, schlimmstenfalls Überhitzung!

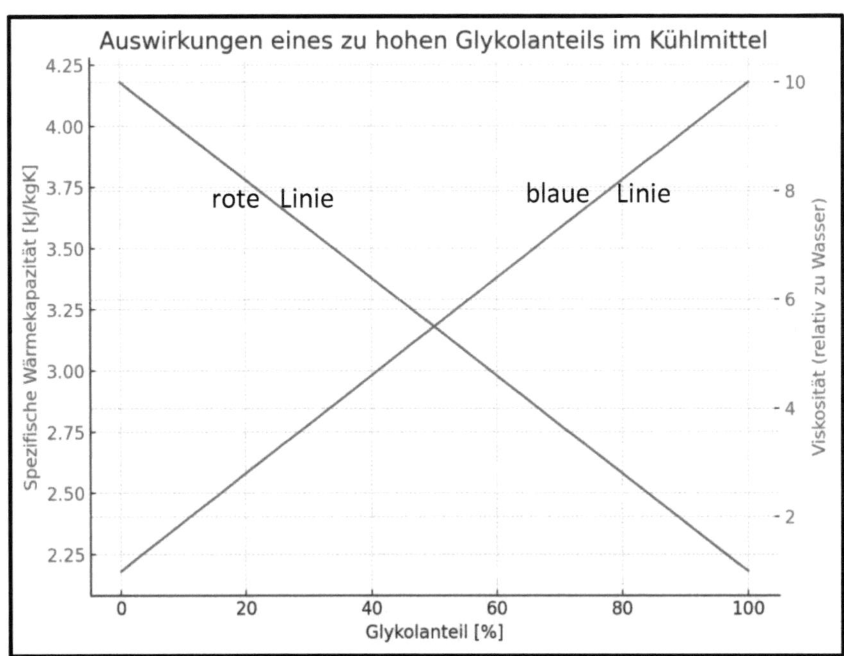

7.2.1 Diagnosemethoden für falsche Kühlmittelmischungen

Du willst wissen, ob in deinem Kühlsystem gerade echtes Kühlmittel zirkuliert oder ein selbstmörderischer Glykol-Cocktail? Dann brauchst du klare Werkzeuge und ein bisschen physikalisches Hirnschmalz. Hier kommt die Wahrheit mit Messwerten, Einheiten und einem klaren Ziel: System verstehen, bevor's kracht.

I.   Brechungsindexmessung - Der Glykol-Detektor

Ein **Refraktometer** misst den **Brechungsindex** des Kühlmittels. Klingt cringe, ist aber einfach nur: Wie stark wird Licht gebrochen, wenn es durch die Suppe flitzt?

Was sagt mir das? Der Brechungsindex ist direkt abhängig vom Glykolgehalt. Je mehr Glykol drin ist, desto mehr knickt das Licht ab und das misst das Gerät.

Die Anzeige erfolgt meistens in **Brix**.

Brix ist ursprünglich eine Maßeinheit aus der Lebensmittelchemie und beschreibt den Zuckergehalt einer Lösung in Prozent. Im Kühlmittelkontext ist Brix ein Näherungswert für den Volumenanteil von Glykol, also: wie viel Prozent der Suppe aus Frostschutz besteht.

Merke:

1 Brix ≈ 1 Volumenprozent Ethylenglykol (unter Standardbedingungen)
60 Brix = etwa 60 % Glykolanteil = deutlich zu viel!

Optimalbereich laut Hersteller (z. B. Glysantin G40):

33-50 Volumen-**%**, also ca. 33-50 Brix

Darunter: Frostschutz zu schwach.

Darüber: Dein Kühlmittel wird zur thermischen Isolierdecke. Glückwunsch zum Wärmestau.

II.   Viskositätstest - Wenn dein Kühlmittel zäher ist als Honig

Mit einem **Viskosimeter** oder passenden Testkits lässt sich feststellen, wie zäh das Kühlmittel bei bestimmten Temperaturen fließt.

Einheit: **mPa·s** (Millipascal-Sekunden)

Vergleichswert: Wasser hat bei 20 °C etwa 1 mPa·s. Ein Kühlmittel mit 50 % Glykolanteil liegt bei 3-5 mPa·s, bei 60 % schon deutlich höher und das killt den Durchfluss.

Mit einer **Wärmebildkamera** kannst du Temperaturverläufe im System live sehen. Wenn Teile des Motors deutlich heißer sind als andere, obwohl der Thermostat offen ist und der Lüfter läuft, weißt du: Der Wärmetransport ist im Eimer.

Typische Symptome bei zu hohem Glykolanteil im Thermogramm:
-    Kühler heiß, aber Rücklauf lauwarm → Durchflussproblem
-    Punktuelle Hotspots im Zylinderkopfbereich
-    Trägheit in der Temperaturverteilung nach Kaltstart

7.2.2 Diagnose von Kühlkreislaufproblemen - Wo sich die Spreu vom Weizen trennt

Ein defekter Kühlkreislauf gibt sich selten sofort zu erkennen. Oft sind die ersten Anzeichen schleichender Temperaturanstieg, ineffiziente Heizleistung oder sporadische Überhitzung. Doch wer hier nur auf das Wasserthermometer starrt, hat das Konzept nicht verstanden. Die Ursachen sind vielfältig, aber immer tödlich für den Motor:

✗ **Fehlerquelle Nr. 1:** Das Thermostat als stiller Killer

Wenn das Thermostat nicht öffnet, ist das kein kleines Problem - das ist ein Todesurteil auf Raten.

Was passiert?

Das Kühlmittel bleibt im kleinen Kreislauf gefangen, zirkuliert nur lokal um Zylinderkopf und Wärmetauscher - während der Motor in anderen Bereichen langsam gekocht wird wie ein Ei im Taschenwärmer. Die Anzeige? Zeigt erstmal nichts. Die Realität? Lokale Materialkrisen.

Folgen:
- Zylinderkopfverzug
- Kopfdichtung aufgerieben wie ein alter Radiergummi

- Spannungsrisse durch Hitzeschock

Und am Ende:

- lehrbuchmäßiger Motortod mit Vollbildsymptomatik

❌ Fehlerquelle Nr. 2: Luft im System

Luft im Kühlkreislauf ist wie ein Blähbauch bei innerer Blutung - es sieht harmlos aus, bis alles kollabiert.

Warum gefährlich?

Luft kann keine Wärme transportieren. Luftblasen wirken wie Isolatoren - exakt dort, wo Wärme schnell weg müsste. Der Wärmetransport bricht lokal zusammen, während das System *global* noch "in Ordnung" scheint. Ein physikalisches Placebo.

Typische Symptome:

- Temperatur steigt nur bei Last
- Lokale Heißläufer, trotz normaler Anzeige
- Heizung wird unzuverlässig warm
- Entlüften bringt kurzfristig Besserung bis zur nächsten Blase

❌ Fehlerquelle Nr. 3: Zirkulationshölle

Der beste Kühlmittelmix bringt nichts, wenn er nicht fließt. Die Gründe? So vielfältig wie tödlich.

Hauptursachen:

- **Wasserpumpe defekt:** Flügelrad abgerissen oder Plastikräder weichgekocht - der Antrieb dreht, aber nix bewegt sich.
- **Zugesetzte Kanäle:** Rost, Ablagerungen oder Dichtmittelreste blockieren einzelne Kühlkanäle.
- **Falsch montierter Kühler:** Wer die Ein- und Ausgänge vertauscht, erzeugt eine Sackgasse - mit thermischem Massaker im Kopfbereich.

Konsequenz:

Der Motor kocht nicht laut, sondern still. Der Dampf kommt, wenn's zu spät ist. Dann kannst du entlüften, bis dir die Hände bluten aber der Schaden ist längst drin.

Diagnose Tipp:

Die Temperaturanzeige ist kein Diagnoseinstrument, sondern sie ist ein postfaktischer Seismograph. Wer echte Fehler sucht, muss den thermodynamischen Zusammenhang begreifen:

- Zirkulation ≠ vorhanden, nur weil Wasser drin ist.
- Luft ≠ harmlos, nur weil's nicht zischt.
- Temperatur ≠ normal, nur weil's die Nadel behauptet.

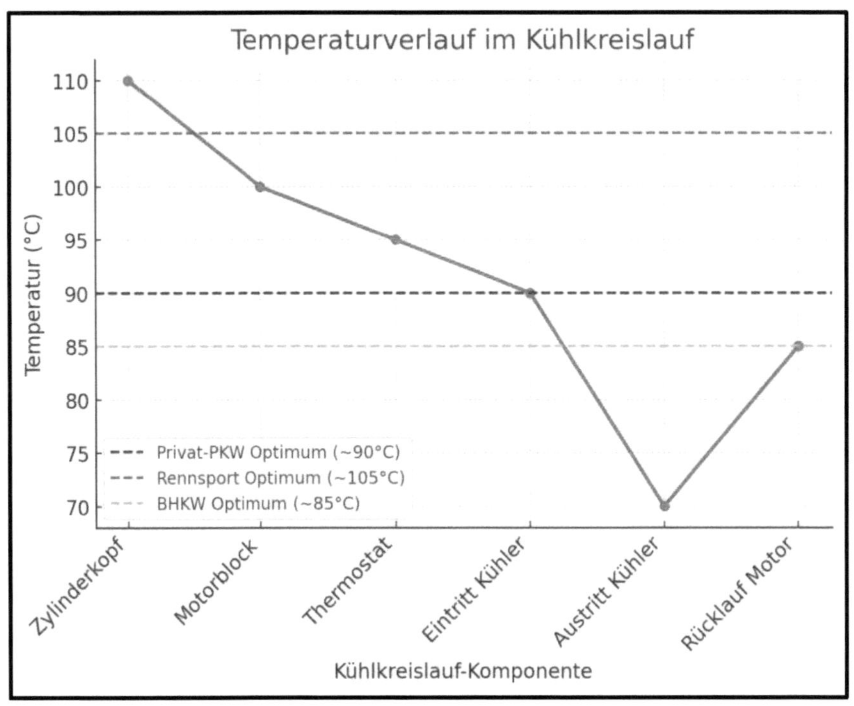

Warum das alles kein Spaß ist

Ein heißgelaufener Motor zeigt keine Gnade. Der Aluzylinderkopf verzieht sich irreversibel, Dichtungen brennen durch, und schlimmstenfalls gibt der Motor mit einem kolossalen Kolbenfresser seinen Geist auf oder deine Ventile brennen weg.

Wer glaubt, dass ein bisschen „zu heiß" noch okay ist, hat noch keinen geistigen Zugang zu diesem Fakten. Also: Temperaturen checken, Kreislauf auf Durchfluss prüfen, Luftblasen eliminieren und niemals mit einem überhitzenden Motor weiterfahren.

Wer diese Regeln nicht befolgt, wird bald mit einem Schaden in einer Werkstatt stehen, den nur ein neuer Motor lösen kann

---

7.3 Ölkühlung - Der unterschätzte Held gegen Reibungsvernichtung

Motoröl ist nicht einfach nur dazu da, Metallteile voneinander zu trennen, denn es ist DER Bestandteil des thermischen Gesamtkonzepts eines Motors. Es ist Thermomanager, Druckpuffer, Reibungskiller und dein letzter Schutzwall gegen den Hitzetod mechanischer Hochleistungsorgane.

Wo Wasser längst aufgibt, übernimmt das Öl. Es fließt durch Orte, wo kein Kühler je hinkommt. Es trifft auf Kolben, die brutale Temperaturen überstehen müssen .

Warum das Öl kühlt und nicht nur schmiert

Beim Betrieb eines Hochleistungsmotors entstehen gigantische Wärmeströme. Die Verbrennungstemperaturen liegen im Brennraum für Millisekunden bei über **2.500°C**, und während das Kühlmittel in den Zylinderlaufbahnen die Hauptlast der Wärmeaufnahme übernimmt, gibt es

Bereiche, die Wasser gar nicht erreicht und genau dort kommt das Öl ins Spiel:

- **Kolbenbodenkühlung**: Über Spritzdüsen wird das Öl gegen die Kolbenböden gespritzt, um sie zu kühlen. Ohne diese Maßnahme könnten sich die Kolben so stark ausdehnen, dass sie im Zylinder klemmen oder die Öl-Kohlenstoff-Ablagerungen zu Hotspots und Frühzündungen führen.
- **Lagerstellen (Kurbelwelle, Pleuellager, Nockenwellenlager)**: Diese Bereiche erleben extreme Druckspitzen von mehreren Tonnen pro Quadratzentimeter. Das Öl bildet einen hydrodynamischen Schmierfilm, der die Reibung reduziert und gleichzeitig als Wärmeträger fungiert.
- **Getriebe- und Differenzialkühlung (bei integriertem Ölkreislauf)**: Bei manchen Hochleistungsfahrzeugen wird das Öl zusätzlich genutzt, um Wärme aus dem Getriebe oder dem Hinterachs-Differenzial abzutransportieren.

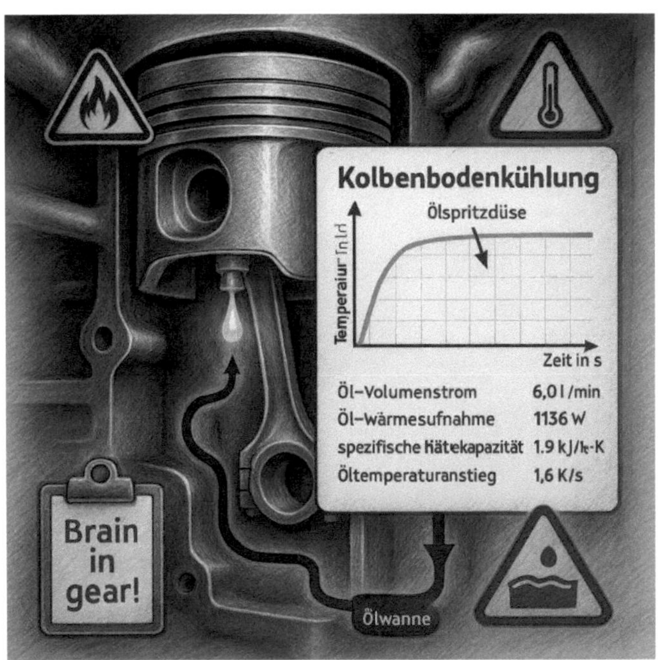

7.3.1 Wie viel Wärme transportiert das Öl wirklich?

In einem modernen BMW M3 G80 3.0L Reihensechszylinder mit Bi-Turboaufladung, der als Beispiel dient, übernimmt das Öl nicht nur die Schmierung, sondern auch eine essenzielle Rolle in der Wärmeabfuhr. Und genau hier wird es brenzlig im wahrsten Sinne des Wortes.

Der BMW M3 G80 leistet unter Volllast 510 PS (375 kW). Davon werden etwa 30-40 % als Wärmeenergie abgeführt, was einer thermischen Verlustleistung von rund 112-150 kW entspricht.

Ein erheblicher Teil dieser Energie wird über das Wasserkühlsystem abgeführt, aber auch das Motoröl spielt eine essenzielle Rolle in der Temperaturkontrolle der Lagerstellen, Kolbenböden und Nockenwellen.

Basierend auf experimentellen Daten von Hochleistungsmotoren nimmt das Öl zwischen 10-15 % der Gesamtwärmeabfuhr auf, also zwischen 11,2 kW und 22,5 kW.

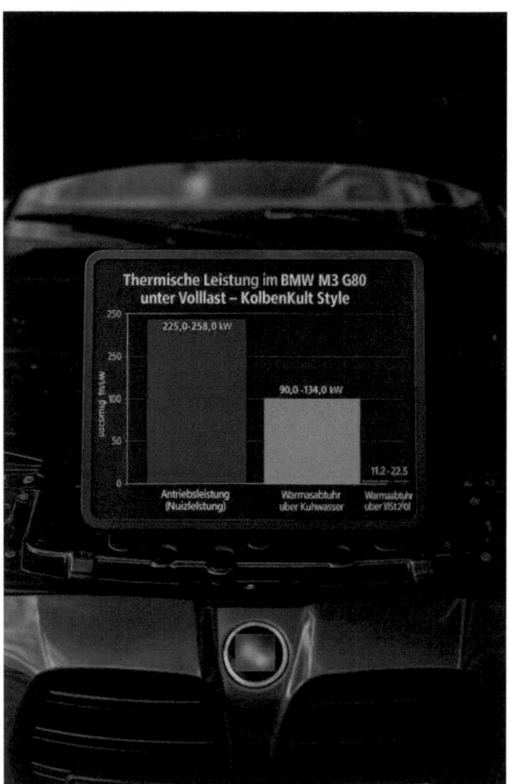

: Hinweis: Die dargestellten Werte dienen ausschließlich der Veranschaulichung eines diagnostischen Näherungsverfahrens bei unvollständiger Datenlage. Es handelt sich nicht um offizielle Herstellerangaben, sondern um ein physikalisch fundiertes Rechenmodell zur Erklärung thermischer Lastverteilungen im Motorraum. Ziel ist die praxisnahe Vermittlung methodischer Diagnosekompetenz - nicht die Abbildung exakter Werksdaten.

Wie viel Wärme dein Öl wirklich schluckt, hängt davon ab, wie du fährst, wie dein Kühlsystem durchatmet und ob dein Ölkühler nicht schon innerlich zugesetzt ist wie ein Schlaganfallpatient.

Die hier genannten Werte sind konservativ gerechnet: Volllast, Serienzustand, keine Bastelsoftware, kein Frikadellen-Tuning. Wenn du am System fummelst oder was kaputt ist, wird aus der Zahl schnell eine Zeitbombe.

7.3.2 Präzise Berechnung der Öl-Wärmeaufnahme

Um das physikalisch zu validieren, nehmen wir die spezifische Wärmekapazität von Motoröl mit

$$c = 2.1\,\frac{kJ}{kg \cdot K}$$

an und setzen eine typische Ölmenge von **10 Litern** an. Motoröl hat eine Dichte von etwa **850 kg/m³**, was für **10 Liter eine Masse von 8,5 kg** ergibt.

Die Wärmezufuhr pro Sekunde beträgt bei maximaler Belastung:
$$Q = \dot{Q} \cdot t = 22.5kW \cdot 1s = 22.5kJ$$

Der resultierende Temperaturanstieg in **einer Sekunde**:

$$\Delta T = \frac{Q}{m \cdot c} = \frac{22.5kJ}{8.5kg \cdot 2.1\,^{kJ}\big/_{(kg \cdot K)}} = 1.26K$$

Das bedeutet, dass das Öl pro Sekunde um **1,26°C ansteigt**, wenn keine Wärme abgeführt wird.

In **10 Sekunden** also **12,6°C** .*

*(Ein praxisnaher Fehlerkorrekturfaktor für die Abschätzung der Öltemperaturanstiege beträgt daher **±10-15 %**.)

Das bedeutet:

- Die berechneten 1,26 K/s könnten real 1,1-1,4 K/s betragen.
- Der 10-Sekunden-Wert von 12,6°C könnte real zwischen 11,3 und 14,5°C liegen.**)**

Fehlerkorrekturfaktor und Unsicherheiten

Da uns keine vollständige thermodynamische Modellierung des M3 G80 vorliegt, müssen wir mit einem Fehlerkorrekturwert arbeiten. Denn so gern wir mit Formeln jonglieren wie ein Physikprofessor mit Koffeinüberschuss, in der Praxis ist ein Motor kein steriles Laborobjekt. Und schon gar kein gläserner Versuchsträger, der dir brav seine innersten Werte preisgibt. Deshalb arbeiten wir, wie in jeder sauberen Diagnose mit Fehlerkorrekturfaktoren.

Hier die größten Unsicherheiten, klar benannt:

- **Wärmeübergangskoeffizienten des Öls:**
  Diese kleinen Biester hängen stark von der Fließgeschwindigkeit und dem Strömungsprofil ab. Laminare Strömung, turbulente Wirbel, Totzonen, dieses bedeutet, im Ölkreislauf passiert mehr als in manchem Tatort-Drehbuch. Die Folge: Der reale Wärmeabtransport schwankt und lässt sich hier nur schätzen, nicht exakt bestimmen. Als grober Richtwert für dich: für turbulente Ölströmung in Lagergängen liegen sie bei ca. $100-300\,\frac{W}{m^2 \cdot K}$, je nach Geometrie und Viskosität.

- **Messungenauigkeit durch Sensorpositionierung:**
  Du glaubst, dein Sensor zeigt dir die Wahrheit? Falsch gedacht. Viele Sensoren messen dort, wo es *einfach* ist und nicht da, wo es *sinnvoll* ist. Die wahren Temperaturspitzen toben im Schatten: in Pleuellagern, in der Kolbenbolzenregion oder im Inneren der Turbowelle, da, wo kein Sensor je freiwillig wohnen will.

- **Verhalten von Motoröl-Additiven bei hohen Temperaturen:**
  Additive sind wie Geheimagenten im Öl: leistungsstark, komplex, und oft unberechenbar. Manche zersetzen sich ab 160 °C, andere bilden Ablagerungen oder verändern die Viskosität. Und genau das beeinflusst deine Rechnung, denn die Wärmetransportfähigkeit deines Öls kann sich im Lauf der Zeit verändern, ohne dass du es merkst.

7.4 Ölüberhitzung: Ab wann wird es kritisch?

Die Viskosität eines Öls hängt stark von der Temperatur ab. Moderne synthetische Öle (z. B. 5W-40 oder 10W-60) sind so formuliert, dass sie bis etwa 160°C noch stabile Schmierfilme aufrechterhalten können. Dennoch nimmt die Scherstabilität oberhalb von 140°C rapide ab.

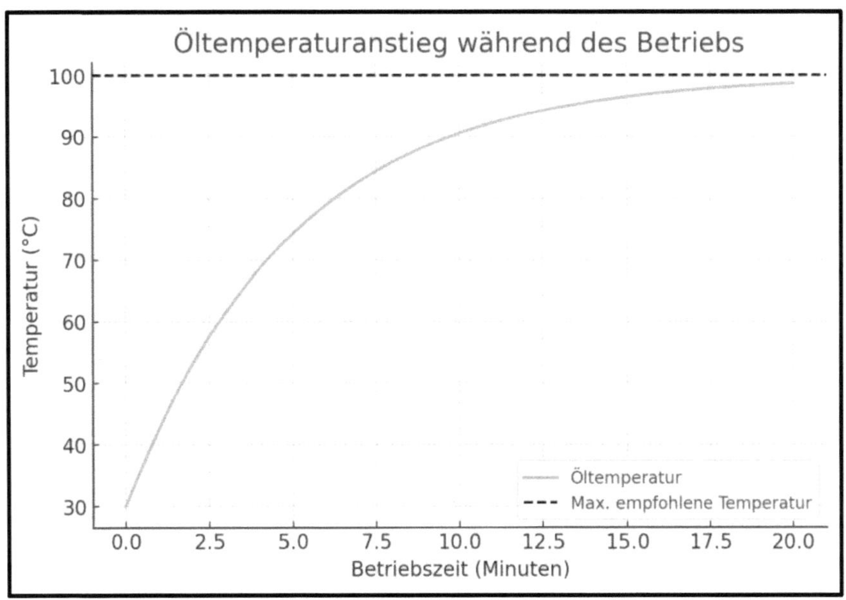

Besonders problematisch sind lokale Temperaturspitzen, etwa in Kolbenringen oder Lagerstellen, wo das Öl verdampfen oder karbonisieren kann. Die thermische Belastungsgrenze wird also nicht durch eine einheitliche Öltemperatur definiert, sondern durch lokale Hotspots, die den kritischen Punkt von 180°C-200°C überschreiten können.

Wenn die Ölkühlung nicht mehr funktioniert oder verstopft ist, treten folgende Szenarien auf Thermische Wechselwirkungen:

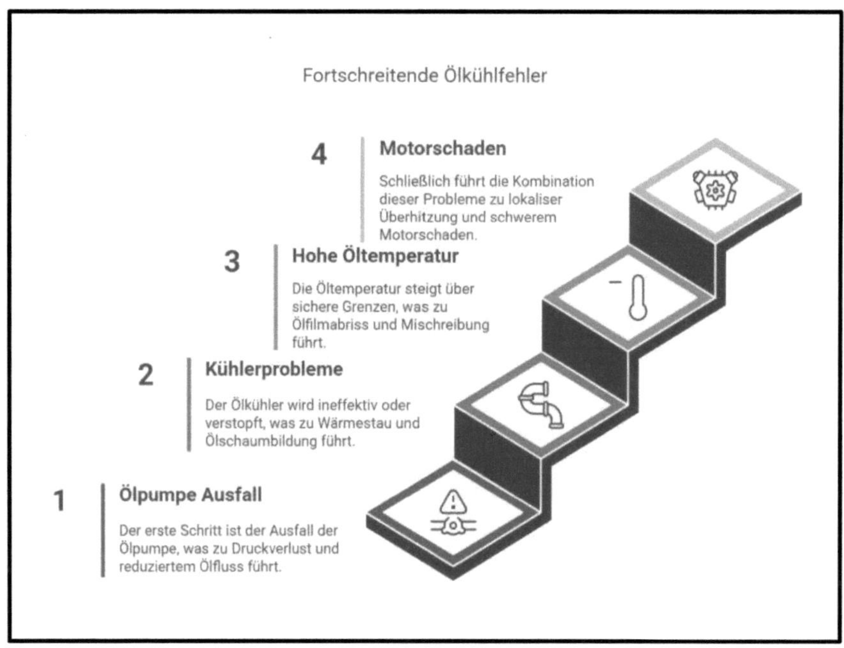

7.4.1 Wasser- vs. Ölkühlung

- **Wasserkühlung**: Übernimmt **60-70 %** der Gesamtwärmeabfuhr, insbesondere von Kopf und Block.
- **Ölkühlung**: Übernimmt **10-15 %**, maßgeblich für bewegliche Teile wie Lager, Kolbenböden, Pleuelbuchsen.

- **Ladeluft- und Abgaskühlung:** Tragen mit 5-15 % zum Wärmemanagement bei.

7.4.2 Die Stellschrauben der Ölkühlung:

Ein zugesetzter Ölkühler ist ein schleichender Mörder. Ablagerungen, Schlamm oder alter Ölkohlebelag im Kühlerinneren reduzieren die Wärmeabfuhr exponentiell. Das Öl zirkuliert weiter, aber es trägt die Hitze nicht mehr richtig ab. Die Temperatur steigt, die Viskosität bricht ein, der Schmierfilm reißt. Und was folgt, ist ein Flächenbrand an Bauteilversagen.

Öldruck ist mehr als nur eine Zahl auf dem Manometer. Zu wenig Druck bedeutet nicht nur zu wenig Öl in den Lagern, sondern auch mangelnde Kühlung. Ein erhitztes Pleuellager kann in Sekunden versagen, weil die Ölbarriere durch mikrofeine Kavitation zusammenbricht.

Wer sich nur auf eine Warnlampe verlässt, wenn der Druck einbricht, hat den Beruf verfehlt. Diagnose beginnt hier mit einer präzisen Messung von Öltemperatur und Druck in verschiedenen Lastzuständen.

7.4.3 Falsches Öl – Die tödliche Transfusion

Öl ist nicht gleich Öl. Es ist auch nicht „irgendein Schmierstoff". Es ist die Lebensflüssigkeit deines Motors mit einer spezifischen Rezeptur, die so präzise abgestimmt sein muss wie eine Bluttransfusion im OP.

Denn was passiert, wenn du einem Menschen mit Blutgruppe 0 negativ eine Transfusion mit AB positiv verpasst? Richtig, das Immunsystem dreht durch, die roten Blutkörperchen platzen reihenweise, und der Patient stirbt qualvoll an einem Schock, der hausgemacht ist.

Und genau das passiert mit deinem Motor, wenn du ihm das falsche Öl einfüllst. Nur langsamer. Und schleichender. Aber mit demselben Ergebnis.

Denn hinter der Viskozitätsangabe steht nicht nur eine Zahl. Es steht ein komplettes Additivpaket dahinter mit Verschleißschutz, Schaumverhalten, Alterungsstabilität, Reinigungsvermögen und thermischer Belastbarkeit. Und dieses Paket ist abgestimmt auf genau diesen Motortyp, auf Kolbenspiel, Lagerdrücke, Turbowellen, Kettenspanner. Eine BMW-LL-04-Freigabe ist kein Marketingsiegel, sondern eine medizinische Indikation.

Füllst du stattdessen irgendein Öl mit „ungefähr gleichem" Stempel ein, bekommst du exakt das, was ein Chirurg bei der falschen Blutgruppe bekommt: eine dramatische Abwehrreaktion. Nur dass sie sich hier in Form von:

- Ablagerungen an heißen Stellen,

- versagendem Schmierfilm bei Hochlast,

- verharzenden Additiven,

- verkokten Kolbenringen

- und thermisch überforderten Lagern äußert.

Das Resultat? Kein Schlaganfall, sondern ein Kolbenklemmer.

7.5 Differenzialdiagnose Motoröl

7.5.1 ◌ Hitzestau durch falsche Richtung

Symptom:

Die Lagersitze werden so heiß, dass du damit eine Schweißnaht ziehen könntest, aber die Motortemperaturanzeige?

Bleibt seelenruhig irgendwo bei 92 °C stehen.

Willkommen in der Hitzefalle.

Wissenschaftlich:

Ein Plattenwärmetauscher ist auf eine definierte Strömungsrichtung angewiesen, damit Turbulenzen erzeugt und Grenzschichten durchbrochen werden. Dreht man die Richtung um, „laminiert" der Fluss und die Wärme bleibt im Öl. Gleichzeitig können Ablagerungen wie Öl-Koks oder metallische Flocken die feinen Kühlkanäle zusetzen, vor allem bei älteren Motoren oder falschem Öl.

Ursachen im Klartext:

- Plattenwärmetauscher verkehrt montiert → das Öl fließt „falsch herum" durch den Wärmetauscher, was die Kühlleistung halbiert.
- Innenverkrustung → Der Querschnitt wird so klein wie der Geduldsfaden eines Prüfstandsingenieurs.

Konsequenz:

Du fährst, das Öl brodelt lokal in den Lagern, der Schmierfilm wird dünner als ein Politiker-Versprechen.

Ergebnis:

Schmierfilmabriss, Lagertod, kapitaler Motorschaden, alles bei „normaler" Wassertemperatur.

Du hast vielleicht alles richtig angeschlossen, nur eben falsch rum.

7.5.2 ⚠ Öldruck-Achterbahn

Symptom:

Der Öldruck zickt rum. Mal ist er da, mal nicht. Besonders bei Lastwechseln tanzt die Anzeige Cha-Cha. Für viele nur ein elektrischer Spuk aber in Wahrheit das erste Trommeln der Apokalypse.

Wissenschaftlich:

Hydraulik lebt von Kontinuität. Druck entsteht nur, wenn das Medium inkompressibel ist, sprich: Flüssigkeit, nicht Luft. Gelangt aber Luft ins Öl (z. B. durch Leckagen, Verwirbelungen oder thermische Entgasung), wird aus Druck ein Glücksspiel. Und weil Luft so gut wie keine Wärme leitet, versaut sie nicht nur die Druckstabilität, sondern auch die gesamte Temperaturbalance im Lager.

Ursachen, die dich wachrütteln sollten:

- **Luftblasen im Ölkreislauf** - entstehen durch Kavitation, Undichtigkeiten, falsche Ölwanne oder mies geplante Rücklaufstrecken.
- **Feine Risse im Ölkühler** - bei Kaltstart noch harmlos, doch bei Temperatur dehnen sich die Risse → Ölverlust → Druckabfall.

Konsequenz:

Du denkst, dein Motor ist gesund, weil du keine Pfütze siehst. Doch intern reißt der Schmierfilm im Lager wie Butter in der Mikrowelle. Mischreibung, Metallkontakt, plastische Verformung und am Ende läuft dein Lager nicht mehr, es schabt. Endstation: Totalschaden.

7.5.3 💧 Wenn die Öltemperatur steigt und keiner weiß warum

Symptom:

Der Motor läuft, die Ölpumpe rotiert brav, der Druck stimmt und trotzdem klettert die Öltemperatur unaufhaltsam. Als würde jemand heimlich einen Brenner ins Kurbelgehäuse halten.

Wissenschaftlich:

Eine Ölpumpe ist kein Kühler, sie bewegt das Öl, aber sie entzieht ihm keine Wärme. Wenn das Öl nicht effizient über einen Wärmetauscher abgekühlt wird, bleibt die Temperatur hoch, egal wie gut der Druck ist. Noch perfider wird's, wenn Kühlmittel durch eine defekte Dichtung ins Öl drückt: Dann verändert sich die Wärmeleitfähigkeit und Viskosität des Öls - und das System sieht nur scheinbar gesund aus.

Ursachen, die du besser nicht ignorierst:
- **Verstopfter Ölkühler** - innen zugesetzt durch Ölkohle, Schlamm oder Rückstände. Ergebnis: Der Wärmetauscher wird zur Wärmesperre.
- **Kühlmittelleck im Ölkreislauf** - über poröse Dichtungen oder Mikrorisse dringt Wasser ins Öl → Emulsion → Thermo-GAU.

Konsequenz:

Die Kolbenböden sehen Temperaturen, für die es in der Hölle Applaus gäbe. Der Schmierfilm wird immer dünner, der Ölfilm reißt und du hast plötzlich metallische Intimität zwischen Kolben und Pleuel.

Wenn du Glück hast, ist es nur ein Kolbenfresser. Wenn du Pech hast, siehst du ihn durch das Kurbelgehäuse blinzeln.

7.5.4 🔧 Öltemperatur steigt extrem schnell oder bleibt verdächtig niedrig

Symptom:

Öltemperatur reagiert unnatürlich: Entweder zu schnell ansteigend oder konstant zu niedrig.

Wissenschaftlich:

Die Temperaturdynamik von Öl ist ein fein getaktetes Zusammenspiel aus Wärmeeintrag und Wärmeabfuhr. Wenn das Öl zu schnell heiß wird, stimmt etwas mit der Kühlung nicht. Bleibt es dagegen dauerhaft zu kalt, fehlt dem Motor die nötige Viskositätsanpassung, denn Öl braucht Temperatur, um richtig zu fließen. Beides bringt die Schmierung aus dem Gleichgewicht.

Die wahren Übeltäter:

- **Defektes Thermostatventil** im Ölkühlsystem: Hängt es offen, bleibt das Öl zu kalt. Hängt es geschlossen, gibt's Hitzestau. Beides tötet langsam aber sicher.

- **Falsche Kühlmittelmischung mit zu viel Glykol**: Klingt harmlos, ist aber Gift fürs Wärmemanagement. Glykol isoliert bei zu hoher Konzentration - das Kühlmittel wird träge, die Hitze bleibt im System stecken.

Konsequenz:

- **Zu kaltes Öl:** Wird zur zähen Masse, die nicht mal einen Kugelschreiber schmieren könnte. Der Druck steigt, aber nichts kommt dort an, wo's gebraucht wird.

- **Zu heißes Öl:** Verliert seine Viskosität, der Schmierfilm reißt, Lager laufen trocken und der Motor stirbt den qualvollen Hitzetod.

7.5.5 Plötzlicher und unerklärlicher Öldruckabfall

Symptom:
Öldruck fällt abrupt, obwohl kein Leck sichtbar ist.

Wissenschaftlich:

Ein konstanter Öldruck ist das Rückgrat jeder Schmierung. Fällt dieser schlagartig, ohne erkennbare Undichtigkeit, steckt fast immer ein interner Totalausfall dahinter. Die Hauptverdächtigen: Dampfblasen oder Blockaden im Ölstrom. Beide tödlich.

Mögliche Ursachen:

- **Ölkavitation:**
  Wenn Öl zu heiß wird, verdampft es lokal. In Hochdruckzonen wie der Pumpe entstehen Dampfblasen - die komprimierbar

sind, im Gegensatz zu Flüssigkeit. Ergebnis: Kein Druck, kein Fluss, keine Schmierung.

- **Zugesetzte Ölsiebe oder Kanäle:**
  Ölkohle, Schlamm oder metallischer Abrieb können die Ansaugung blockieren. Die Pumpe dreht zwar, aber saugt nur an sich selbst - wie ein Staubsauger im Vakuum.

Konsequenz:

- Binnen Sekunden reißt der Schmierfilm an den empfindlichsten Stellen - Pleuellager, Nockenwelle, Turbolager.
- Metall trifft Metall. Keine Gnade, keine Verzögerung.
- Der Motor läuft weiter, aber technisch ist er schon tot. Du hörst's nur noch nicht.

7.5.6 🜂 KATASTROPHENSYMPTOM #1: Spontaner Ölkohle-Ausbruch

Symptom:

Der Ölfilter sieht aus, als hätte jemand Grillkohle reingeschüttet und zwar hart, schwarz, krustig. Und das, obwohl der letzte Ölwechsel kaum zwei Wochen her ist.

Wissenschaftlich:

Wenn Öl lokal überhitzt, passiert etwas Heimtückisches: Es karbonisiert. Die organischen Bestandteile zerfallen thermisch und zurück bleibt Ölkohle. Diese festen Rückstände sind chemisch extrem stabil und haften bevorzugt dort, wo es ohnehin schon heiß ist. Im Bereich der Kolbenringe, Ölrücklaufbohrungen und Lagern bilden sie regelrechte Barrieren, thermisch und hydraulisch.

Mögliche Ursachen:

- **Lokale Überhitzung:**
  Kolbenböden, Turboachsen oder Lagerschalen geraten durch
  Hitzestaus aus dem thermischen Gleichgewicht. Das Öl zersetzt
  sich punktuell.
- **Falsches Motoröl:**
  Wenn du Suppe fährst, die bei 140 °C schon aufgibt, brauchst
  du dich nicht wundern. Additivpakete versagen, das Öl bricht
  chemisch zusammen, die Rückstände lagern sich ab.

Konsequenz:

- Die feinen Kanäle zu den Ölabstreifringen setzen sich zu - das Öl staut
  sich, überhitzt erneut, es entsteht ein Teufelskreis.
- Der Schmierfilm reißt auf, die Gleitreibung wird zur Mischreibung -
  dann zum metallischen Kontakt.
- Zylinderwand und Kolben sagen sich gegenseitig "gute Nacht".
- Endstation: Kolbenfresser mit schwarzer Signatur.

> **KolbenKult**
>
> Ölkohle ist nicht einfach Dreck. Sie ist der verkokte Beweis, dass
> du thermisch die Kontrolle verloren hast.

7.5.7 ◉ KATASTROPHENSYMPTOM #2: Ölschlamm-Anhäufung trotz frischem Öl

Symptom:

Du ziehst den Peilstab und statt goldgelbem Schmiermittel kommt dir ein

schokoladenfarbener, zäher Brei entgegen und das, obwohl der letzte Ölwechsel frisch ist. Willkommen in der Sludge-Hölle.

Wissenschaftlich:
Ölschlamm ist das Ergebnis aus unvollständiger thermischer Zersetzung,
chemischer Instabilität und Feuchtigkeitseintrag. Ein Mix aus verkokten
Additiven, Oxidationsprodukten und eingetragenem Wasser oder Kraftstoff. In Fachkreisen: ein kolloidales Massengrab der Schmierstoffche-
mie.

Man unterscheidet:
- ❖ **Heißschlamm:** Entsteht bei überhitzten Ölpartien ohne ausrei-
  chende Sauerstoffzufuhr. Extrem klebrig, harzartig, gefährlich.
- ❖ **Kaltschlamm:** Durch Kurzstreckenbetrieb oder Kondensation -
  meist grau-braun, pastös und zäh wie Hirnschmalz bei Frost.

Mögliche Ursachen:
- **Wasser- oder Kraftstoffeintrag:**
  Undichte Injektoren, Blow-by, defekte Zylinderkopfdichtung -
  sie alle sorgen für einen Chemiecocktail im Öl, den kein Addi-
  tivsystem lange aushält.
- **Falsches Öl oder Additivierung:**
  Minderwertige Öle oxidieren schneller, verlieren ihre Detergen-
  zien - der Schmutz bleibt im System, das Öl klumpt aus.

Konsequenz:
- Ölkanäle werden zu Röhren für Betonmörtel.
- Der Ventiltrieb bekommt statt Schmierung eine Spa-Behand-
  lung mit Schlamm.
- Turbolager laufen heiß und gehen krachend über den Jordan.
- Der Schmierkreislauf wird träge, Temperatur steigt, Viskosität
  bricht ein und somit naht das Ende naht schleichend, aber si-
  cher.

7.5.8 ⬭ Bonus: KATASTROPHENSYMPTOM #3: Überhitzung in der Axiallagerung des Turbos

Symptom:

Plötzlich steigende Turbinentemperaturen, obwohl der Ladedruck stabil bleibt.

Wissenschaftlich:

Das Axiallager im Turbolader ist ein Hochpräzisionsbauteil, das unter rotierenden Massen bis zu 200.000 U/min steht und bei Temperaturen, bei denen andere Lager längst flüssig wären. Die Lagerfläche ist winzig, die Reibungsenergie dafür gnadenlos. Wird hier nicht genug Wärme abgeführt, steigt die Temperatur *lokal* in wenigen Sekunden auf Werte jenseits der 250 °C. Ergebnis:

Ölfilm reißt.

Reibung wird metallisch.

Das Axiallager stirbt schneller als du „Verdichtergehäuse" sagen kannst.

Mögliche Ursachen:

- **Zu geringer Öldurchsatz im Lagerbereich:**
Verengungen durch Koks, Schmutz oder Ablagerungen drosseln den Fluss. Der Turbo läuft thermisch trocken.

- **Abgasgegendruck durch verstopften DPF:**
  Der Turbolader wird zur Hitzefalle. Rückstau drückt auf die Lagerkammer - das Öl wird gegrillt statt gekühlt.

Konsequenz:

- Axiallager schmilzt, Spiel steigt → Turbinenrad schleift am Gehäuse.
- Schmierfilm bricht zusammen → rotierende Masse schlägt direkt in die Lagerflächen.
- Endstadium: **Selbstzerstörung der Turbine.** Explodiert nicht laut, aber teuer.

7.5.9 🌢 Bonus: KATASTROPHENSYMPTOM #4: Partielle Ölmangel-Zonen trotz vollem Ölstand

Symptom:

Einzelne Lagerstellen zeigen Verschleiß, obwohl Ölstand und Druck normal erscheinen.

Wissenschaftlich:

Der Ölkreislauf ist kein Rohrpostsystem, sondern ein komplexer Thermo-Hydraulik-Parcours mit Abzweigungen, Engstellen, Temperaturzonen und Rückflusspunkten. Wenn sich dort die Strömungsprofile etwa durch Ablagerungen, Geometrieänderungen oder Ölalterung ändern, entstehen sogenannte Totzonen. Dort kommt zwar noch *irgendein* Öl an, aber nicht genug. Besonders tückisch:

- **Kavitation & Drosselzonen** bei hohem Lastwechsel.
- **Veränderte Viskosität** durch Additiv-Abbau oder Kraftstoffeintrag.

Das Öl ist dann zwar da, aber nicht *da*, wo es sein muss. Und damit beginnt der **T**odeskampf im Mikrometermaßstab.

Mögliche Ursachen:

- **Ungünstige Strömungsführung:**

  Besonders bei nachgerüsteten Ölkühlern oder schlecht designten Rücklaufwegen.

- **Viskositätsverfall durch Alterung:**

  Hitze + Zeit + Shear = Öl wird zu dünn, kriecht nicht mehr an die Hotspots.

Konsequenz:

- Lokale Schmierfilmabrisse, besonders an Gleitlagern, Ventiltrieben oder Kolbenbolzenaugen.

- Der Motor stirbt nicht laut, sondern leise.

  Nicht mit einem Knall, sondern mit einem metallischen Flüstern.

7.5.10 ⚕ Diagnose-Fazit:

Die Ölkühlung ist kein lautes Bauteil. Sie schreit nicht, sie blinkt nicht - sie stirbt leise.

Und genau das macht sie so gefährlich.

Alle hier beschriebenen Symptome wirken auf den ersten Blick harmlos oder unspezifisch.

Ein bisschen zu hohe Öltemperatur. Ein Öldruckwert, der "manchmal spinnt". Ein Filter mit ein paar schwarzen Krümeln.

Doch in Wahrheit bist du hier nicht auf Fehlersuche, du jagst einem Phantom nach, das schon angefangen hat, den Motor von innen zu zerfressen.

Und genau das ist der perfide Trick:

- ➢ Die Symptome überlappen sich.

- ➢ Die Ursachen sind unterschiedlich.

- ➢ Die Konsequenz ist immer dieselbe: thermischer Totalschaden im Verborgenen.

Ein Hitzestau im Lager kann von einem verdrehten Wärmetauscher kommen. Oder von Luftblasen. Oder von Ölalterung.
Ein Öldruckabfall kann ein Riss, Kavitation oder Ölschlamm sein.

Wer hier nicht *differenzialdiagnostisch* denkt, wer nicht mit System arbeitet, **vertauscht Ursache und Wirkung und landet in der Werkstatt-Rate-Hölle.**
Das KolbenKult-Protokoll ist ein Diagnose-Skalpell:

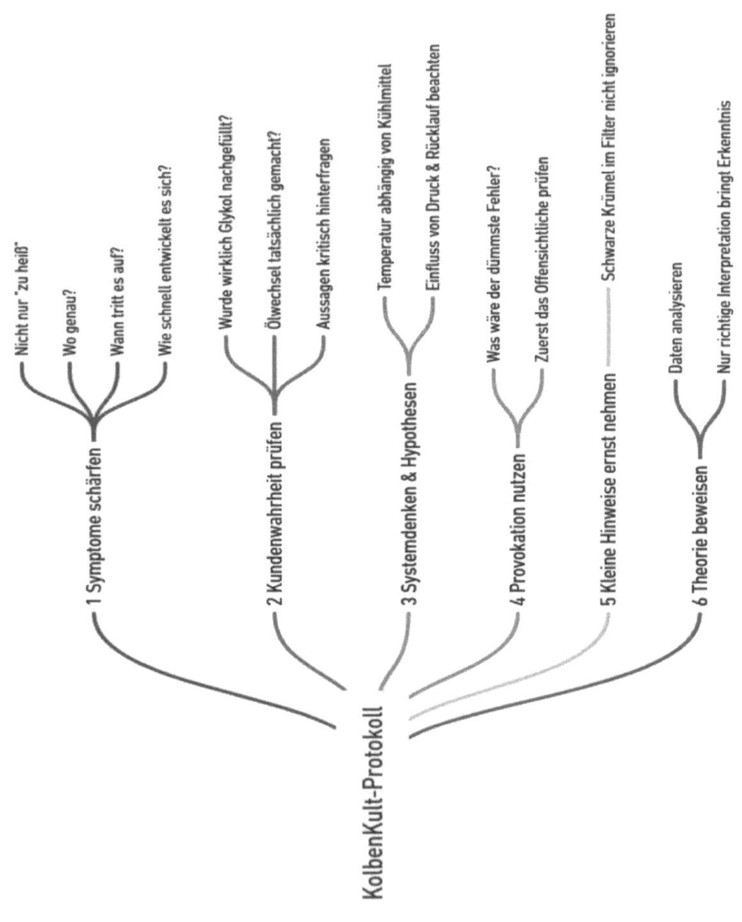

🔥 7.6 Ventilkühlung - Wenn ein Bauteil gegen die Hölle kämpft

▪️ Wissenschaftlich:

Ein Motorventil wird im Betrieb von innen wie außen gegrillt:

Verbrennungsgase mit bis zu 1.000 °C strömen über den Teller.

Die Wärme muss über eine Fläche von 2-3 cm² an den Sitz abgeführt werden.

Ein Motorventil öffnet und schließt unter 1.000 °C, 3.250 Mal pro Minute. Und jetzt halte dich fest:

Ein menschliches Herz macht das Gleiche, nur eben 70 Jahre lang. Ohne Pause. Ohne Ölwechsel. Und ohne jemals zu meckern. *(im Ideal)*

Bei 70 Schlägen pro Minute sind das über 2,5 Milliarden präzise Zyklen im Leben eines Menschen.

Aber fütter dein Herz mal mit Nikotin, Transfetten und Zucker und du hast exakt das, was in einem Motor passiert, wenn du ihn mit Billigöl, falscher Viskosität und verkoktem Additiv-Matsch laufen lässt. Die Kanäle verstopfen, die Kühlung bricht ein und dann ist Feierabend. Egal ob im Brustkorb oder im Zylinderkopf.

Gleichzeitig schlägt das Ventil 54-mal pro Sekunde auf 3.250 Zyklen/min bei 6.500 U/min.

Rechenbeispiel für die Energieübertragung:

Bei einer durchschnittlichen Abgastemperatur von 850 °C und einem

Wärmeübergang von nur $20\,\frac{W}{(cm^2 K)}$ ergibt sich für 2 cm² Ableitfläche und

$\Delta T = 600K,\ \dot{Q} \approx 24W \, x \, 600K = 14,4kW$ die permanent abgeführt

werden müssen → durch eine Fläche kleiner als eine Ein-Euro-Münze.

Wenn diese Kühlkette unterbrochen wird (schlechter Sitzkontakt, zu kleines Spiel, Ölkohle): Materialversprödung, Mikrorisse, Höllenfeuer.

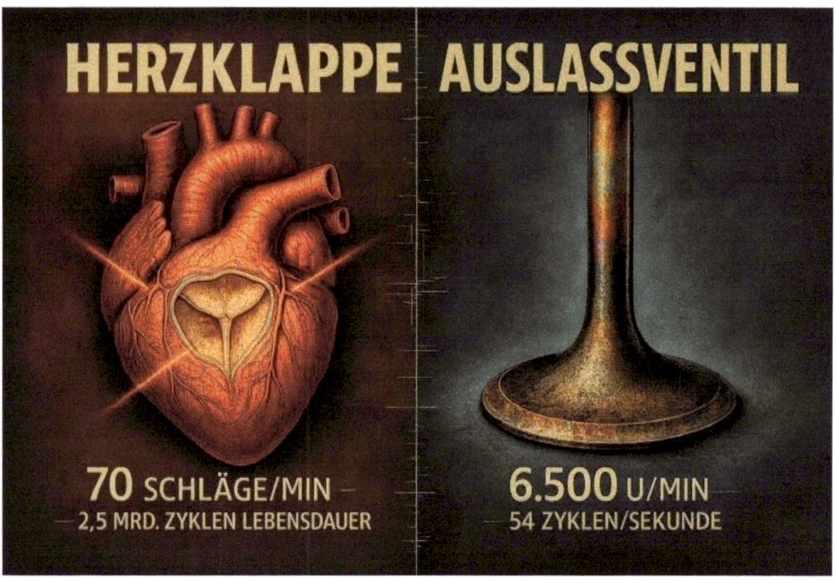

7.6.1 Symptome & Schäden

Zu kleines Ventilspiel:

Ventil schließt nicht sauber, kein Kontakt = keine Kühlung.

Symptome: Unruhiger Leerlauf, erhöhter NOx, Leistungsverlust, thermischer Burnout im Ventilbrenner

Zu großes Spiel:

Klackern, Leistungseinbußen, hohe Kräfte beim Aufsetzen = Sitz bricht, Teller deformiert

Zu großes Führungsspiel:

Ventil verkippt, setzt nicht zentrisch - Hitzenester entstehen.

Im schlimmsten Fall: **Ventilbruch + Kolbenkontakt**

Ventilführungsfresser:

Ölmangel oder mangelhafter Schmierfilm → Festfressen → Ventil bleibt stehen → **Kollisionskurs**

7.6.2 Diagnosekiller mit Zahlen

Brennteller-Versagen (Ventilbrenner):

Lokale Überhitzung = >1.200 °C → Material schmilzt, Sitzfläche reißt auf.

Ventilspiel kritisch, wenn:

Reduktion durch Wärmedehnung: bis zu 0,2 mm während Warmlauf.

Spiel kleiner als 0,1 mm bei heißem Motor → potenziell katastrophal.

Ventilgeschwindigkeit:

Ein Auslassventil in einem Hochleistungsmotor legt pro Zyklus je nach Hub rund 10 mm zurück. Das klingt so lange nach wenig, bis man weiß: Bei 6.500 U/min bedeutet das rund 1,17 m Hubweg pro Sekunde beschleunigt und abgebremst in Millisekunden.

Die Spitze?

Ventilmittelgeschwindigkeiten von bis zu $1,2\,\frac{m}{s}$ und mit Maximalwerten über $2,5\,\frac{m}{s}$ beim Aufsetzen .

Ventilfederkräfte und Trägheit:

Die Rückstellkräfte einer Auslassventilfeder liegen im heißen Betrieb teils bei 400-600 N und bei Mehrventiltechnik sogar noch höher .

Das klingt nach „geht schon", bis man realisiert:

Das entspricht dem Gewicht eines ausgewachsenen Kalbes pro Ventil. Und das Ganze 3.250 Mal pro Minute.

Jetzt multiplizier das mal mit 24 Ventilen eines V6-Biturbos.

Dann weißt du, was echte Arbeit ist.

Kapitel 8 Elektrik

Der unsichtbare Feind

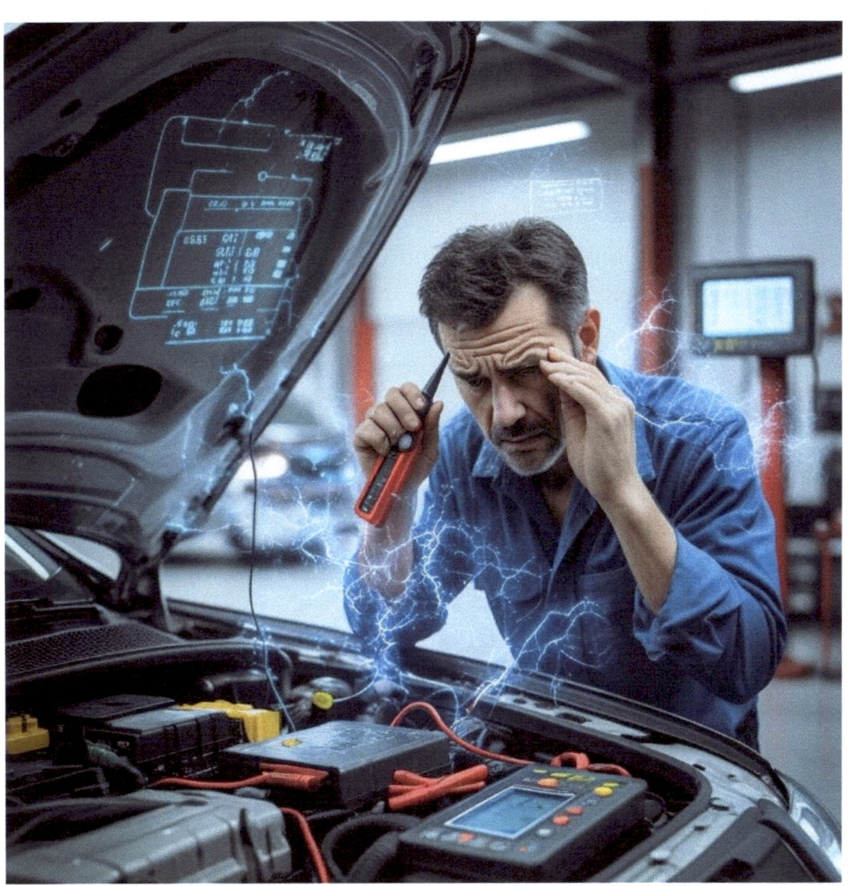

Elektrische Fehler sind die Sniper unter den Motorproblemen. Sie hinterlassen keine offensichtlichen Spuren, keine zerfetzten Pleuelstangen oder verrauchten Kolbenböden. Sie wirken im Verborgenen, lautlos, tückisch. Bis auf einmal das Steuergerät durchdreht, der Motor grundlos in den Notlauf geht oder die Sicherungen reihenweise abfackeln. Dann stehst du da, mit deinem Multimeter in der Hand, als würdest du versuchen, blind einen schwedischen Schrank zusammenhämmern zu wollen.

Und genau da beginnt das Problem: Die meisten Mechaniker kämpfen nicht gegen Elektrik, sie ergeben sich ihr. „Wird schon das Steuergerät sein", murmeln sie und tauschen blind Teile. Sensor hier, Relais dort, irgendwann wird's schon funktionieren. Aber das ist keine Diagnose. Das ist Mystik.

Du willst wissen, was echte Diagnose ist? Es ist das Sezieren eines Problems bis auf die blanke Wahrheit. Elektrik ist gnadenlose Physik. Sie macht keine Fehler, nur der Mensch, der sie nicht versteht.

8.1 MASSE - DAS UNTERSCHÄTZTE RÜCKGRAT DER ELEKTRIK

Masse. Ein Wort, das in Werkstätten so beiläufig fällt, als wäre es eine Selbstverständlichkeit, wie Luft oder Wasser. Jeder benutzt es, keiner hinterfragt es. „Hast du Masse geprüft?" , eine Frage, die oft so planlos in den Raum geworfen wird, dass man sie eigentlich mit einem herzhaften Augenrollen quittieren sollte.

Denn die Wahrheit ist: **Die meisten Leute haben keine Ahnung, was Masse wirklich ist.**

Sie denken, Masse sei einfach „Minus", eine Art mystische Energieabsaugstelle, in der sich der Strom in Luft auflöst. Manche glauben sogar, dass Masse einfach „die Karosserie" ist. Und das ist genau der Grund, warum in Werkstätten Steuergeräte oder ähnlicher Scheiß sinnlos getauscht

WAS MASSE IN DER FAHRZEUGELEKTRIK TATSÄCHLICH MACHT

In modernen Fahrzeugen ist Masse nicht einfach ein „Minuspol", sondern ein durchdachtes, komplexes Netzwerk für stabile Stromrückführung.

1. Rückfiihrung des Betriebsstroms

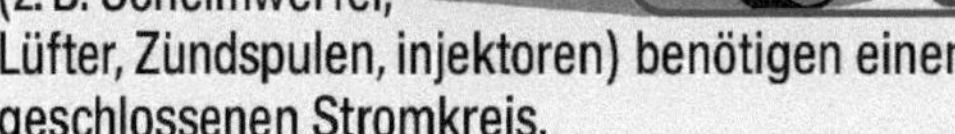

- Alle elektrischen Verbraucher im Fahrzeug, (z. B. Scheimwerfer, Lüfter, Zündspulen, injektoren) benötigen einen geschlossenen Stromkreis.
- Statt für jeden Stromkreis eine eige Rückleitung zum Batterie-Minus zu ziehen, nutzt man die Karosserie als gemeinsamen Rückleiter — ein gigantisches Ruckleiter — ein gigantisches Massekabel.

2. Potenzialreferenz für Sensoren

- Jedes Sensorsignal braucht eine stabile Referenz — und die ist Masse.
- Ob Druck, Temperatur oder Drehzahl: Alle Werte entstehen aus Spannungsdifferenzen, die sich auf Masse beziehen.

3. Schutz vor Überspannung und Störungen

- Massepunkte übernehmen auch die Funktion einer Abschirmung gegen elektromagnetische Storungen.

werden, weil niemand versteht, warum das verdammte Ding nur noch Datenmüll produziert.

Also, Schluss mit Halbwissen. Hier kommt die absolute Wahrheit über Masse in der Fahrzeugelektrik.

8.1.1 MASSE IST EIN BEZUGSPUNKT

Masse ist kein schwarzes Loch für Elektronen, sondern schlicht der elektrische Bezugspunkt für ein System. Ohne Masse gibt es keine definierten Spannungen, keine stabilen Signale, keine saubere Sensorik.

Kurz: keine funktionierende Fahrzeugelektrik.

Ein paar physikalische Fakten:

- **Elektrischer Strom fließt nicht ins Nirgendwo.** Er braucht immer einen geschlossenen Stromkreis.

- **Masse ist die gemeinsame Referenz für alle elektrischen Komponenten.** Sie definiert die „Null-Linie", gegen die alles andere gemessen wird.

- **Masse hat in einem idealen Zustand einen Widerstand von genau null Ohm.** Jede Abweichung davon ist ein Problem.

Ohne eine saubere Masseverbindung passiert Folgendes:

- **Sensorwerte driften ins Absurde.** Ein Temperatursensor, der bei kaltem Motor plötzlich 200°C misst? Gratulation, dein Massepunkt ist Schrott.

- **Steuergeräte interpretieren Signale falsch.** Und nein, das liegt nicht am Steuergerät selbst, sondern an der fehlenden Referenz.

- **Aktuatoren reagieren verzögert oder gar nicht.** Einspritzdüsen, die nur noch halbherzig arbeiten oder ganz still bleiben? Masse.

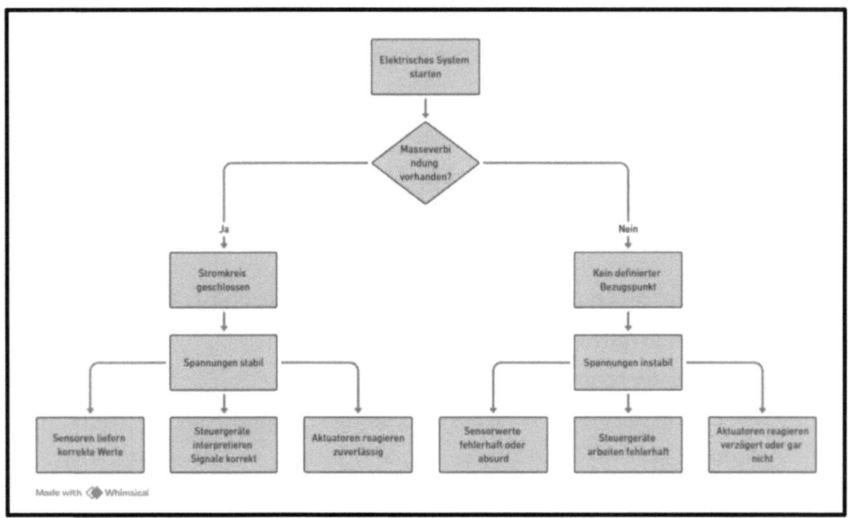

8.1.2 MASSEFEHLER - Die Neurologischen Probleme in deinem Motor

Massefehler sind dabei die perfidesten unter den elektrischen Problemen. Sie tauchen nicht als glühende Kabel oder explodierende Sicherungen auf. Sie sind still, unsichtbar und so verdammt unberechenbar, dass Mechaniker regelmäßig an ihnen verzweifeln. Wenn du schon mal einen Wagen hattest, bei dem der Tacho nur bei Regen verrücktspielt, das Steuergerät sporadisch Aussetzer hat oder der Anlasser nur dann funktioniert, wenn du die Tür dabei offenlässt ... herzlichen Glückwunsch, du bist Opfer einer gestörten Masseverbindung geworden.

Und jetzt frag dich: **Was passiert eigentlich im Körper, wenn Nervensignale plötzlich falsch oder gar nicht mehr weitergeleitet werden?**

Ein schlechter Massepunkt ist für das Bordnetz eines Fahrzeugs das, was eine schwere Nervenschädigung für den menschlichen Körper ist. Ein schlechter Massekontakt ist verblüffend hinterhältig. Stell dir eine degenerative Nervenerkrankung oder Schädigung vor: Die Signale des

Nervensystems kommen verzögert, verstümmelt oder in völlig falscher Reihenfolge an. Das Bein zuckt statt der Hand, Schokolade schmeckt metallisch, die Reflexe sind langsam, oder ein Muskel reagiert überhaupt nicht mehr.

Jetzt übertrag das auf dein Auto, Konkrete Fehlercodes bei spezifischen Masseproblemen:

1. **Lambdasonde misst korrekten Sauerstoffgehalt, aber das Steuergerät erhält ein fehlerhaftes Signal.**

Potenzielle Fehlercodes:

- **P0130:** Fehlfunktion im Stromkreis der Lambdasonde (Bank 1, Sensor 1).

- **P0131:** Niedrige Spannung im Stromkreis der Lambdasonde (Bank 1, Sensor 1).

- **P0132:** Hohe Spannung im Stromkreis der Lambdasonde (Bank 1, Sensor 1).

- **P0133:** Langsame Reaktionszeit der Lambdasonde (Bank 1, Sensor 1).

Hinweis: Ein fehlerhaftes Signal kann durch eine schlechte Masseverbindung verursacht werden, die zu Spannungsabfällen führt und die Signalübertragung der Lambdasonde beeinträchtigt.

2. **Das Motorsteuergerät gibt den Befehl zur Einspritzung, aber der Injektor reagiert unzureichend oder gar nicht.**

Potenzielle Fehlercodes:

- **P0201 bis P0208:** Fehlfunktion im Einspritzventil-Stromkreis (die letzte Ziffer gibt den betroffenen Zylinder an, z. B. P0201 für Zylinder 1).

- **P0261 bis P0268:** Niedrige Spannung im Einspritzventil-Stromkreis

- **P0262 bis P0269:** Hohe Spannung im Einspritzventil-Stromkreis

Hinweis: Eine unzureichende Reaktion der Injektoren kann durch eine mangelhafte Masseverbindung verursacht werden, die zu unzureichender Stromversorgung und damit zu Fehlfunktionen führt.

3. **Der Anlasser soll drehen, aber aufgrund eines schlechten Masseübergangs zum Chassis dreht er langsam oder gar nicht.**

Potenzielle Fehlercodes:
- **P0615:** Fehlfunktion im Starterrelais-Stromkreis.

- **P0616:** Niedrige Spannung im Starterrelais-Stromkreis.

- **P0617:** Hohe Spannung im Starterrelais-Stromkreis.

Hinweis: Ein schlechter Masseübergang kann den Stromfluss zum Anlasser beeinträchtigen, was zu langsamem Drehen oder vollständigem Versagen führt.

Schlechte Masseverbindungen können zu einer Vielzahl von Fehlfunktionen führen, die sich in spezifischen Fehlercodes manifestieren. Bei der Diagnose solcher Fehler ist es ums Verrecken wichtig, die Masseverbindungen gründlich zu überprüfen, um elektrische Probleme effektiv zu beheben.

Das ist genau das, was bei einer Nervenerkrankung passiert. Die Befehle sind korrekt, aber der Signalweg ist gestört. Die Botschaft wird falsch interpretiert oder bleibt komplett auf der Strecke.

8.1.3 DIE WISSENSCHAFT HINTER DER MISERE - WARUM MASSEFEHLER DEN STROM IN DEN WAHNSINN TREIBEN

Warum ist Masse überhaupt so wichtig? Schließlich misst du doch überall „0 Volt", oder? Falsch gedacht.

Masse ist nicht einfach nur „Minus" oder ein Punkt auf einem Schaltplan. Masse ist die Referenz, die alles im Fahrzeug definiert. Die Sensorwerte, die Taktfrequenzen, die Spannungspegel, denn alles hängt davon ab, dass die Masse sauber ist. Jede noch so kleine Widerstandsänderung in der Masse beeinflusst das gesamte Bordnetz.

Und genau da liegt das Problem:

- Ein schlechter Massekontakt ist ein nichtlinearer Widerstand, der Spannungspegel verzerrt und kein Kurzschluss.

- Widerstand in der Masseleitung bedeutet, dass Signale nicht mehr stabil sind. Ergo: manchmal gehen sie durch, manchmal nicht.

- Ströme suchen sich alternative Wege: durch dünnere Kabel, Steuergeräte oder Sensorleitungen. Das ist, als würde das Gehirn versuchen, eine zerstörte Nervenbahn durch Umwege zu kompensieren.

Das Ergebnis?

- Messwerte, die bei einer Diagnose korrekt erscheinen, aber unter Last zusammenbrechen.

- Fehlerspeicher voller kryptischer Codes, weil Sensoren und Steuergeräte sich gegenseitig ins Chaos treiben.

- Steuergeräte, die vermeintlich „kaputt" sind, aber dabei sind sie nur Opfer der fehlerhaften Masseversorgung.

✳ Beispiel: Warum 0,5 Ohm in der Masseleitung dein ganzes Steuergerät grillen können

Situation: Ein Ver braucher im Motorsteuerkreis zieht unter Last 10 Ampere (z. B. Einspritzventilbank, Glühkerzensteuerung o. ä.).

Fehler: Die Masseleitung hat wegen Korrosion oder schiechtem Kontakt **0,5 Ohm Widerstand**

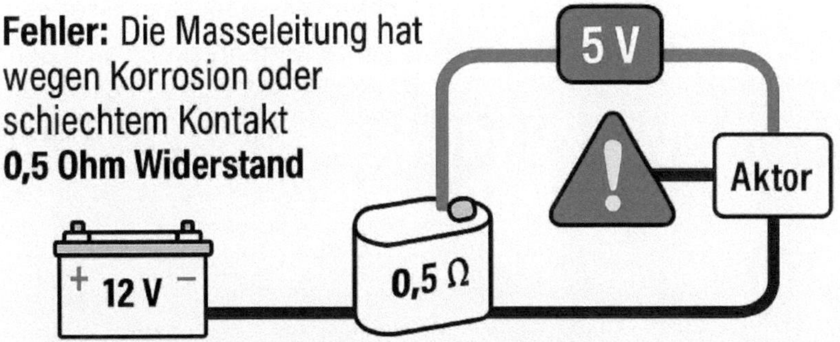

Spannungsabfall über die Masseleitung:

$U = R \cdot I = 0{,}5\,\Omega \cdot 10\,A = \mathbf{5\,V}$

→ Das heißt: **5 Volt verschwinden** einfach – auf dem Rückweg!

- Das Steuergerät denkt, es hätte eine korrekt versorgte Last – aber in Wahrheit kommen **nur 7 Volt** am Aktor an (bei nominell 12 V Systemspannung).

- Der Aktor taktet nur noch halbherzig.

- Der Sensor liefert plötzlich „unsaubere" Signale (weil seine Referenz schwimmt).

- Das Steuergerät läuft aus dem Ruder – weil es Datenmüll verarbeitet.

Und genau deswegen ist der Umgang mit einem Multimeter in einer Werkstatt oft so fehlerhaft. Wer ohne Last misst, kann genauso gut Tarotkarten legen. Ohne Belastung zeigt jede Leitung perfekte Werte. Doch sobald echter Strom fließt, kippt die Situation.

8.1.4 DER TÖDLICHE KREISLAUF: WARUM EIN SCHLECHTER MASSEPUNKT ALLES ZERSTÖREN KANN

Jetzt wird's richtig bitter: Ein schlechter Massepunkt ist nicht einfach nur ein lokales Problem. Er kann eine ganze Kettenreaktion auslösen.

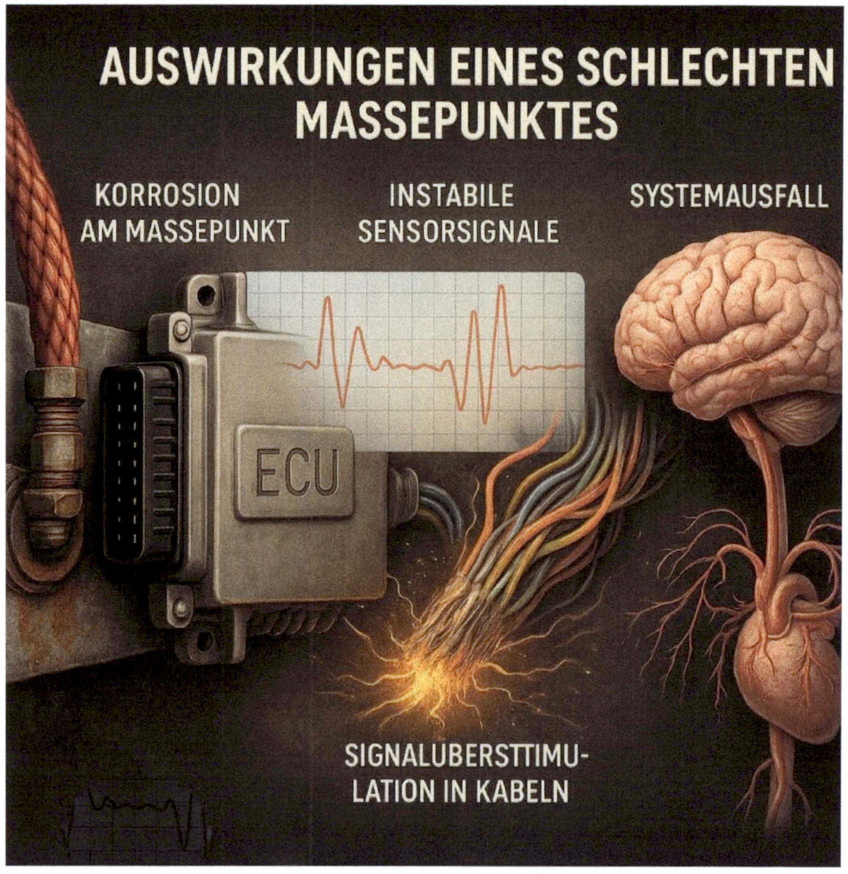

Beispiel:

- Massepunkt der Karosserie korrodiert → Masseverbindung zum Motor verschlechtert sich.

- Sensoren liefern unstabile Signale → Steuergeräte bekommen verwirrte Werte.

- Steuergeräte gleichen das aus → Signalströme steigen in Kabeln, die nie dafür ausgelegt waren.

- Kabelbäume überhitzen, Steuergeräte bekommen abartige Störungen → Das Chaos nimmt seinen Lauf.

Das Perfide: Das kann sich über Wochen oder Monate hinziehen, bevor es zum Totalausfall kommt.

🩺 **Medizinische Analogie**: Stell dir das wie eine neurologische Erkrankung im menschlichen Körper vor, zum Beispiel eine chronisch entzündliche Autoimmunkrankheit. Dabei werden die Nervenbahnen nach und nach gestört, ohne dass es sofort auffällt. Anfangs funktionieren die Signale noch, vielleicht mit kleinen Aussetzern. Doch mit der Zeit brechen die Leitungen zusammen. Der Körper reagiert immer unkoordinierter, bis am Ende ganze Funktionen ausfallen. Genau so wirkt sich ein schleichender Massefehler auf das Bordnetz aus: erst unscheinbare kleine Dinge, dann Totalausfall.

→ Wenn die Basis der Kommunikation instabil wird, eskaliert das System schleichend, bis nichts mehr geht.

8.1.5 DIAGNOSE: WIE DU EINEN MASSEFEHLER NICHT MEHR ÜBERSEHEN KANNST

Wie erkennst du einen Massefehler? Prüfe die Masse unter Last und nicht einfach nur Spannung messen.

1. Spannungsfallmessung mit dem Multimeter

Diese Methode zeigt, ob die Masseverbindung unter Last stabil bleibt oder ob sich irgendwo ein unsichtbarer Widerstand eingeschlichen hat.

Schritt für Schritt:

- Multimeter vorbereiten:

  - Messbereich auf Gleichspannung (DC Volt) stellen.

  - Messspitzen an Batterie-Minus (schwarze Messspitze) und den zu prüfenden Massepunkt (rote Messspitze) anschließen.

  - Im Ruhezustand sollte die Anzeige nahe 0 Volt (max. 0,1 V) sein.

- **Last zuschalten:**

  - Eine große Verbraucherlast aktivieren (z. B. Anlasser, Licht, Lüfter, Heckscheibenheizung).

  - Jetzt die Spannung erneut prüfen.

- **Ergebnis interpretieren:**

  - Wert bleibt unter 0,2 Volt: Masseverbindung ist einwandfrei.

  - Wert steigt über 0,2 Volt: Widerstand in der Masseleitung → Korrosion, lockere Verschraubung oder ein beschädigtes Kabel.

  - Wert steigt auf mehrere Volt: Kritischer Fehler! Die Masseleitung hat fast keinen Durchgang mehr → sofort nachbessern.

2. Prüflampen-Test: Die harte Realität

Ein Multimeter misst minimalste Ströme - aber in der Praxis müssen durch die Masseverbindung hohe Ströme fließen. Eine **Prüflampe belastet die Verbindung wirklich** und zeigt sofort, ob die Masse hält oder ein Wackelkandidat ist.

So geht's:

1. **Prüflampe direkt zwischen Batterie-Plus und den zu prüfenden Massepunkt halten.**

2. **Helles, volles Leuchten?** Masseverbindung einwandfrei.

3. **Nur schwaches Glimmen oder gar kein Licht? Masseproblem!**
   → Verbindung reinigen, festziehen oder neue Masse legen.

4. **Zusätzlicher Test:** Während die Prüflampe leuchtet, die Masseverbindung leicht bewegen.

   - Wenn das Licht flackert oder schwächer wird → Wackelkontakt.

---

3. Die ultimative Kontrolle: Massebrücke setzen

Falls du vermutest, dass die Masseverbindung schlecht ist, kannst du den Beweis direkt erbringen.

So prüfst du es:

1. Eine dicke Überbrückung (z. B. Starthilfekabel oder starkes Kabel) direkt von Batterie-Minus zum verdächtigen Massepunkt legen.

2. Fahrzeug starten oder den Verbraucher aktivieren.

3. Plötzlich funktioniert alles? → Massefehler bestätigt!

4. Immer noch Probleme? → Masse ist nicht der Übeltäter, weiter im System suchen.

Diese Methode macht jedes versteckte Masseproblem sofort sichtbar und lässt keine Zweifel offen.
Vergiss das stumpfe Ablesen von Fehlercodes. **Fehlerspeicher sind nur die Leichenhalle der Elektrik. Sie zeigen, was vieleicht gestorben ist, aber nicht, warum es passiert ist.**

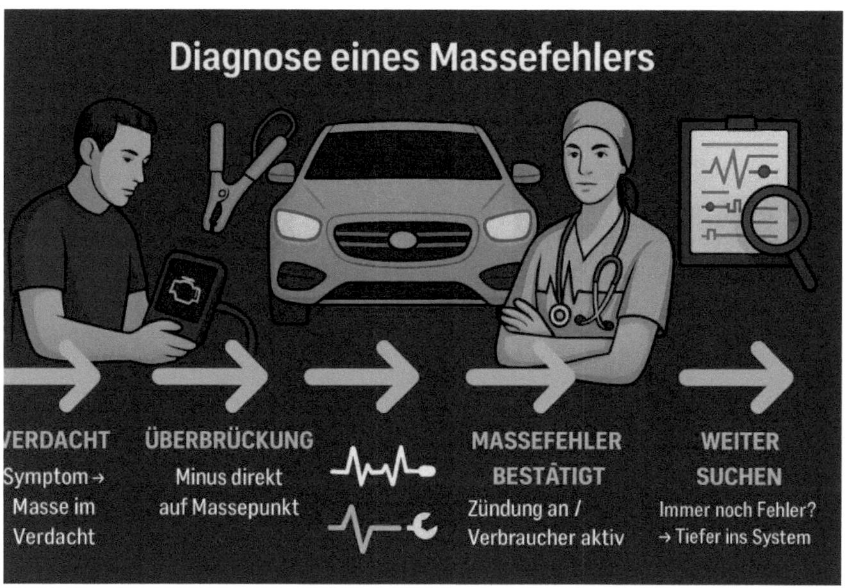

8.1.6 WER MASSE NICHT VERSTEHT, VERSTEHT ELEKTRIK NICHT

Massefehler sind kein harmloses Werkstattproblem. Sie sind das **elektrische Äquivalent zu einer degenerativen Nervenerkrankung**. Wer glaubt, ein Auto bestehe nur aus Plus- und Minusleitungen, versteht nicht, dass jede Spannung eine Referenz braucht und genau diese Referenz wird bei einem schlechten Massepunkt zum wackeligen Kartenhaus.

Elektrische Probleme lösen bedeutet nicht, mit einem Laptop Fehlerspeicher auszulesen und dann willkürlich Teile zu tauschen. Es bedeutet, elektrische Ströme zu VERSTEHEN. Erst dann wirst du zu dem, was jeder Mechaniker sein sollte: Ein echter Diagnostiker.

Masse ist nicht nur „irgendwo Minus". **Masse ist die Basis von allem. Und wenn die Basis wackelt, reißt es alles mit sich.**

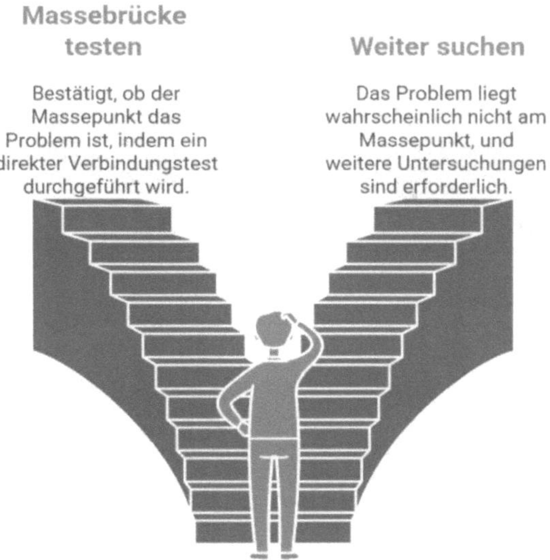

Messme-thode	Messwert	Bedeutung	Handlung
Spannungs-fall bei Last	< 0,2 V	Verbindung ist sauber - keine Korrektur nötig	☑ Weiter im Stromkreis prüfen
	0,2 - 1,0 V	Übergangswiderstand vorhanden - mögliche Korrosion, Wackler	✗ Massepunkt prüfen, säubern, festziehen
	> 1,0 V	Kritisch - Masse hat kaum noch Durch-gang	✗ Neue Masseverbin-dung legen oder Leitung ersetzen
Prüflampe	Volle Helligkeit	Masseverbindung top	☑ Kein Handlungsbe-darf
	Flackert bei Bewegung	Wackelkontakt oder gebrochene Litze	✗ Leitung freilegen, auf Bruch oder Quetschung prüfen
	Glimmt nur oder bleibt dunkel	Kaum oder kein Stromfluss möglich	✗ Sofort Maßnahme - Leitung / Verschraubung / Massepunkt ersetzen
Massebrü-cke (Test-kabel)	Fehler ver-schwindet nach Brücke	Massefehler 100 % bestätigt	☑ Neue Masse legen - Ursache beseitigt
	Fehler bleibt bestehen	Ursache liegt woan-ders	🔎 Steuergerät, Sensorik oder Plusleitung prüfen

Spannung ohne Last ist wie ein Beziehungsratgeber ohne Praxis: klingt gut, bringt nix.

8.2 DIE VIER REITER DER ELEKTRISCHEN APOKALYPSE:

KURZSCHLUSS - ISO-FEHLER – KRIECHSTRÖME - POTENTIALVER-SCHIEBUNG

Ein Kurzschluss ist wie ein verheerender Blitzschlag in der Elektrik eines Fahrzeugs: brachial, unkontrolliert und mit sofortiger Wirkung. Doch in der Praxis sind es oft nicht diese spektakulären „Boom"-Momente, die Werkstätten in den Wahnsinn treiben, sondern die stillen, unsichtbaren Killer: **Kurzschluss, Kriechströme, Isolationsfehler (ISO-Fehler) und schleichende Potenzialverschiebungen.**

In der Motorelektrik sind elektrische Fehler selten schwarz-weiß. Sie existieren in vielen Abstufungen, von absolut tödlich für die Elektronik bis hin zu „nur" nervtötend, aber nicht direkt fatal. Wer sie nicht auseinanderhalten kann, wird ewig Teile tauschen und dennoch die Ursache nicht finden. **Hier sind die vier Reiter der elektrischen Apokalypse:**

8.2.1 Kurzschluss

Was passiert?

Ein Kurzschluss ist der direkte, ungefilterte Stromfluss zwischen Plus und Masse oder zwei unterschiedlichen Potenzialen. Es gibt keine Verbraucher, keinen Widerstand und nur eine Leitung, die das volle Potenzial durchjagt. Das Resultat ist eine **sofortige Überlastung** der Leitung.

Ursachen:
1. **Isolationsschäden:** Kabel reibt sich blank und trifft auf Masse oder eine andere Plusleitung. Je nachdem.

2. **Fehlerhafte Nachrüstungen:** Kabel falsch verlegt oder ungesicherte Verbindungen, die sich berühren.

3. **Wasser im System:** Eindringende Feuchtigkeit sorgt für unerwünschte leitfähige Verbindungen.

Symptome:

- **Sicherung fliegt sofort:** Das System schützt sich selbst vor dem totalen Kabelbrand.

- **Kabel wird heiß oder glüht:** Bei ungesicherten Leitungen oder defekten Sicherungskreisläufen.

- **Steuergeräte sterben plötzlich:** Weil sich der volle Kurzschlussstrom durch sie entladen hat.

Diagnostisch perfide Eigenschaft:

Der Kurzschluss ist brutal ehrlich, aber nur beim ersten Mal.

Danach? Nichts mehr zu messen. Sicherung raus, Spannung weg, Gerät tot. Wer zu spät misst, sieht: nichts.

Besonders heimtückisch: Ein intermittierender Kurzschluss passiert nur unter bestimmten Bedingungen (z. B. bei Erschütterung oder Feuchtigkeit) → beim Werkstattcheck: alles sauber.

→ Diagnose: *Geisterfehler, der nur fährt, aber nie steht.*

Mögliche Berechnung (vereinfachtes Beispiel):

Ein 12-V-Stromkreis ohne Sicherung, Kabelquerschnitt 1 mm², Leitungslänge 3 m.

$$Kupferwiderstand \approx 0,0178 \frac{\Omega}{m} \times 2 \times 3m = 0,107\Omega$$

Kurzschlusswiderstand durch Kontakt = ~ 0,01Ω

→ Strom:

$$I = \frac{U}{R} = 12 \frac{V}{0,01\Omega} = 1200A$$

Bäm. Kabel grillt sofort.

Aber wenn das nur 0,1 Sekunde passiert, siehst du beim Messen nur: „Oh - Leitung ist okay.“

Maßnahmen:

- **Optische Inspektion der Kabelbäume:** Suche nach verbrannten oder verschmorten Stellen.

- **Durchgangsmessung mit Multimeter:** Eine fehlerhafte Leitung zeigt 0 Ohm, wo eigentlich Widerstand sein sollte.

- **Sicherung mit Prüfgerät überbrücken:** Falls der Kurzschluss sofort wieder zuschlägt, weißt du, dass du den betroffenen Stromkreis hast.

Messung eines Kurzschlusses:

- **Spannungsmessung** - Die Spannung fällt abrupt auf 0V, sobald der Kurzschluss auftritt.
- **Widerstandsmessung** - Der Widerstand geht auf 0Ω, da keine Last mehr vorhanden ist.
- **Strommessung** - Der Strom schnellt extrem in die Höhe, da keine Begrenzung durch einen Widerstand mehr existiert.

Diese Darstellung zeigt genau das, was du in der Praxis auf einem Multimeter oder Oszilloskop sehen würdest.

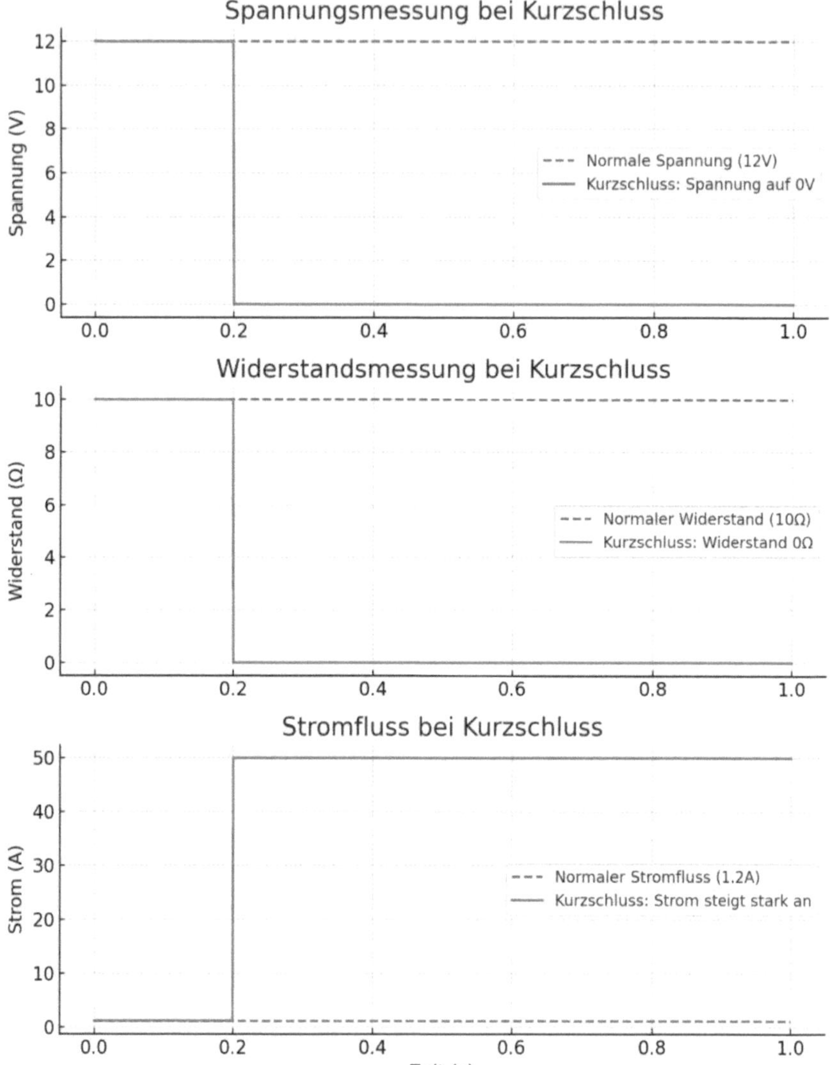

Spannungsmessung bei Kurzschluss
Spannung (V)
--- Normale Spannung (12V)
Kurzschluss: Spannung auf 0V

Widerstandsmessung bei Kurzschluss
Widerstand (Ω)
--- Normaler Widerstand (10Ω)
Kurzschluss: Widerstand 0Ω

Stromfluss bei Kurzschluss
Strom (A)
--- Normaler Stromfluss (1.2A)
Kurzschluss: Strom steigt stark an
Zeit (s)

8.2.2 ISO-Fehler

Was passiert?

Ein Isolationsfehler ist kein direkter Kurzschluss, aber fast genauso gefährlich. Hier entsteht ein ungewollter Ableitstrom zwischen einer strom-
führenden Leitung und der Fahrzeugmasse. Allerdings passiert das mit
einem erhöhten Widerstand. Das bedeutet, dass der Fehler nicht sofort
sichtbar ist, sondern sich über Zeit langsam eskaliert.

Ursachen:

1. **Poröse oder gealterte Kabelisolierungen:** Besonders häufig in
   Motorraumnähe durch Hitzeeinwirkung.

2. **Feuchtigkeit in Steckverbindungen:** Wasser oder Korrosion
   sorgt für Kriechströme, die nach und nach Isolierungen aufwei-
   chen.

3. **Nachträgliche Verkabelung mit unsauberer Isolation:** Billige Zu-
   behörkabel oder unsachgemäß gesetzte Crimpverbindungen
   führen oft zu Mikroleckströmen.

Symptome:

- **Unvorhersehbare elektronische Ausfälle:** Fehlercodes tauchen
  auf und verschwinden wieder. (außer im Log-file, Typabhängig)

- **Leicht erhöhte Ruheströme:** Die Batterie wird über Tage oder
  Wochen entladen.

- **Plötzliches Zucken oder Flackern von Verbrauchern:** Besonders
  auffällig bei Lenkung, Scheibenwischern oder Sensorwerten.

Diagnostisch perfide Eigenschaft:

ISO-Fehler sind die Hypochonder der Bordelektrik: Meist nicht krank
genug für echte Symptome, aber schleichend zersetzend.

Sie zeigen keine Fehlercodes, solange der Leckstrom nicht über das To-
leranzlimit steigt.

Nur wer gezielt unter Hochspannung testet, findet sie.

→ Besonders fies: Tauchen oft erst bei Nässe, Hitze oder nach Jahren auf und werden als „Alterserscheinung" abgetan. (z.B. alte Marderbisse, die langsam Korrosion auslösen)

Mögliche Berechnung (vereinfachtes Beispiel):
Ein 12-V-System mit ISO-Fehler über poröse Isolierung →
$Ableitwiderstand = 200k\Omega$ → Ableitstrom:

$$I = \frac{U}{R} = 12\,\frac{V}{200000\Omega} = 0,06mA$$

Das reicht nicht für Sicherung oder sichtbaren Effekt, aber stört Sensorreferenzen, CAN-Kommunikation und bringt das Steuergerät zum Spinnen.

→ Kommt's bei 4 Sensoren gleichzeitig vor? Fehlerspeicher randvoll mit Fantasiecodes.

Maßnahmen:
- **Isolationstest mit einem Isolationsmessgerät:** Bei Spannungen von 100V-1kV zeigt sich, ob die Isolierung hält oder bereits Leckströme fließen.

- **Widerstandsmessung gegen Masse:** Eine saubere Leitung hat mehrere MΩ Widerstand zur Karosserie, alles darunter ist verdächtig.

- **Sichtkontrolle von Steckverbindern:** Jede feuchte oder korrodierte Verbindung könnte der Schuldige sein.

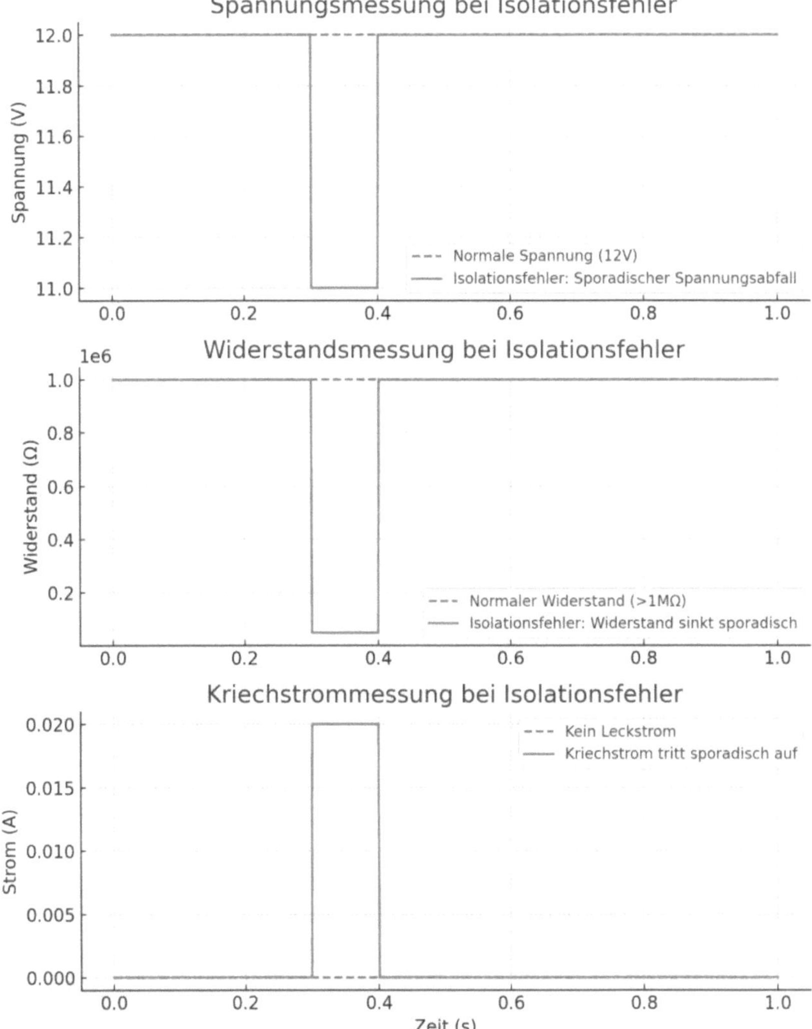

Messung eines Isolationsfehlers

1. **Spannungsmessung** - Die Spannung bleibt größtenteils stabil, zeigt aber sporadische, unerklärliche Abfälle.

2. **Widerstandsmessung** - Der Widerstand gegen Masse sollte normalerweise im Megaohm-Bereich liegen, sinkt jedoch sporadisch durch Leckströme.

3. **Kriechstrommessung** - Kriechströme treten unregelmäßig auf, können aber mit einem empfindlichen Messgerät nachgewiesen werden.

Diese folgende Darstellung zeigt das, was du in der Praxis mit einem Isolationsprüfgerät oder Multimeter messen würdest.

8.2.3 Kriechstrom

Was passiert?

Kriechstrom ist das schleichende Absickern elektrischer Energie in eine ungewollte Richtung. Oft ist es nur ein winziger Leckstrom, der sich irgendwo seinen Weg sucht und genau das macht ihn so schwer zu finden.

Ursachen:

1. **Kondenswasser und Feuchtigkeit in Steckern:** Besonders in alten Fahrzeugen oder bei schlechten Dichtungen.

2. **Mikrobrüche in Kabeln:** Die Leitung funktioniert noch, aber der Isolationswert nimmt über die Zeit ab.

3. **Nicht abgesicherte Nachrüstungen:** Zubehör-Module oder unsauber verlegte Kabel können ungewollte Ströme leiten.

Symptome:

- **Batterie über Nacht oder einige Tage leer:** Ein dauerhafter Mini-Strom zieht den Akku langsam in den Tod.

- **Störungen in der Sensorik:** Manche Werte springen oder driften unkontrolliert, weil Kriechströme Signalleitungen beeinflussen.

- **Elektronik spielt nur unter bestimmten Bedingungen verrückt:** Besonders wenn das Fahrzeug nass ist oder nach Temperaturwechseln.

Diagnostisch perfide Eigenschaft:

Kriechströme sind unsichtbare Serienkiller mit Geduld.

Du siehst keinen Fehler im Betrieb, aber die Batterie ist Montagmorgen tot.

Besonders tückisch:

1. Sie fallen im Betrieb nicht auf

2. Die meisten Multimeter schalten sich vor dem Sleep-Modus ab

3. Viele Werkstätten messen nicht lange genug
   → Der Fehler passiert, während keiner hinschaut.

Mögliche Berechnung (vereinfachtes Beispiel):

Ein Kriechstrom von **70 mA** über Nacht (12 Stunden)

Batteriekapazität: **60 Ah**

Entladene Kapazität:

$$0,07A \times 12h = 0,84Ah$$

→ Klingt wenig, aber:

- Nach ein paar Tagen spürbarer Spannungsabfall

- Moderne Batterien regenerieren sich nicht gut bei Dauerleckstrom (insbesondere AGM oder LiFePO$_4$ Batterien)

- Steuergeräte starten nicht mehr korrekt → „Fehler im System", obwohl nur still ausgesaugt

Maßnahmen:

- **Ruhestrommessung mit Amperemeter:**

    - Fahrzeug verriegeln und mehrere Minuten warten (Steuergeräte gehen in Sleep-Mode).

    - Stromfluss prüfen: Mehr als 50 mA? → Kriechstromverdacht.

- **Wärmebildkamera einsetzen:** Wenn eine Leitung wärmer ist als ihre Umgebung, zieht sie mehr Strom als vorgesehen.

- **Widerstandsmessung gegen Masse:** Ein intaktes Kabel hat unendlich hohen Widerstand gegen Masse, alles darunter bedeutet Leckage.

Messung eines Kriechstromes:
1. **Spannungsmessung** - Die Spannung bleibt extrem stabil, zeigt aber mikroskopische, kaum messbare Schwankungen.
2. **Widerstandsmessung** - Der Widerstand gegen Masse ist sehr hoch, aber er sinkt ganz langsam über die Zeit. Ein Zeichen für fortschreitende Isolationsalterung.
3. **Kriechstrommessung** - Ein extrem geringer, aber stetig vorhandener Strom fließt, was langfristig zu Batterieentladung und unkontrollierten Elektronikstörungen führt.

Unterschied zu Isolationsfehler:
1. Während ein **Isolationsfehler** abrupte Widerstandsänderungen und größere Spannungsschwankungen zeigt,
2. Ist **Kriechstrom** ein schleichender, permanenter Leckstrom, der nur über lange Zeiträume auffällt.

Das ist genau das Verhalten, das du mit einem Amperemeter in der Ruhestrommessung oder einer Wärmebildkamera sehen würdest.

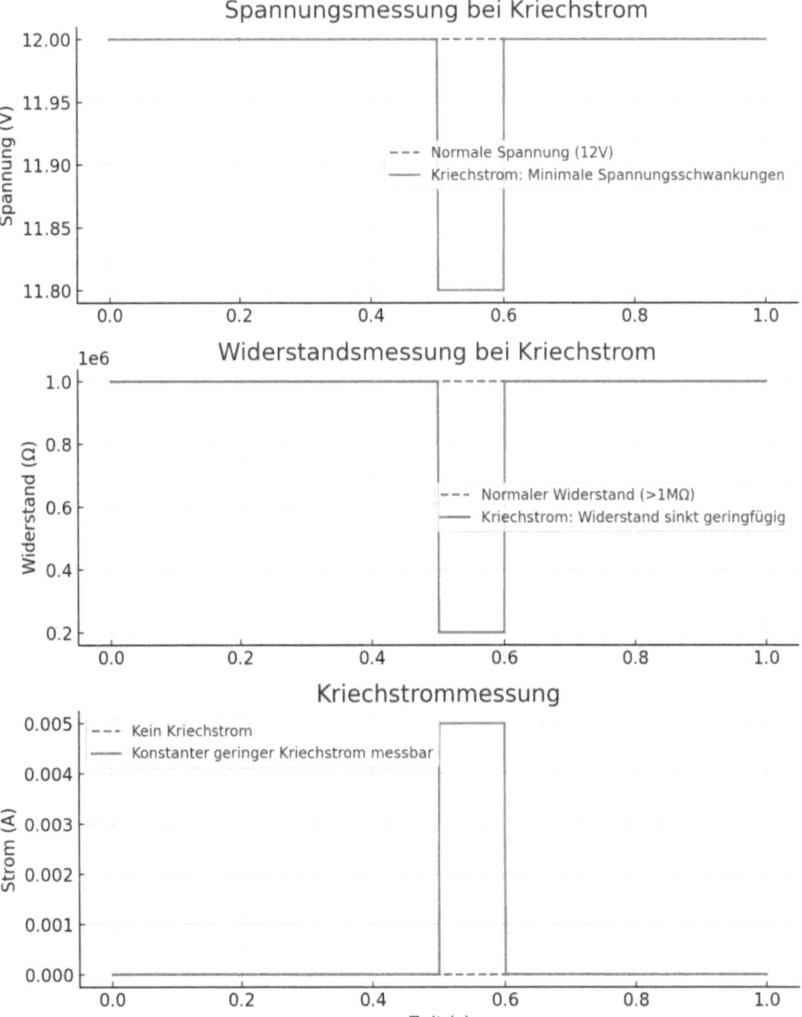
Spannungsmessung bei Kriechstrom
Spannung (V)
12.00
11.95
11.90
11.85
11.80
Normale Spannung (12V)
Kriechstrom: Minimale Spannungsschwankungen
0.0 0.2 0.4 0.6 0.8 1.0

1e6
Widerstandsmessung bei Kriechstrom
Widerstand (Ω)
1.0
0.8
0.6
0.4
0.2
Normaler Widerstand (>1MΩ)
Kriechstrom: Widerstand sinkt geringfügig
0.0 0.2 0.4 0.6 0.8 1.0

Kriechstrommessung
Strom (A)
0.005
0.004
0.003
0.002
0.001
0.000
Kein Kriechstrom
Konstanter geringer Kriechstrom messbar
0.0 0.2 0.4 0.6 0.8 1.0
Zeit (s)

8.2.4 Schleichende Potenzialverschiebung

Was passiert?

Bei einer schleichenden Potenzialverschiebung wird die Masse nicht als stabiler Nullpunkt gehalten, stattdessen „wandert" sie. Das bedeutet: Spannungen, die relativ zu Masse gemessen werden, verändern sich, ohne dass sich die eigentlichen Signale ändern. Die Sensorik lügt dann nicht, weil sie kaputt ist, sondern weil ihr Bezugspunkt schwankt. Das ist wie ein Maßband, dessen Nullpunkt sich heimlich verschiebt: Du misst korrekt, aber bekommst trotzdem Unsinn raus.

Ursachen:

- Übergangswiderstände an Massepunkten (Korrosion, lockere Verschraubungen)

- Versteckte Rückströme durch Bauteile mit gemeinsamen Massebezug

- Rückleitungen, die über unerwünschte Wege verlaufen (z. B. Sensorleitungen)

- Thermisch induzierte Übergangswiderstände bei hoher Last

Symptome:

- Sensorwerte, die bei laufendem Motor plötzlich aus dem Fenster fliegen

- Steuergeräte, die „verrückt spielen" , aber nur unter bestimmten Bedingungen

- Spannung ist überall da, wo sie nicht hingehört

- Fehlerspeicher melden wilde Mischdiagnosen, meist ohne Klartext

Diagnostisch perfide Eigenschaft

Diese Fehlerart ist der Chamäleon-Virus der Bordelektrik:

- Kein Kriechstrom messbar

- Kein Kurzschluss sichtbar

- Keine klassischen ISO-Werte auffällig
  Aber unter Last? Totales Chaos.
  Besonders hinterlistig: Siehe Fehler dort, wo sie physikalisch
  nicht entstehen können.
  → Beispiel: Der Temperatursensor zeigt 145 °C bei kaltem Mo-
  tor, aber der Sensor ist intakt.
  Ursache? Die Masse hat einen schleichenden Offset von 1,2
  Volt, das verschiebt die gesamte Sensorspannung linear ins Ab-
  surde.

Mögliche Berechnung (2 vereinfachte Beispiele):

1) Ein NTC-Temperatursensor liefert z. B. bei 25 °C einen Spannungsausgang von 2,5 V bei stabiler Masse.

   Jetzt sorgt eine Masseverschiebung von +1,2 V für ein neues Bezugspotenzial:

$$Sensor - Messwert = 2,5V - 1,2V = 1,3V$$

Das Steuergerät interpretiert den Sensorwert auf Basis der angenomme-
nen stabilen Masse und denkt jetzt, es ist 90 °C heiß.
→ Falschdiagnose, Notlauf, sinnloser Lüftermarathon.

2) Driftspannung = 0,5 V

   Widerstand zwischen Massepunkten = 1 MΩ

Kriechstrom durch Massefehler:

$$I = \frac{U}{R} = 0,5\frac{V}{1,000,000\,\Omega} = 0,5\mu A$$

Das reicht bei empfindlicher Elektronik schon, um eine Signalreferenz so zu verziehen, dass Sensorwerte "unsinnig" erscheinen - obwohl technisch alles intakt wirkt.

Maßnahmen:
- **Spannungsfallmessung** zwischen Sensor-Masse und Batteriemasse unter Last (z. B. mit eingeschalteter Heckscheibenheizung)

- **Differenzmessung** zwischen mehreren Massepunkten (idealerweise unter dynamischer Last)

- **Simulation** durch Massebrücke → Brücke legt stabile Referenz → Verhalten normalisiert sich → Bingo!

🔧 **Spannungsmessung (oben)**
- Zeigt eine langsamen Drift der Potenzialdifferenz zwischen zwei eigentlich gleich gepolten Punkten (z. B. zwei Massepunkte).

- ➤ Tückisch, weil klassische Spannungsmessung hier kaum reagiert - der Wert bleibt in einem Bereich, den viele Multimeter als "0 V" interpretieren.

🔧 **Widerstandsmessung (Mitte)**
- Der gemessene Widerstand wirkt **stabil**, zeigt aber minimale, kaum sichtbare Veränderungen durch thermische Ausdehnung, Oxidationsprozesse oder Streuströme.

- ➤ **Tarnkappe**, denn der Fehler bleibt bei normalen Prüfungen oft unsichtbar, bis er unter Last oder durch Fremdpotenziale zum Totalausfall mutiert.

🔧 **Stromfluss (unten)**

- Winzige Ströme fließen dauerhaft oder driftend zwischen eigentlich potenzialgleichen Punkten - messbar nur mit sehr empfindlichen Geräten.

- ➤ Diagnostisch perfide Eigenschaft: Dieser Fehler verändert Messreferenzen selbst, ohne eine direkt messbare Störung zu verursachen - besonders gefährlich bei Sensoren mit niedrigen Signalspannungen oder differenzieller Auswertung.

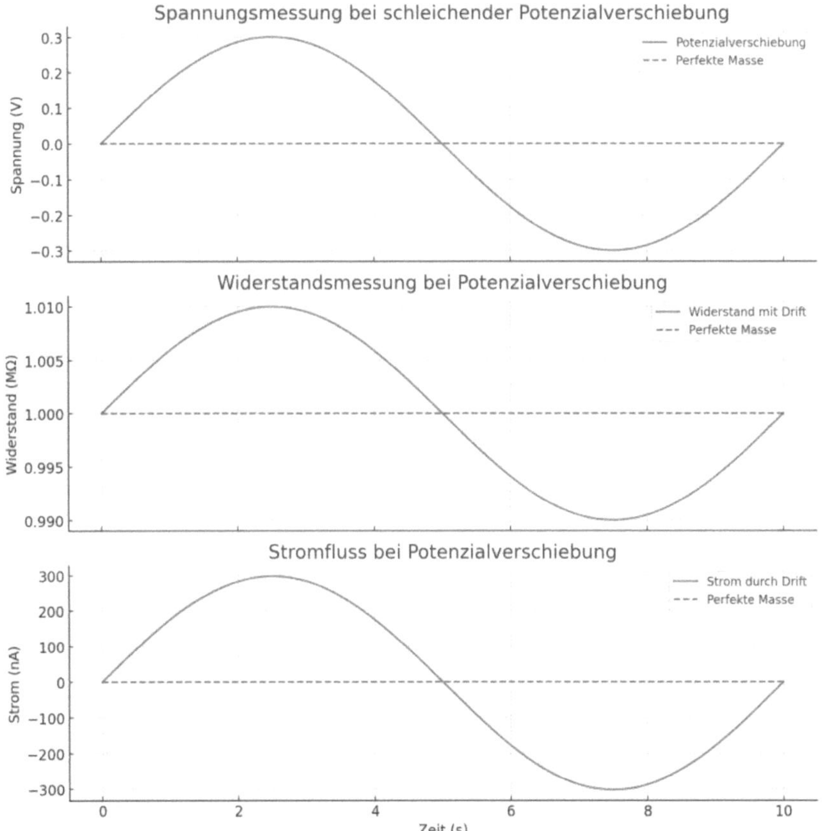

Die Kurven zeigen exemplarisch, wie ein instabiler Massepunkt Spannung, Widerstand und Stromfluss beeinflussen kann. Zwar sind reale Verläufe oft komplexer als Sinuswellen. aber die Aussage bleibt: Schon minimale Potenzialverschiebungen reichen aus, um Sensorwerte zu verfälschen, Logikstrukturen zu stören und Fehlfunktionen auszulösen.

⚡ Die Vier Reiter der Elektrik-Apokalypse

Diagnosemerkmal	Kurzschluss	Isolationsfehler (ISO)	Kriechstrom	Potenzialverschiebung
Was passiert?	Direkter Kontakt zwischen Plus und Masse oder zwei Potenzialen	Leckstrom durch poröse Isolation oder Feuchtigkeit	Minimaler Dauerstrom durch Mikrofeuchtigkeit oder mangelhafte Isolierung	Referenzspannung schwankt durch Massefehler, Kontaktkorrosion o. Ä.
Stromverhalten	Maximalstrom sofort - Leitung glüht	Ableitstrom mit hohem Widerstand	Mikro-Strom über lange Zeit	Signalverfälschung trotz „normaler" Spannung
Typische Symptome	Sicherung fliegt, Steuergerät stirbt, Kabel raucht	Unklare Fehlercodes, Ruhestrom erhöht, Fehler kommen und gehen	Batterie leer nach Tagen, Sensor spinnt bei Nässe, Elektronik tickt aus	Steuergerät interpretiert falsche Daten, CAN-Bus-Störung, Sensorwerte spinnen
Klassische Messung	0 Ohm, Spannung = 0 V	ISOmeßgerät zeigt < 1 MΩ	Ruhestrom > 50 mA	Messung ohne Last unauffällig
Was wirklich hilft	Leitung verfolgen, optisch prüfen, Sicherung messen	Isolationsprüfung, visuelle Kontrolle, Steckverbindung trockenlegen	Ruhestrommessung, Wärmebild, Leitung isolieren	Spannungsfall unter Last, Prüflampe, Massebrücke setzen
Risiko bei Fehlinterpretation	Sofortiger Totalschaden, brennt dir die Karre ab	Fehler wandert, wirkt wie sporadischer ECU-Bug	Monatelanges Rumtauschen ohne Ergebnis	Teiletausch ohne Ende - Ursache bleibt bestehen

8.3 KLEMMENBEZEICHNUNG - DER GEHEIMCODE DER FAHRZEUGELEKTRIK

Die meisten behandeln elektrische Fehler wie Wahrsagerei. Sie hängen das Diagnosegerät dran, lesen einen Fehlercode und raten, welches Bauteil sie tauschen sollen. Doch wer wirklich verstehen will, wie Fahrzeugelektrik funktioniert, braucht eine fundamentale Fähigkeit: das Lesen von Schaltplänen und das Verständnis der Klemmenbezeichnungen.

Denn die Fahrzeugelektrik folgt festen Regeln und die Klemmenbezeichnungen sind ihr Zahlencode. Wenn du weißt, woher eine Spannung kommt, wohin sie geht und welche Klemme was für einen Zweck erfüllt, kannst du Fehler systematisch zerlegen.

In jedem Fahrzeug sind die elektrischen Anschlüsse nach einem standardisierten System benannt, das nennt sich Klemmenbezeichnung nach DIN 72552.

Hier sind die wichtigsten, die du in der Praxis verstehen musst:
1. **Klemme 30:** Dauerplus - direkte Verbindung zur Batterie, immer unter Spannung.

2. **Klemme 15:** Zündungsplus - Spannung liegt nur an, wenn die Zündung eingeschaltet ist.

3. **Klemme 31:** Masse - das elektrische Bezugspotenzial, Rückführung des Stroms zur Batterie.

4. **Klemme 50:** Anlassersignal - gibt den Befehl zum Starten des Motors.

5. **Klemme 75:** Zubehör - steuert Verbraucher wie Radio, wenn die Zündung an ist.

6. **Klemme 61:** Lichtmaschinen-Erregerleitung - überwacht die Ladung der Batterie.

7. **Klemme 1:** Zündspulen-Taktung - steuert das Schalten des Zünd-funkenzeitpunkts.

8. **Klemme 4:** Masseanschluss für Glühkerzen-Steuerung - sorgt für das präzise Ansteuern der Glühkerzen mit Pulsweitenmodulation.

9. **Klemme 31b:** Steuergeräte-interne Masse - getrennte Masseverbindung für störungsfreie Sensordaten.

10. **Klemme 49:** Blinkgeber Eingangssignal - versorgt das Blinkrelais mit Spannung.

11. **Klemme 49a:** Blinkgeber Ausgangssignal - schaltet das Blinksignal an die Leuchten weiter.

12. **Klemme 85:** Relaisspule Masse - dient zur Steuerung von Relais über einen Schalter oder das Steuergerät.

13. **Klemme 86:** Relaisspule Plus - versorgt die Spule des Relais mit geschaltetem Plus.

14. **Klemme 87:** Arbeitsstrom-Ausgang am Relais - schaltet nach Aktivierung des Relais den Verbraucher.

15. **Klemme 87a:** Ruhekontakt am Relais - gibt Spannung weiter, solange das Relais nicht angesteuert wird.

16. **Klemme 88:** Fensterheberversorgung - stellt die Hauptversorgung für elektrische Fensterheber bereit.

17. **Klemme 31b:** Motorsteuergerät-interne Masse - wichtig für korrekte Sensordatenverarbeitung.

18. **Klemme 58:** Beleuchtungsplus - versorgt Instrumenten- und Cockpitbeleuchtung.

19. **Klemme 58b:** Dimmbares Beleuchtungsplus - ermöglicht Helligkeitsregelung der Innenbeleuchtung.

20. **Klemme 56:** Hauptlichtschalter-Ausgang - steuert Abblend- und Fernlicht.

21. **Klemme 56a:** Fernlicht - Ausgang für das Fernlichtsignal.

22. **Klemme 56b:** Abblendlicht - Ausgang für das Abblendlichtsignal.

23. **Klemme 54:** Bremslicht - versorgt die Bremslichter mit Spannung vom Bremsschalter.

24. **Klemme 30g:** Geschaltetes Dauerplus - Dauerplus, das über eine Sicherung geführt wird und nach einer bestimmten Zeit abgeschaltet wird (z. B. für Türsteuergeräte).

25. **Klemme 30b:** Dauerplus für Steuergeräte - spezielle Versorgung für Steuergeräte mit Ruhestromregelung.

26. **Klemme 94:** CAN-Bus-Versorgung - versorgt das Kommunikationsnetz der Steuergeräte.

Diese Klemmen sind die Grundlage für jede fundierte Diagnose.

8.3.1 Differenzialdiagnose Klemmenbezeichnungen

Klemme	Funktion	Typische Symptome bei Fehlern	Diagnoseschritte
Klemme 30 (Dauerplus)	Versorgt Dauerstrom aus der Batterie zu Steuergeräten, Relais und Sicherungskästen.	Kein Strom im Fahrzeug, Steuergeräte setzen zurück, keine Funktion von Dauerverbrauchern.	Spannungsmessung zwischen Klemme 30 und Masse (12 V vorhanden?). Sicherungen prüfen.
Klemme 15 (Zündungsplus)	Gibt Spannung nur, wenn die Zündung eingeschaltet ist. Versorgt wichtige Verbraucher.	Kein Radio, keine Zündung, kein Startsignal, Ausfall wichtiger Steuergeräte beim Start.	Spannung an Klemme 15 prüfen (12 V bei eingeschalteter Zündung). Zündschloss testen.
Klemme 31 (Masse)	Elektrische Rückführung zur Batterie, bildet das Referenzpotenzial für alle Komponenten.	Fehlfunktionen in Sensorik, sporadische Fehlercodes, flackernde Beleuchtung.	Massepunkt mit Spannungsfallmessung prüfen (max. 0,2 V). Massekontakte reinigen.
Klemme 50 (Anlassersignal)	Steuert den Anlasser über das Zündschloss oder Steuergerät.	Anlasser dreht nicht, Starterklacken ohne Funktion, Fehlerspeicher: Starterkreis defekt.	Spannung an Klemme 50 beim Start messen. Falls keine Spannung: Zündschloss prüfen.

Klemme 61 (Lichtmaschinen-Erregerleitung)	Erregerstrom für die Lichtmaschine, wichtig für die Ladespannungserzeugung.	Batterie wird nicht geladen, schwankende Ladespannung, rote Batterieleuchte im Cockpit.	Spannung an Klemme 61 prüfen. Falls keine Spannung: Lichtmaschine oder Regler defekt.
Klemme 1 (Zündspulen-Taktung)	Schaltet das Massepotenzial der Zündspule für präzise Zündzeitpunkte.	Kein Zündfunke, unrunder Motorlauf, Fehlzündungen, Fehlerspeicher: Zündkreis defekt.	Oszilloskop-Messung an Klemme 1 auf saubere Schaltimpulse. Steuergerät prüfen.
Klemme 49 (Blinkgeber Eingangssignal)	Liefert das Eingangssignal für das Blinkrelais.	Blinker bleibt an oder funktioniert nicht, kein Blinkergeräusch, Taktfrequenz unstet.	Spannung an Klemme 49 messen. Falls keine Spannung: Blinkerschalter oder Sicherung prüfen.
Klemme 85 (Relaisspule Masse)	Masseanschluss für Relais, schaltet den Stromkreis bei Ansteuerung.	Relais klickt nicht, Verbraucher wie Lüfter oder Kraftstoffpumpe bleiben inaktiv.	Durchgangsprüfung Relaissteuerkreis. Falls kein Durchgang: Massekontakt prüfen.
Klemme 87 (Relais Arbeitsstrom-Ausgang)	Gibt den geschalteten Arbeitsstrom vom Relais an Verbraucher weiter.	Verbraucher schalten nicht ein (z. B. Lüfter, Pumpe), sporadische Ausfälle.	Spannung an Klemme 87 messen. Falls keine Spannung: Relais oder Sicherung defekt.

8.3.2 Hier sind Diagnose Beispiele, auf Klemmenwissen basierend

KLEMME 50 - DIE ANLASSER IM VISIER

Problem: Du drehst den Zündschlüssel, aber der Anlasser macht keinen Mucks. Batterie ist neu, aber nichts passiert.

Lösung mit Klemmenprüfung:

- Messgerät an Klemme 50 (Anlasser-Signal) halten und Schlüssel drehen.

- Spannung liegt an? → Problem liegt im Anlasser oder Masseverbindung zum Motor.

- Spannung liegt nicht an? → Fehler im Zündschloss, Relais oder Kabelbaum.

Tipp: Wenn Klemme 50 keine Spannung liefert, kannst du mit einem Testkabel kurzzeitig Batterie-Plus (Klemme 30) auf Klemme 50 geben - dreht der Anlasser dann? Fehler liegt vor dem Anlasser, sonst im Anlasser selbst.

***

KLEMME 61 - LICHTMASCHINEN PRÜFEN

Problem: Batterie wird nicht geladen, aber Lichtmaschine und Keilriemen sind in Ordnung.

Lösung mit Klemmenprüfung:

1. Klemme 61 prüfen - das ist die Erregerleitung der Lichtmaschine.

2. Wenn keine Spannung anliegt → Defekt in der Erregerschaltung oder defektes Lämpchen der Ladekontrollleuchte.

3. Wenn Klemme 61 Spannung liefert, aber keine Ladespannung erzeugt wird → Lichtmaschine selbst defekt.

Tipp: Die Ladekontrollleuchte dient als Erregerwiderstand. Wenn sie durchgebrannt ist, lädt die Lichtmaschine nicht - klassischer Fehler, der oft übersehen wird.

***

KLEMME 15 - ZÜNDUNG ODER SENSOR-PROBLEM?

Problem: Motor dreht, springt aber nicht an.

Lösung mit Klemmenprüfung:

1. Spannung an Klemme 15 prüfen - das ist das geschaltete Plus für Zündung und Steuergeräte.

2. Keine Spannung? → Problem im Zündschloss, Relais oder Kabelbaum.

3. Spannung da, aber kein Zündfunke oder keine Einspritzung? → Fehler im Steuergerät oder Sensorik.

Tipp: Viele Steuergeräte aktivieren die Kraftstoffpumpe nach Zündung nur kurz im Vorlauf und lassen sie erst weiterlaufen, wenn ein gültiges Drehzahlsignal vom Kurbelwellensensor ankommt. Fehlt das, bricht die ECU die Pumpe ab. Kein Signal = kein Sprit = kein Start. Also: Wenn bei Zündung *AN und START* nichts mehr pumpt, liegt's oft am Kurbelwellensensor. Schaltpläne lesen zu können, ist eine Sache. Die Klemmenbezeichnungen wirklich zu verstehen, ist eine völlig andere Liga. Denn wer Klemme 30 nur als „Dauerplus" und Klemme 31 als „Masse" kennt, kratzt gerade mal an der Oberfläche. In Wahrheit steckt hinter diesen Bezeichnungen ein hochstrukturiertes System, das dir bei der Fehlerdiagnose Türen öffnet, wenn du es richtig einsetzt.

Hier sind weitere Klemmen, die nicht nur in Prüfprotokollen auftauchen, sondern aktiv bei der Fehlersuche helfen, mit echten Praxisfällen, warum sie verdammt wichtig sind.

KLEMME 1 – ZÜNDSPULEN-TAKTUNG (Primärstromkreis der Zündung)

Warum wichtig?

1. Hier wird der steuerbare Masseanschluss der Zündspule geschaltet. Das Steuergerät gibt hierüber den präzisen Funkenzeitpunkt vor.

2. Fällt Klemme 1 aus, hast du entweder keinen Zündfunken oder Dauerfeuer, weil das Steuergerät die Spule nicht mehr kontrollieren kann.

Praxistipp:

Wenn du ein Zündungsproblem hast und wissen willst, ob das Steuergerät noch taktet:

- Einfache Prüfung mit einer Prüflampe zwischen Klemme 1 und Masse.

- Wenn sie rhythmisch flackert: Steuergerät arbeitet.

- Wenn sie durchgehend leuchtet: Zündspule hat Masseschluss oder Steuergerät ist tot.

***

KLEMME 4 - Masseanschluss für Glühkerzen-Steuerung bei Dieselmotoren

Warum wichtig?

- Moderne Diesel fahren Glühkerzen nicht einfach „an/aus", sondern mit Pulsweitenmodulation (PWM), um die Glühtemperatur optimal zu steuern.

- Eine schlechte Masse an Klemme 4 kann dazu führen, dass der Motor kalt startet wie ein alter Lanz Bulldog - oder gar nicht anspringt.

Praxistipp:

Glühkerzen nicht einfach „auf Verdacht" tauschen! Stattdessen Klemme

4 auf Spannungsabfall testen. Wenn unter Last mehr als 0,5 V fallen, wird die Glühkerze nicht mehr richtig versorgt.

$$***$$

KLEMME 31b - Steuergeräte-interne Masse (unterschiedlich zu Chassis-Masse!)

Warum wichtig?

- Viele denken, Masse ist immer einfach „Chassis", aber Steuergeräte haben oft separate Masseleitungen, um Störungen durch Karosseriepotenziale zu vermeiden.

- Ist Klemme 31b gestört, kann das Steuergerät nicht mehr richtig messen und regeln und verursacht Chaos in der Sensorik.

Praxistipp:

Wenn Sensorwerte aus dem Ruder laufen, prüfe immer zuerst die Masseverbindung von Klemme 31b zum Steuergerät. Gerade bei modernen Autos mit vielen CAN-Bus-Systemen kann hier eine winzige Korrosion komplette Netzwerkausfälle verursachen.

$$***$$

KLEMME 49 - Blinkgeber Eingangssignal

Warum wichtig?

- Viele Blinkausfälle oder unlogisches Blinkverhalten haben nichts mit kaputten Relais oder Glühlampen zu tun, sondern mit dem Eingangssignal am Blinkgeber.

- Ohne korrektes Signal auf Klemme 49 weiß der Blinkgeber nicht, wann er takten soll und dann geht entweder gar nichts oder er blinkt in einer Geschwindigkeit, die selbst Disco-Lichter peinlich finden würden.

Praxistipp:

Messgerät an Klemme 49, während du den Blinkerhebel betätigst.

- **Kein Signal?** Problem im Lenkstockschalter.

- **Signal liegt an, aber Blinker bleibt tot?** Blinkrelais prüfen.

✳✳✳

KLEMME 50 - Anlassersignal (Startersteuerung)

(Dieses Beispiel haben wir oben schon, aber hier kommt noch ein Detail, das dich auf die nächste Diagnose-Ebene hebt.)

Warum wichtig?

- Moderne Fahrzeuge schalten Klemme 50 oft nicht mehr direkt, sondern über ein Relais oder ein CAN-Bus-Signal aus dem Steuergerät.

- Wenn der Anlasser nicht reagiert, kann es sein, dass er gar nicht mechanisch angesteuert wird, sondern das Problem im Kommunikationspfad liegt.

Praxistipp:

Wenn der Anlasser still bleibt, aber die Batterie voll ist:

- Multimeter an Klemme 50 direkt am Anlasser halten.

- Schlüssel drehen - Spannung da?

  - **Ja:** Anlasser defekt.

  - **Nein:** Problem im Schaltkreis → Relais, Steuergerät oder Wegfahrsperre prüfen.

✳✳✳

KLEMME 61 - Die Geheimwaffe bei Lichtmaschinenproblemen

(Dieses Beispiel hatten wir auch schon, aber jetzt mit zusätzlichem Insider-Wissen.)

Warum wichtig?

1. Diese Klemme zeigt, ob die Lichtmaschine überhaupt Erregerstrom bekommt. Ohne das bleibt die Spannung unter 12V, weil die Batterie nicht geladen wird.

2. In vielen Fahrzeugen ist Klemme 61 mit der Ladekontrollleuchte im Cockpit verbunden, wenn die defekt ist, lädt die Lichtmaschine nicht!

Praxistipp:

Zündung an, Motor aus - Ladekontrollleuchte leuchtet?

- **Nein?** → Problem in Klemme 61, Erregerspannung prüfen!

- **Ja, aber Batterie lädt trotzdem nicht?** → Diodenbrücke in der Lichtmaschine defekt.

8.4 DER CAN-BUS

kurz ENTSCHLÜSSELT (<u>CAN</u>-Controller Area Network, <u>BUS</u>-Sammelleitung)

Stell dir vor, dein Auto ist kein Fahrzeug, sondern ein Hochleistungsorganismus.

Jede Steuerleitung ist ein Nerv.

Jedes Steuergerät ein Organ, das nur funktioniert, wenn es exakt mit dem Rest des Systems kommuniziert.

Genau das leistet der CAN-Bus: Er ist das zentrale Nervensystem des modernen Fahrzeugs.

Und wer ihn versteht, führt.

Willkommen in der KolbenKult-Diagnose-Arena.

8.4.1 DER CAN-BUS IST KEIN KABEL. ER IST EIN SYSTEM.

Der CAN-Bus (Controller Area Network) ist kein simples „+/-"-Leitungsduo, sondern ein bidirektionales Datennetzwerk. Steuergeräte kommunizieren darüber in Echtzeit und das über differenzielle Signale: **CAN-High** und **CAN-Low**.

Warum differenziell? Weil es störsicher ist. Elektromagnetische Störungen wirken auf beide Leitungen gleichzeitig - die Differenz aber bleibt stabil. Die Kommunikation ist damit zuverlässig, selbst in der Nähe von Zündspulen, Relais oder Hochstromkomponenten.

8.4.2 WIE REDET EIN STEUERGERÄT?

Eine CAN-Nachricht ist ein strukturierter Datenrahmen:

- **Identifier:** Wer spricht?

- **Datenfeld:** Was wird gesagt?

- **CRC & ACK:** Ist das korrekt angekommen?

Das System ist nicht Master-Slave. Jeder darf senden. Wer sendet, wird über das Prioritätssystem geregelt: je kleiner die Identifier-Zahl, desto wichtiger die Nachricht.

Ergebnis: Das Notbremssystem kommt immer vor dem Scheibenwischer.

typische Übertragungsraten:

klassisch 125-500 kbit/s, CAN-FD bis 8 Mbit/s

8.4.3 WARUM DU DAS NICHT NUR VERSTEHEN, SONDERN BEHERRSCHEN MUSST

Leute, die den CAN-Bus nicht durchdringen, sind wie Notärzte ohne EKG.

Denn:

- Ein Kurzschluss auf CAN-Low legt oft die Kommunikation ganzer Systeme lahm.

- Ein zu hoher oder schwankender Buswiderstand stört die Logik-kommunikation, ohne dass es auf den ersten Blick sichtbar wird.

- Ein defektes Steuergerät, das permanent Müll sendet, blockiert den Bus. Dann werden alle anderen Teilnehmer werden stumm-geschaltet. Stell dir vor: Einer brüllt dauerhaft ins Funkgerät und der Rest der Truppe kann nichts mehr sagen. Willkommen im Bus-Freeze.

ZIELGERICHTETE CAN-DIAGNOSE

BEISPIEL: Dauerhafte ESP-Störung nach Batterietausch

Symptom: Leuchtendes ESP-Symbol, Fehlercode „Kommunikation mit ABS/ESP gestórt"

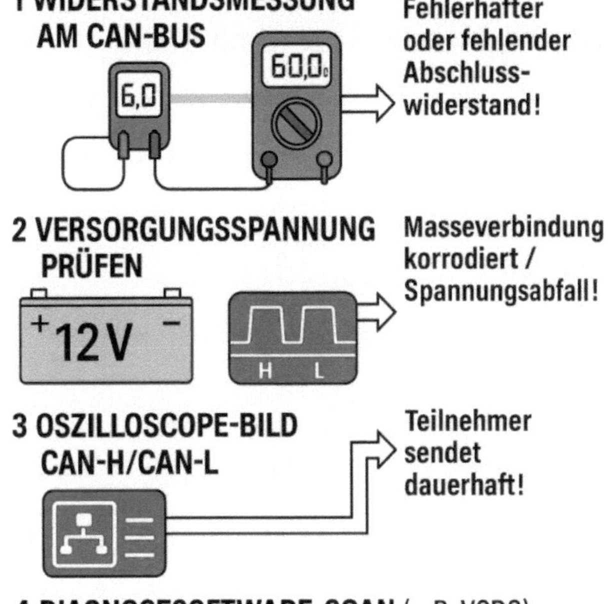

Leitungstopologie, Abschlussimpedanz und Protokollpriorisierung einfach angewand

1. Widerstandsmessung (Zündung AUS!)

Ziel: Prüfung der Terminierung (Abschlusswiderstände)

- Stecker eines beliebigen Steuergeräts abziehen

- Multimeter zwischen **CAN-High** und **CAN-Low**

- **Sollwert:** ca. **60 Ohm**
  (*Hintergrund: Zwei 120-Ohm-Abschlusswiderstände parallel geschaltet = 60 Ohm*)

Bewertung:

- ☑ **60 Ohm** → Terminierung korrekt

- ⚠ **120 Ohm oder ∞** → Einer der Widerstände fehlt oder Kabelbruch

- ✕ **< 60 Ohm** → Kurzschluss, Parallelinstallation oder Fremdeinspeisung

***

2. Versorgungsspannung prüfen (Zündung AN!)

Ziel: Sicherstellen, dass das Steuergerät stabil versorgt ist

- Spannung direkt am betroffenen Steuergerät messen

- Referenzwert: mindestens 11,5 V bei laufender Bordnetzversorgung

Grenzwerte & Interpretation:

- ⚠ **< 10,5 V** → kritische Unterversorgung → Kommunikationsprobleme möglich

- ✕ **< 9,0 V** → Steuergerät oft nicht mehr busfähig

Zusätzlich prüfen:

- **Masseverbindung** → Spannungsfall gegen Batterie-Minus < 0,2 V

***

3. Oszilloskop-Analyse (Zündung AN!)

Ziel: Prüfung der Signalform und Busintegrität

- Signalverlauf zwischen **CAN-High** und **CAN-Low** beobachten

    - **CAN-High:** 2,5 – 3,5 V

    - **CAN-Low:** 2,5 – 1,5 V

    - **Gesamtdifferenz:** exakt **5 V**

Auswertung des Signalbilds:

- ☑ Rechteckimpulse stabil & synchron → Kommunikation in Ordnung

- ⚠ Flache Linien → keine Kommunikation

- ⚠ Verzerrungen → Massefehler, Induktion, Übersprechen

- ✕ Keine 5-V-Differenz → schwerer Busfehler

***

4. Diagnosesoftware einsetzen

Ziel: Kommunikation und Teilnehmerstatus logisch erfassen

- Software: z. B. VCDS, Hella Gutmann, Picoscope

- Prüfen:

    - Kommunikationsstatus einzelner Steuergeräte

    - Bitfehlerzähler

    - Antwortverhalten & Erreichbarkeit

Fragen, die du jetzt beantworten kannst:

- ❓ **Wer ist offline?**

- ❓ **Wer überlastet den Bus mit Dauertelegrammen?**

- ❓ **Wer antwortet verzögert oder fehlerhaft?**

8.5 KOLBENKULT 3-STUFEN-FRAMEWORK ZUR CAN-DIAGNOSE

Stufe 1 - Physikalisch

- Multimeter, Widerstand, Oszilloskop, Leitungsmessung

- **Frage:** Ist die Leitung elektrisch gesund?

Stufe 2 - Logisch

- Diagnosegerät, Busprotokoll, ID-Auswertung

- **Frage:** Wer spricht, wer schweigt, wer stört?

Stufe 3 - Kontextual

- Fehlersymptom, Steuergerätebezug, Stromlaufplan

- **Frage:** Wer ist beteiligt, wer ist betroffen, wer ist der Auslöser?

Beispiel:

Das Kombiinstrument spinnt, ESP leuchtet, Motor läuft normal → Prüfe Busverbindung zwischen ABS, BCM, Kombi und Lenkwinkelsensor, nicht die Bremsen.

BONUS: DIE MACHT DER MASSE

Ein CAN-Bus ist nur so stabil wie seine Bezugspotenziale. Unsaubere Masseverbindungen (oxidiert, wackelig, karosseriefern) können CAN-Störungen verursachen, die aussehen wie Protokollfehler - sind aber rein elektrisch. Prüfe die Masseführung an jedem Steuergerät. Immer.

KolbenKult

Der CAN-Bus ist eine Sprache, kein Stromkreis. Wer nur Spannung oder Strom misst, stochert im Nebel.

Du brauchst:

- Saubere Masse

- Logisches Denken

- Und idealerweise ein Oszilloskop, um Signale sichtbar zu machen

Kein Oszi? Kein Drama. Multimeter, Stromlaufplan und Verstand reichen oft aus, um 80 % aller Busfehler zu erkennen, wenn du weißt, wo du ansetzen musst.

KEY TAKEAWAYS   Elektrik ist keine Glaubensfrage

☑ **Masse ist die Mutter aller Signale.**

Ohne saubere Masse keine sauberen Daten. Jeder Sensorwert, der spinnt, jede Steuergeräteaussetzer kann am verrotteten Massepunkt hängen. → Immer unter Last messen, nicht im Leerlauf träumen.

☑ **Kurzschluss = Kabel-Tornado, Kriechstrom = elektrisches Arsen.**

Ein Kurzschluss zerlegt sofort das System - Sicherung raus, Leitung glüht. Kriechstrom dagegen saugt die Batterie über Tage leer - heimlich, still und tödlich.

☑ **Isolationsfehler sind Zeitbomben.**

Noch kein Kurzschluss, aber schon gefährlich. Oft durch Feuchtigkeit, poröse Isolierung oder billige Nachrüstkabel. → Isolationsprüfer reinhalten, Leckströme aufdecken, bevor's kracht.

☑ **Multimeter ≠ Wahrsagekugel.**

Messen ohne Stromfluss ist wie Puls fühlen bei einer Schaufensterpuppe. Wenn du den Spannungsfall unter Last misst, siehst du die Wahrheit. Alles andere ist Voodoo.

☑ **CAN-Bus ist kein Hexenwerk, sondern ein verdrahtetes Netzwerk.**

Versteh das Protokoll, und du siehst, wie Steuergeräte reden. Dann erkennst du sofort: Redet jemand Müll? Oder ist nur die Leitung verstopft?

☑ **Klemmenbezeichnungen sind keine Zahlen - es sind Diagnose-Codes.**

Wer weiß, was Klemme 15, 50 oder 31b bedeutet, diagnostiziert nicht mehr blind, sondern seziert Fehler chirurgisch präzise. Das ist Elektrologie auf KolbenKult-Niveau.

Kapitel 9   OBD und moderne Diagnoseverfahren

Du sitzt in deiner Werkstatt, ein moderner Bolide vor dir, vollgestopft mit Elektronik. Denkst du wirklich, du kannst ihn mit einem Schraubenschlüssel und einem Gebet reparieren? Vergiss es! Über 90 % aller Werkstätten setzen heute auf OBD (**on**-**b**oard-**D**iagnose)-Scanner und Laptops, um Fehler zu diagnostizieren. Diese Geräte sind nicht nur hilfreich, sie sind unverzichtbar.

Komplexität moderner Fahrzeuge

Ein durchschnittliches Auto hat heute mehr Codezeilen als ein Space Shuttle. Ohne die richtigen Diagnosewerkzeuge bist du verloren. Und das ist keine Übertreibung.

Effizienz

Mit OBD-Scannern identifizierst du Probleme in Minuten statt Stunden. Willst du wirklich erst alle Zündspulen ausbauen, bevor du einen Fehler im System findest?

Kundenvertrauen

Wer will schon zu einem Mechaniker, der rät und die Ursache würfelt? Stell dir vor, du gehst zum Arzt, und der sagt: „Wir operieren mal, schauen, ob's das war." Das ist keine echte Diagnose.

🕵️ Ein Blick zurück: Apollo 13 und der Bordcomputer

Der Apollo Guidance Computer (AGC), eingesetzt während der Apollo-Missionen, verfügte über eine Taktfrequenz von 2,048 MHz sowie 36 KB ROM und 2 KB RAM. Er war ein technologisches Meisterwerk seiner Zeit und einer der ersten Computer, der integrierte Schaltkreise verwendete. Insgesamt enthielt der AGC 1+2 Block etwa 32.000 Transistoren.

Vergleich mit modernen Fahrzeugen

Ein deutscher Mittelklassewagen mit Vollausstattung verfügt heute über 70 bis 100 Steuergeräte, Luxusmodelle wie eine Mercedes S-Klasse oder ein Tesla Model S erreichen bis zu 150. Diese Steuergeräte sind miteinander vernetzt und steuern:

- Motorsteuerung (ECU)
- Fahrassistenzsysteme (ABS, ESP, Lenkassistenten)
- Infotainment
- Komfortfunktionen (Sitzheizung, Klima, Keyless-Entry)
- ADAS (Automatisiertes Fahren)

Und das sind nur die Highlights. Manche Fahrzeuge haben mehr Chips als ein Gaming-PC.

Nicht nur Autos haben sich weiterentwickelt, zuvor sogar Landmaschinen. Moderne Mähdrescher nutzen Hochleistungsmotoren mit elektronischer Steuerung, GPS-gestützter Ernteoptimierung und automatischer Spurführung. Ohne Elektronik wäre eine moderne Ernte schlicht weg nicht machbar.

Vergleichstabelle: Rechenleistung verschiedener Systeme

Wir leben in einer Welt, in der selbst ein Mittelklassewagen mehr Rechenpower hat als die Mondlandefähre von 1969. Hier ein direkter Vergleich:

System	Prozessor/Steuergerät	Taktfrequenz	Speicher	Transistorenanzahl
Apollo Guidance Computer	2 AGC Blöcke	2,048 MHz	36 KB ROM, 2 KB RAM	AGC1 12.300 AGC2 20.000
VW Käfer (kein Steuergerät)	-	-	Keine elektronische Recheneinheit	-
Modernes Fahrzeug (z. B. Tesla, Audi)	Nvidia Tegra X1	bis zu 1 GHz	Variiert je nach Steuergerät	5 Milliarden
iPhone 14 Pro	Apple A16 Bionic	bis zu 3,46 GHz	6 GB LPDDR5 RAM	16 Milliarden

Rüste dich aus - aber denk selbst.

Die technologische Entwicklung hat die Diagnoselandschaft für immer verändert. Ohne OBD-Scanner und Laptop geht heute nichts mehr, aber wer sich blind auf die digitale Diagnose verlässt, ist genauso verloren wie ein Arzt, der Patienten nur anhand von Laborwerten behandelt, ohne sie jemals anzusehen.

Ein Laptop zeigt Symptome - nicht die Ursache. Ein Fehlercode sagt dir nicht, was kaputt ist, sondern nur, wo das Problem registriert wurde. Moderne Steuergeräte sind unglaublich leistungsfähig, aber sie arbeiten nach festen Algorithmen und interpretieren Signale nach vorgegebenen Regeln. Wenn ein Sensor falsche Werte liefert, kann das an ihm selbst liegen - oder an einer Störung ganz woanders im System.

Ein echter Diagnostiker nutzt OBD für die erste Eingrenzung, den Laptop für tiefere Analysen, das Multimeter für elektrische Überprüfungen und das Oszilloskop für Signaltests. Wer nur einen Teil nutzt, sieht nur einen Teil des Problems. Wer alles nutzt, sieht das große Ganze. Und genau das macht den Unterschied aus.

Also: OBD ist nicht perfekt, aber verdammt wertvoll. Der Laptop ist unverzichtbar. Der Batterietester enttarnt kränkelnde Stromversorgungen. Der Thermoscanner erkennt Hitzeprobleme, bevor sie zum Totalschaden führen. Die digitale Diagnose ist kein Spielzeug - sie ist der Schlüssel zur echten Fehlersuche.

Aber am Ende entscheidet immer noch der Mensch, ob die Diagnose richtig ist. Kein Algorithmus, keine Software kann das Wissen, die Erfahrung und die Logik eines guten Mechanikers ersetzen. **Wer ohne Verstand einfach nur Fehlercodes ausliest und Teile tauscht, kann sich auch gleich Tarotkarten legen lassen.**

9.1 OBD-Diagnosegeräte Die Lügen-Detektoren

Ein OBD-Tester ist kein Hellseher, sondern ein Zeuge unter Folter. Er sagt dir, was das Steuergerät glaubt, was falsch ist und nicht, was wirklich falsch ist. Wenn der OBD-Code „Lambdasonde defekt" ausspuckt, bedeutet das nur, dass die Sonde außerhalb ihrer Toleranzen arbeitet. Warum? Weil sie Abweichungen im Sauerstoffgehalt erkennt, die auf verschiedene Ursachen zurückzuführen sein können.

Spielen wir den Test durch:

9.1.1 Die Lambdasonde - Das Gehirn der Gemischregelung

Die Lambdasonde ist ein elektrochemischer Sensor, der den Sauerstoffgehalt im Abgas misst und damit eine zentrale Rolle in der Motorsteuerung spielt. Sie ist für das Motormanagementsystem (ECU) unverzichtbar, da sie das Luft-Kraftstoff-Gemisch reguliert und damit eine optimale Verbrennung sowie minimale Emissionen sicherstellt

Funktionsweise der Lambdasonde

Die Lambdasonde basiert auf einer Nernstzelle, die aus einem speziellen keramischen Werkstoff (Zirkondioxid, ZrO_2) besteht. Dieses Material ist in der Lage, Sauerstoffionen zu leiten, wenn es auf Betriebstemperatur (ca. 300-900°C) gebracht wird. Dafür ist eine integrierte Heizung notwendig, die die Sonde schnell auf die nötige Temperatur bringt

Im Kern besteht die Lambdasonde aus zwei Elektroden:
- Eine Elektrode ist dem Abgasstrom ausgesetzt.
- Die andere befindet sich in einer Referenzkammer mit Umgebungsluft.

Der Sensor misst die Spannungsdifferenz zwischen diesen beiden Elektroden. Diese entsteht durch den Unterschied im Sauerstoffgehalt des Abgases und der Umgebungsluft.

- Bei **fetten Gemischen ($\lambda < 1$)** ist wenig Sauerstoff im Abgas → hohe Spannung (~0,8-1 V).
- Bei **mageren Gemischen ($\lambda > 1$)** ist viel Sauerstoff im Abgas → niedrige Spannung (~0-0,2 V).

Das Steuergerät erkennt diese Signale und regelt entsprechend die Kraftstoffzufuhr, um das **stöchiometrische Verhältnis von $\lambda = 1$ (14,7:1 Luft-Kraftstoff-Verhältnis)** zu halten.

****

Arten von Lambdasonden - Die Wahrheit aus dem Abgas

Willkommen in der Welt der Lambdasonden, den allsehenden Augen der Motorsteuerung. Diese Dinger sind die einzigen Sensoren, die tatsächlich wissen, was am Ende der Verbrennungskammer passiert, während sich alles andere nur auf Berechnungen und Annahmen verlässt. Doch nicht alle Lambdasonden sind gleich. Es gibt zwei Hauptarten, die grundverschieden funktionieren:

A. Binäre Lambdasonde (Sprungsonde) - Das digitale Fossil

Diese Sonde ist die konservative Tante unter den Abgassensoren: simpel, binär und unerbittlich. Sie interessiert sich nicht für feine Abstufungen, sondern entscheidet knallhart zwischen fett und mager, Schwarz oder Weiß, keine Grauzonen.

🔧 **Technische Funktionsweise:**
- Arbeitet nach dem Zweipunkt-Prinzip (Sprungantwort) und erkennt nur Lambda < 1 (fett) oder Lambda > 1 (mager).
- Wird primär für Drei-Wege-Katalysatoren eingesetzt, da diese exakt um Lambda = 1 herum arbeiten müssen.
- Gibt eine Sprungspannung aus, die zwischen 0,2 V (mager) und 0,8 V (fett) hin- und herspringt - die ECU sieht das als Steuergröße für die Gemischregelung.

- Die Sprungfrequenz ist abhängig von der Reaktionszeit des Sensors und der Motorsteuerung, typischerweise bei 1 bis 3 Hz.
- Arbeitet nur in einem engen Fenster um Lambda 1 , außerhalb dieses Bereichs sagt sie nichts Sinnvolles mehr.

🔬 Physikalischer Hintergrund:

- Die Sonde basiert auf einer Zirkonoxid-Keramikmembran, die über Diffusion den Sauerstoffgehalt im Abgas mit der Außenluft vergleicht.
- Durch die Temperaturabhängigkeit der Ionenbewegung funktioniert sie erst ab ca. 300°C , darum ist bei modernen Sonden eine integrierte Heizung Standard.
- Ohne Heizung oder mit schlechter Regelung sind die Messwerte so nützlich wie ein Thermometer in der Sauna - es zeigt was an, aber ob es stimmt, weiß keiner.

🚗 Einsatzgebiete:

- Klassische Saugrohreinspritzer mit dynamischer Gemischanpassung um Lambda 1.
- Fahrzeugmodelle mit einfacher Motorelektronik, wo es nur um die Grundregelung für den Katalysator geht.

B. Breitband-Lambdasonde (Linearsonde) - Der Hightech-Spion im Abgas

Willkommen in der Zukunft! Während die Sprungsonde immer nur rät, was passiert, misst die Breitbandsonde die exakte Sauerstoffkonzentration und das mit einer Präzision, die der alten Technik weit überlegen ist.

🔧 Technische Funktionsweise:

- Arbeitet mit einem elektrochemischen Pumpstrom-Prinzip, das nicht nur zwischen fett und mager unterscheidet, sondern den exakten Sauerstoffgehalt im Abgas bestimmt.

- Besteht aus einer Zirkonoxid-Messzelle mit zwei Kammern: einer Referenzluftkammer und einer Messkammer, zwischen denen eine elektrische Spannung aufgebaut wird.
- Die ECU hält durch einen geregelten Pumpstrom die Differenz konstant - je mehr Strom fließt, desto weiter ist das Gemisch von Lambda 1 entfernt.
- Das Signal ist linear und nicht sprunghaft, was eine kontinuierliche Messung von fett bis extrem mager (Lambda 0,7 - 5,0) ermöglicht.
- Heizt sich aktiv auf bis zu 800°C, damit die Reaktionsgeschwindigkeit immer konstant bleibt.

🔬 Physikalischer Hintergrund:
- Die Sonde misst den Sauerstoffpartialdruck im Abgas und regelt ihn durch eine aktive Ionenbewegung in der Zirkonoxid-Keramik.
- Der abgegebene Pumpstrom ist proportional zur Sauerstoffdifferenz zwischen Referenzluft und Abgas - daher spricht man von einer stromgesteuerten Sonde.
- Typische Spannungswerte im Regelkreis liegen bei 0,45 V (stöchiometrisch), 1,1-1,5 V (fett) und 0,1-0,3 V (mager), wobei diese Werte herstellerabhängig sind.

🚙 Einsatzgebiete:
- **Direkteinspritzer** mit Schichtladung, wo das Gemisch stark variiert und präzise geregelt werden muss.
- **Dieselmotoren**, da dort durchgehend mit Lambda-Werten weit über 1 gearbeitet wird.
- **Hochleistungsmotoren** mit variabler Kraftstoffeinspritzung, die eine präzisere Kontrolle brauchen.

Warum die Breitbandsonde die Sprungsonde verdrängt hat

Die Sprungsonde war lange der Standard, aber moderne Motoren brauchen mehr Präzision, deshalb ist die Breitbandsonde mittlerweile in fast allen Neufahrzeugen verbaut. Sie ermöglicht:

- ☑ **Exakte Gemischregelung** auch bei extremen Lambda-Werten.
- ☑ **Bessere Abgasnachbehandlung**, insbesondere bei Dieseln und Direkteinspritzern.
- ☑ **Adaptives Motormanagement**, das sich an verschiedene Last- und Drehzahlbereiche anpassen kann.

Die Sprungsonde ist damit zwar nicht tot, aber eher das Nokia 3310 der Motorsteuerung und sie macht ihren Job, aber im Hightech-Bereich hat sie ausgedient.

9.2 Die Lambdasonde als „Lügen-Detektor"

Ein OBD-Tester ist wie ein Zeuge unter Folter: Er gibt Informationen preis, aber nur das, was er zu wissen glaubt. Der Fehlercode „Lambdasonde defekt" ist ein Paradebeispiel: Das Steuergerät meckert, weil die Werte nicht stimmen. Aber warum, das weiß es selbst nicht.

Wer OBD versteht, kann es als Lügen-Detektor nutzen und das bedeutet, dass man das Steuergerät entlarven muss, wenn es sich auf die falsche Spur setzt.

Wie entlarvt man eine „lügende" Lambdasonde?

Der Schlüssel ist simpel: **Die Sonde misst nicht den Fehler, sondern die Folge eines Fehlers.** Wenn das Gemisch aus dem Ruder läuft, ist die Sonde das erste Bauteil, das Alarm schlägt - aber das bedeutet nicht automatisch, dass sie kaputt ist.

***

Hier sind die fünf goldenen Schritte, um das OBD als Lügen-Detektor zu nutzen:

(1) Live-Daten nutzen - Wahrheit vs. Täuschung

Ein Fehlercode allein ist wertlos, wenn man nicht weiß, was in Echtzeit passiert. OBD zeigt Live-Daten der Lambdasonde. Denn genau hier kann man sehen, ob sie sich verdächtig verhält.

Sprungsonde (binär): Spannung muss zwischen 0,2 V (mager) und 0,8 V (fett) wechseln.
✔ Wenn die Spannung „klebt" (z. B. dauerhaft 0,8 V) → Gemisch zu fett, aber ist die Sonde schuld?
✔ Spannung bleibt niedrig (0,2 V) → Mageres Gemisch, aber woher kommt die Falschluft?

Breitbandsonde (linear): Arbeitet mit Pumpstrom. Hier geht's nicht um Spannung, sondern um Stromfluss, der das Sauerstoffgleichgewicht hält.
- **Wenn der Pumpstrom sich nicht bewegt**, hat entweder die Sonde ein Problem - oder das Steuergerät eine falsche Annahme.

Praxistipp: Vergleiche die Lambdawerte mit dem Luftmassenmesser oder Einspritzzeiten. Wenn diese nicht zusammenpassen, hat OBD dich gerade angelogen.

(2) Die Umgebung checken - Ist die Sonde das Opfer oder der Täter?

Die Lambdasonde sitzt mitten im Abgasstrom und das heißt, sie ist anfällig für Verunreinigungen, Falschluft und Sensorfehler.

✔ **Falschluft** - Undichtigkeiten im Ansaugtrakt lassen Luft am Sensor vorbei, die er nicht messen kann. **Ergebnis:** Die Sonde meldet „mager", aber das Problem liegt ganz woanders.

✔ **Kraftstoffdruck-Probleme** - Zu wenig Druck? Die Sonde schreit „mager". Zu viel? Sie ruft „fett".

✔ **Undichtes Abgassystem vor der Sonde** - Falschluft zieht in den Auspuff → Sensor misst zu viel Sauerstoff → Steuergerät denkt „mager" → falsche Anpassungen!

✔ **Sensorverschmutzung (Öl, Ruß, Silikon)** - Der Sensor kann noch funktionieren, aber langsamer reagieren → ECU hält ihn für defekt.

Praxistipp: Ein schneller Bremsenreiniger-Test (kurz vor die Drosselklappe sprühen) kann zeigen, ob die Sonde normal reagiert oder festhängt.

(3) Die Heizung der Sonde prüfen. Ohne Hitze keine Wahrheit

Lambdasonden arbeiten erst bei 300-900°C. Bis dahin liefern sie Müllwerte. Moderne Sensoren haben integrierte Heizungen, aber die können ausfallen.

Anzeichen einer toten Heizung:

✔ OBD zeigt sporadische Fehler oder nur unter bestimmten Bedingungen.

✔ Sonde braucht zu lange nach dem Kaltstart, um Werte zu liefern.

✔ Widerstand der Heizung prüfen! Typische Werte liegen zwischen 2 und 15 Ohm.

Praxistipp: Führe einen Kaltstart-Test durch, wenn die Sonde erst nach mehreren Minuten reagiert, ist die Heizung im Eimer.

(4) Spannungsprüfung - Multimeter schlägt OBD

Ein schneller Test mit dem Multimeter kann entlarven, ob die Sonde wirklich liefert, was sie soll oder ob das Steuergerät nur „denkt", dass sie defekt ist.

Multimeter

✔ Sondensignal an Pin 2 messen → Spannung muss zwischen   0,2 - 0,8 V springen.

✔ Falls nicht: Direkt auf Masse messen → Falsche Werte? Sonde   kaputt.

✔ Versorgungsspannung prüfen (Pin 1 & 4) → Keine 12V? Problem in der Verkabelung oder ECU.

Oszi

✔ Oszilloskop an Pumpstromleitung anschließen.

✔ Strom muss kontinuierlich fließen und sich je nach Gemisch anpassen.

✔ Kein oder gleichbleibender Strom? Sonde oder ECU hat ein Problem.

Praxistipp: OBD sagt „Lambdasonde kaputt", aber Multimeter und Oszilloskop zeigen normale Werte? Dann ist nicht die Sonde das Problem, sondern das Steuergerät oder ein anderer Sensor!

(5) Die ultimative Gegenprobe - Abgastest vs. Lambdawert

Vergleiche den Lambdawert mit einem echten Abgastester!

🔦 Wenn der OBD-Lambdawert „1,00" sagt, aber der Abgastester ein völlig anderes CO/HC-Niveau zeigt, dann hat sich das Steuergerät geirrt.

✔ **OBD zeigt Lambda = 1, aber CO-Werte sind zu hoch?** → Kat tot oder falsche Einspritzmenge.

✔ **OBD zeigt Lambda = 1, aber NOx-Werte sind extrem?** → Zu heiß, zu mager → Sensor falsch interpretiert.

✔ **OBD zeigt Lambda-Werte, aber kein CO vorhanden?** → Lambdasonde meldet falsche Werte, Sensorcheck nötig.

Praxistipp: Ein externer Abgastest ist die ultimative Gegenprobe. Wenn OBD und Realität nicht übereinstimmen, ist das Steuergerät auf die falsche Spur geraten.

***

Merke:

☑ OBD-Fehlercodes sind Indizien, aber keine Beweise.

☑ Die Live-Datenanalyse ist der Schlüssel zur Wahrheit.

☑ Prüfe alle Komponenten um die Sonde herum , Gemisch, Abgassystem, Verkabelung!

☑ Nutze Multimeter, Oszilloskop & Abgastester für eine echte Diagnose.

9.3 Laptop-Diagnostik

Ein Laptop in der Diagnostik ist mehr als nur ein glorifizierter Fehlercode-Scanner. Er ist dein Zugang zum zentralen Nervensystem des Fahrzeugs. Ein echter Diagnostiker geht tiefer, vergleicht Werte, loggt Daten und macht Tests, die der Durchschnitts-Schrauber nicht einmal kennt.

Hier sind echte Techniken, die du sofort ausprobieren kannst, um aus deinem Laptop mehr rauszuholen als 08/15-Fehlerspeicher-Auslese!

9.3.1 Was du mit einem Laptop wirklich tun kannst

A. Die Live-Diagnose-Session. Finde versteckte Fehler, bevor sie auftreten

Was du brauchst:

- Laptop mit Diagnose-Software (z. B. VCDS, ODIS, ISTA, FORScan, Multimarken-Tools wie AutoEnginuity)

- OBD-Schnittstelle (z. B. ein hochwertiges VCI - kein Billig-Adapter!)
- Ein Auto, das Probleme hat oder eines, das perfekt läuft, zum Vergleichen

So geht's:

Starte dein Diagnose-Tool und gehe in den **Live-Datenmodus**. Überwache kritische Parameter während der Fahrt oder im Stand:

- Luftmassenstrom (g/s) → Zeigt, ob dein Motor genug Luft bekommt.
- Lambdawerte → Schwankt die Sonde korrekt oder hängt sie?
- Einspritzzeiten (ms) → Stimmt das Verhältnis zur Last?
- Kraftstofftrimm-Werte (LTFT/STFT) → Weicht das Steuergerät das Gemisch zu stark ab?

Erwarte nicht, dass dein Auto dir den Fehler „sagt" - finde ihn selbst! Ein Lambdawert, der „normal" aussieht, kann trotzdem völlig falsch sein, wenn der Kraftstofftrimm ins Extreme abdriftet.

Profi-Trick: Logge alle Daten während einer Probefahrt (Volllast, Teillast, Schubbetrieb). Danach kannst du das Log auswerten und Auffälligkeiten erkennen, die live schwer zu sehen sind!

B. Die Stellglied-Diagnose - Erzwinge die Wahrheit aus dem Steuergerät

Was du brauchst:
- Laptop mit Stellglied-Test-Funktion (je nach Hersteller unterschiedlich - VCDS, ODIS, Delphi DS, Bosch KTS, etc.)

So geht's:
- Rufe das Menü für Aktuator-Tests auf.
- Wähle ein Bauteil aus, das du testen möchtest (z. B. Einspritzventile, AGR-Ventil, Turbolader-Stellmotor).

- Aktiviere das Bauteil über den Laptop und höre oder fühle, ob es wirklich reagiert!

Warum das geil ist:

- Einspritzventil klackt nicht? → Mechanisch fest oder elektrisch tot!
- AGR-Ventil fährt nicht an? → Verkokt oder die Ansteuerung stimmt nicht.
- Ladedrucksteller bewegt sich nicht? → Keine Rückmeldung vom Potentiometer, eventuell Mechanik klemmt.

C. Adaptionen zurücksetzen - Der Neustart für dein Steuergerät

Ein modernes Steuergerät lernt mit der Zeit - aber manchmal lernt es Mist. Sensoren driften, alte Fehlerwerte bleiben gespeichert, das Auto „merkt sich" falsche Einstellungen.

So setzt du das zurück:

- Öffne das Anpassungsmenü in deiner Diagnosesoftware.
- Setze die Lernwerte für Kraftstofftrimm, Drosselklappe, Einspritzung, Getriebe etc. zurück.
- Starte das Auto neu und fahre eine Adaptionstour (mäßige Beschleunigungen, Lastwechsel, Schubbetrieb).

D. Steuergeräte-Updates & geheime Funktionen freischalten

Laptop kann zu Diagnosezwecken das System provozieren (Säule 4)

Beispiele für versteckte Funktionen:

- **AGR:** Viele Fahrzeuge haben diese Bauteile verbaut, aber die Software ist evtl. gesperrt, um zu Diagnosezwecken dies auszuprogrammieren.

- **Komfortfunktionen aktivieren / deaktivieren:** Regensensor, Tagfahr-licht-Einstellungen, etc.
- **Performance-Updates:** Getriebesoftware optimieren, Start-Stopp de-aktivieren (wenn legal möglich).

⚠ **Achtung:** Nicht jedes Steuergerät erlaubt Änderungen ohne Her-steller-Freigabe. Wenn du hier eingreifst, **solltest du wissen, was du tust mit allen Konsequenzen.**

✔ Schließe deinen Laptop an dein Auto an.

✔ Lese alle Live-Daten während der Fahrt aus - finde auffällige Werte!

✔ Starte einen Stellglied-Test und prüfe, ob Bauteile wirklich arbeiten.

✔ Setze Lernwerte zurück, wenn das Auto sich seltsam verhält.

✔ Vergleiche die geloggten Daten mit Hersteller-Referenzwerten!

9.4 Oszilloskop-Diagnostik

OBD-Scanner sagen dir, dass etwas nicht stimmt. Der Laptop zeigt dir, wo es nicht stimmt. Aber nur ein Oszilloskop zeigt dir, warum es nicht stimmt. Das Oszilloskop ist das ultimative Diagnosewerkzeug für alles, was in Echtzeit schaltet, taktet oder pulsiert. Wenn du ein Auto wirklich verstehen willst, musst du die Signale sehen, die es sendet und das kann nur ein Oszilloskop.

Hier sind echte Techniken, die du sofort ausprobieren kannst, um das Oszilloskop in der Praxis als ultimatives Diagnose-Tool einzusetzen!

9.4.1 Zündanlagen-Analyse

Was du brauchst:
- Ein Oszilloskop mit mindestens 2 Kanälen (besser 4+)
- Eine Hochspannungstastspitze für Zündanlagen oder **eine** Induktivklemme für Sekundärzündsignale

So geht's:

✓ Schließe das Oszilloskop an eine Zündspule oder ein Zündkabel an.

✓ Starte den Motor und lasse ihn im Leerlauf laufen.

✓ Beobachte das Zündsignal. Gibt es Sprünge, Einbrüche oder fehlende Zündungen?

Warum das funktioniert:
- Ein gesundes Zündsignal zeigt einen klaren, gleichmäßigen Funkenüberschlag mit einem sauberen Brenndauer-Signal.
- Lange Brenndauer? → Mageres Gemisch oder hohe Kompressionsverluste.
- Kurze Brenndauer? → Fettes Gemisch, feuchte Kerzen oder schwache Spule.
- Kein Funken? → Spule defekt, Treiberstufe der ECU tot oder Sensoren liefern falsche Daten.

Profi-Trick: Vergleiche mehrere Zylinder! Wenn ein Zylinder ein anderes Signal als die anderen hat, hast du die Fehlerquelle gefunden.

9.4.2 Sensor-Check

Was du brauchst:
- Ein **Oszilloskop mit Tastkopf oder Differenztastkopf für kleine Signale**
- Zugriff auf den fraglichen Sensor (z. B. Kurbelwellensensor, Nockenwellensensor)

So geht's:

Schließe das Oszilloskop direkt an die Signalleitung des Sensors an. Starte den Motor und analysiere das Signal. Vergleiche das reale Signal mit dem Soll-Signal aus den technischen Unterlagen.

Warum das funktioniert:

- Ein Kurbelwellensensor-Signal sollte saubere Rechteckimpulse oder Sinuswellen haben.
- Fehlende oder ungleichmäßige Pulse? → Sensor defekt oder Zahnkranz beschädigt.
- Verzerrtes Signal? → Spannungsprobleme oder fehlerhafte Abschirmung.
- Plötzlich ein zu hoher oder zu niedriger Pegel? → Masseproblem oder Steuergerät falsch verdrahtet.

Profi-Trick: Führe den Test bei verschiedenen Drehzahlen durch! Manche Sensoren spinnen nur bei hoher Last oder bei Hitze.

9.4.3 Can-Bus-Analyse

Was du brauchst:
- Ein Oszilloskop mit Bus-Decoding-Funktion
- Zugang zur Can-Bus-Leitung im Fahrzeug

So geht's:
✓ Verbinde das Oszilloskop mit Can-High und Can-Low.

✓ Starte das Auto und beobachte das Datenpaket.

✓ Suche nach Unregelmäßigkeiten: Verrauschte oder abgeschnittene Signale sind oft die Ursache für Kommunikationsprobleme.

Warum das funktioniert:

- Glitches oder doppelte Pakete? → Bus-Überlastung oder fehlerhafte Steuergeräte.
- Spannungseinbrüche? → Masseprobleme oder defektes Steuergerät.

- Keine Daten? → Bus gestört, Steuergerät defekt oder Kurzschluss in der Leitung.

Profi-Trick: Ein Bus, der sich "hängt", ist oft kein Hardware-Problem, sondern eine falsche Priorisierung eines Steuergeräts. Teste mit abgeschalteten Verbrauchern!

9.4.4 Magnetventile & Aktoren testen

Was du brauchst:
- Ein Oszilloskop mit mindestens 2 Kanälen
- Zugriff auf das Signal eines Magnetventils, AGR-Ventils oder einer Drosselklappe

So geht's:

✓ Verbinde das Oszilloskop mit der Ansteuerleitung des Aktors.

✓ Starte das Fahrzeug und beobachte das Signal.

✓ Teste das Bauteil unter verschiedenen Lastbedingungen.

Warum das funktioniert:
- Sauberes PWM-Signal? → Steuerung arbeitet korrekt.
- Fehlende Ansteuerung? → Kabelbruch, ECU-Problem oder Relais defekt.
- Verzerrtes oder unstabiles Signal? → Spannungsversorgung instabil oder Bauteil defekt.

Profi-Trick: Lass den Aktuator mit einem Stellglied-Test ansteuern, während du das Signal aufzeichnest!

9.5 Endoskopkamera

Wenn du erst zerlegen musst, um was zu sehen, hast du schon verloren. Die Endoskopkamera zeigt dir, was Sache ist, direkt im Brennraum, am Ventil, hinterm Krümmer. Ohne Dichtung reißen, ohne Kopf abnehmen. Nur ein kleiner Schlauch mit Auge. Und plötzlich siehst du Ölkohle, Fraßspuren oder den verirrten Ventilteller bevor du einen Finger krumm machst.

9.5.1 Inspektion des Brennraums

So geht's:

- Entferne die Zündkerze des zu inspizierenden Zylinders.
- Führe die Endoskopkamera vorsichtig durch das Zündkerzenloch in den Brennraum ein.
- Untersuche die Innenwände, den Kolbenboden und die Ventile auf Ablagerungen, Risse oder andere Auffälligkeiten.

Warum das funktioniert:

Du erhältst einen direkten Blick auf den Zustand des Brennraums, erkennst frühzeitig Verbrennungsrückstände oder Schäden und kannst gezielt Maßnahmen ergreifen, ohne den Motor zu zerlegen.

9.5.2 Prüfung von Abgaskrümmern und Katalysatoren

So geht's:

- Führe die Kamera durch die Öffnung des Abgaskrümmers oder des Katalysators ein.
- Suche nach Rußablagerungen, Rissen oder Verstopfungen, die den Abgasfluss beeinträchtigen könnten.

Warum das funktioniert:

Du kannst Blockaden oder Schäden identifizieren, die die Motorleistung mindern oder zu erhöhten Emissionen führen, und entsprechende Reparaturen planen.

9.5.3 Untersuchung von Kabelbäumen und Steckverbindungen

So geht's:

- Lenke die Kamera entlang von Kabelbäumen und in schwer zugängliche Bereiche.
- Achte auf beschädigte Isolierungen, lose Steckverbindungen oder Korrosion.

Warum das funktioniert:

Frühzeitiges Erkennen von elektrischen Problemen verhindert Fehlfunktionen und erleichtert die gezielte Instandsetzung.

9.5.4 Inspektion von Hohlräumen und Karosseriestrukturen

So geht's:

- Führe die Kamera in Hohlräume der Karosserie, Schweller oder andere schwer zugängliche Bereiche ein.
- Suche nach Rost, Feuchtigkeit oder strukturellen Schäden.

Warum das funktioniert:

Du erkennst Korrosion oder Beschädigungen frühzeitig und kannst Maßnahmen ergreifen, bevor größere Reparaturen notwendig werden

9.6 Multimeter-Diagnostik

Ein Multimeter ist kein Messgerät. Es ist dein elektrisches Skalpell. Dein Wahrheitsserum für Leitungslügen. Mit einem guten Multimeter zerlegst du Strompfade, enttarnst Spannungsabfälle, findest Übergangswiderstände und zwar schneller, als irgendein Steuergerät überhaupt kapiert, dass was im Argen liegt.

Das Teil zeigt dir nicht nur, *ob* Strom fließt, sondern *wie gut*, *wie sauber* und *wo's hakt*. Wenn du weißt, was du da tust, liest du aus einem Spannungsabfall mehr raus als aus fünf OBD-Fehlercodes. Und erinnere dich: Widerstand ist kein „Wert", sondern ein verdammter Hinweis.

9.6.1 Batteriezustand präzise ermitteln

So geht's:

- Stelle das Multimeter auf Gleichspannungsmessung (DC) ein.
- Verbinde die Messspitzen mit den Batteriepolen (rot an Plus, schwarz an Minus).
- Lies die Spannung ab:
    - 12,6 V oder höher: Batterie voll geladen
    - 12,4 V: ca. 75% Ladung
    - 12,2 V: ca. 50% Ladung
    - 12,0 V oder weniger: kritisch, Batterie laden oder ersetzen

Profi-Tipp: Ein Spannungsabfall unter 10 V beim Startvorgang weist auf eine schwache oder defekte Batterie hin.

9.6.2 Durchgangsprüfung

So geht's:

- Schalte das Multimeter in den Durchgangsprüfungsmodus.
- Trenne das zu prüfende Kabel oder den Stromkreis vom Strom.
- Setze die Messspitzen an die beiden Enden des Kabels oder Bauteils.

- Ertönt ein Signalton, ist der Stromkreis geschlossen; bleibt es stumm, liegt eine Unterbrechung vor.

Warum das wichtig ist: So findest du schnell defekte Sicherungen, gebrochene Kabel oder fehlerhafte Schalter.

9.6.3 Spannungsabfall messen

So geht's:
- Schalte elektrische Verbraucher ein (z. B. Scheinwerfer).
- Messe die Spannung direkt an der Batterie.
- Messe die Spannung am Verbraucher.
- Vergleiche die Werte: Ein signifikanter Unterschied weist auf Widerstände im Kabel oder an Steckverbindungen hin.

Effekt: Erkenne korrodierte Kontakte oder zu dünne Kabel, die zu Leistungsverlusten führen.

9.6.4 Sensoren überprüfen

So geht's:
- **Temperatursensoren:** Messe den Widerstand und vergleiche ihn mit den Sollwerten bei entsprechender Temperatur.
- **Drehzahlsensoren:** Überprüfe die induzierte Spannung oder Frequenz während des Betriebs.
- **Drosselklappensensoren:** Messe die Ausgangsspannung in verschiedenen Positionen der Drosselklappe.

Ergebnis: Identifiziere fehlerhafte Sensoren, die zu Leistungsproblemen oder erhöhtem Kraftstoffverbrauch führen können.

9.6.5 Ladesystem analysieren

So geht's:
- Messe die Batteriespannung bei ausgeschaltetem Motor (sollte ca. 12,6 V betragen).
- Starte den Motor und messe erneut:
  - 13,8 V bis 14,4 V: Lichtmaschine lädt korrekt.
  - Unter 13,8 V oder über 14,4 V: Problem im Ladesystem.

Warum das für dein Berufs-Hirn wichtig ist: Ein korrekt funktionierendes Ladesystem verhindert, dass du plötzlich mit leerer Batterie liegen bleibst.

9.6.6 Power-Punkt: Die versteckte Funktion

Einige <u>hochwertige</u> Multimeter bieten die Möglichkeit, Frequenzen zu messen.

So nutzt du es:
1. Schalte das Multimeter in den Frequenzmessmodus.
2. Verbinde die Messspitzen mit dem Ausgangssignal des Drehzahlsensors.
3. Lies die Frequenz ab und berechne daraus die Motordrehzahl.

Wow-Effekt: So kannst du ohne teure Spezialwerkzeuge die Drehzahl ermitteln und Sensoren auf ihre Funktion prüfen.

Physik: Die Frequenz kann über die Formel:

$$n = \frac{f \cdot 60}{Z}$$

in Drehzahl n umgerechnet werden, wobei Z die Zahnzahl des Sensors ist.

Kapitel 10 Sensorik

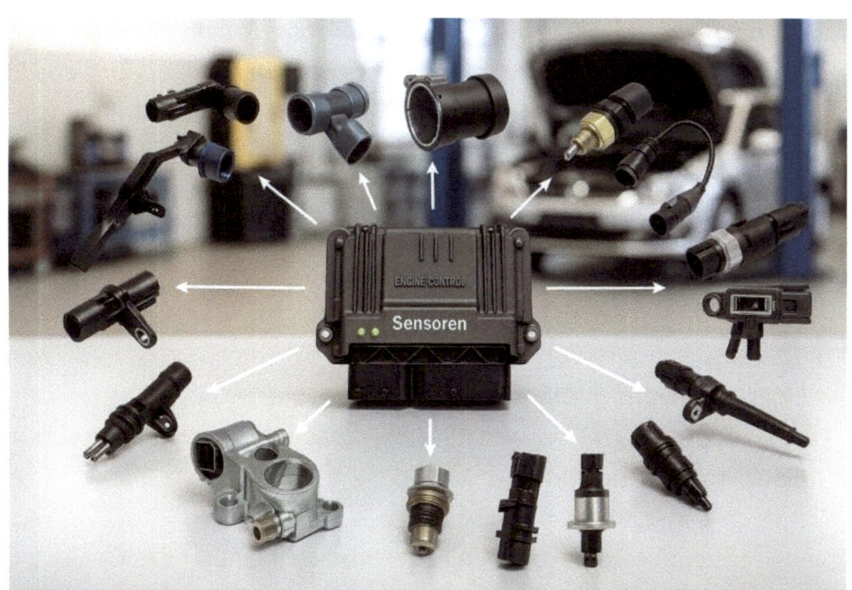

„Der Sensor sagt, alles passt."

Kaum ein Satz begleitend zur Werkstattrechnung klingt so beruhigend und ist doch so gefährlich falsch. Denn Sensorwerte sind keine Diagnosen, sondern lediglich Interpretationen physikalischer Größen. Ein Sensor ist kein Zeuge, sondern bestenfalls ein Indiz. Wer sich darauf blind verlässt, interpretiert Messdaten, ohne sie jemals infrage zu stellen. Das ist gefährliche Zahlen-Esoterik.

Die Realität im Motorraum zeigt:

☞ **Ein Sensor, der falsch „fühlt".**

☞ **Einer, der nichts mehr hört.**

☞ **Einer, der sich verspätet.**

Jeder einzelne reicht aus, um einem Motor unbemerkt das Genick zu brechen. Kein Fehlercode, keine Warnleuchte, kein Anlass zur Sorge. Bis der Kolbenring verschweißt, das Ventil verbrennt oder der Kat thermisch kollabiert. Denn Messwerte allein sind wertlos, solange man nicht exakt weiß, wie sie entstehen, was sie beeinflusst und ob sie zur Systemrealität passen.

Dieses Kapitel liefert keine Sensoren-Sammlung, sondern eine scharfe, gezielte Analyse genau jener Fälle, bei denen selbst erfahrene Techniker regelmäßig danebenliegen. Wissenschaftlich fundiert, thermisch exakt und diagnostisch messerscharf. Es geht um Differenzialdiagnose in ihrer reinsten Form, die systematische Entlarvung falscher Wahrheiten.

Am Ende wirst du nicht mehr auf dein Bauchgefühl angewiesen sein, sondern auf klare Beweise und reproduzierbare Prüfschritte. Egal, welcher Sensor zukünftig vor dir liegt: Du wirst exakt wissen, wie du seine Werte liest, wie du ihn prüfst und wie du jede noch so kleine Lüge auffliegen lässt.

Sensorik heißt messen. Diagnose heißt verstehen. Und wer nur misst, aber nicht versteht, tauscht Teile, stellt aber keine Diagnosen.

10.1 🩺 Differenzialdiagnose an Sensoren: So prüfst du richtig

Ein Sensor ist keine Kristallkugel. Er ist ein physikalisches Messgerät, das unter bestimmten Bedingungen eine Spannung oder Frequenz ausgibt. Nicht mehr, nicht weniger. Ob du damit einen Fehler findest oder übersiehst, entscheidet allein, ob du verstehst, wie er misst und was seine Signale beeinflusst.

Drei Fragen musst du bei jedem Sensor beantworten:

🔍 Was genau misst er?

Nicht Temperatur oder Druck, sondern Widerstand, Spannung, Strom oder Schwingungen. Kenne den physikalischen Mechanismus dahinter, sonst liest du Zahlen, aber keine Zustände.

📜 Was für Randbedingungen verfälschen sein Signal?

Minimalste Verschmutzungen, lose Verbindungen, schwankende Spannungen oder falsche Montagepositionen - das reicht, um dein komplettes Messergebnis wertlos zu machen.

🕵️ Wie kannst du ihn systematisch überprüfen?

Kein Bauchgefühl, sondern knallharte Prüfschritte: Oszilloskop gegen Zweitsensor, Infrarot-Temperaturcheck, Lastspannungsmessung, CO-Check bei Lambda-Sonden. Wenn du nicht verifizierst, hoffst du nur.

Jeder Sensorfall folgt exakt der gleichen Logik:

- Symptome erfassen (Kunde und Tester)
- Fehlermechanismus physikalisch herleiten
- Messwerte mit mindestens einer zweiten Quelle gegenprüfen
- Konsequenzen klar benennen, wenn du nichts tust
- Klare Handlungsschritte definieren

Mach dir eins klar: Sensorwerte können lügen, wenn du sie isoliert betrachtest. Erst in Kombination mit systemischen Gegenchecks zeigen sie dir zuverlässig, was wirklich los ist.

Sensorik misst. Diagnostik prüft. Und Differenzialdiagnostik beweist.

10.2 Drei Sensoren, drei perfide Arten zu scheitern

In der Werkstatt erlebst du es täglich:
Sensorwerte wirken perfekt, die Fehlerspeicher sind leer und trotzdem stirbt der Motor langsam und leise.
Warum?
Weil das Steuergerät nur rechnen kann, was es bekommt. Und weil Sensoren dir exakt so viel Wahrheit liefern, wie die Physik es zulässt, nicht mehr und nicht weniger.

Wir gehen jetzt genau die drei Sensorarten durch, die am häufigsten die Werkstatt auf's Glatteis führen.

Jeder ein Meister darin, perfekt auszusehen und trotzdem den Motor schleichend umzubringen.

10.2.1 Luftmassenmesser (MAF) - Der Sensor, der falsch „fühlt"

Symptome:

- Leistungsabfall unter Last, Motor wirkt zugeschnürt
- Lambdaregelung korrigiert nach mager, trotzdem instabiler Lauf
- Kein Fehlercode, kein Notlauf, kein offensichtlicher Defekt

Der Mechanismus:

Ein MAF misst die Luftmasse über die Abkühlung eines beheizten Elements.

Verschmutzt der Sensor - z. B. durch AGR-Rückstände oder Ölfilm - wird das Element träger, die Messung falsch.

Mehr Luft → weniger Kühlung → Sensor unterschätzt → Steuergerät denkt: weniger Luft, weniger Sprit.

Resultat: Mageres Gemisch.

Klopfgrenze wird erreicht.

Abgastemperaturen schießen hoch.

Langfristig: Zündaussetzer, Ventilschäden, Kolbenringe verschweißen.

Differenzialdiagnose:

- Luftmasse (g/s) bei Volllast prüfen - logisch zur Motorauslegung?
- Vergleich MAP-Sensor: Ladedruck plausibel zur Luftmasse?
- AGR-Werte und Lambdawerte im Teillastbereich beobachten
- Sichtprüfung des Sensorelements - ölverschmiert? Verkokt?

Geist der Säulen:

- Symptome ernst nehmen, auch ohne Fehlercode.
- Hypothese: Wenn Luft fehlt, warum?
- Kleine Ursache, große Wirkung → Ölfilm auf dem Sensor killt den Motor langsam.

10.2.2 Klopfsensor - Der Sensor, der nichts mehr hört

Symptome:

- Frühzündung aktiv, ohne Gegenreaktion
- Motor läuft sauber - bis er es nicht mehr tut
- Keine Detektion von Klopfereignissen im Steuergerät

Der Mechanismus:

Der Klopfsensor erkennt Körperschall in einem definierten Frequenz-bereich (5-18 kHz).

Ist er locker verschraubt, falsch positioniert oder mechanisch entkop-pelt, hört er nichts mehr.

Das Steuergerät glaubt an perfekte Verbrennung - obwohl die Detona-tionen längst beginnen.

Resultat:

Frühzündung bleibt ungebremst. Kolbenböden schmelzen, Lagertempe-raturen steigen, irgendwann reißt der Motor auseinander.

Differenzialdiagnose:

- Oszilloskop-Analyse des Sensorsignals: Aktiv oder nur Grundrauschen?
- Wechsel Sensorposition Bank 1 ↔ Bank 2 → Symptom wandert?
- Zündwinkel live prüfen: Korrektur vorhanden?

Geist der Säulen:

- Kunde spürt nichts - Motor leidet trotzdem.
- Provokationstest offenbart, was ruhig aussieht.

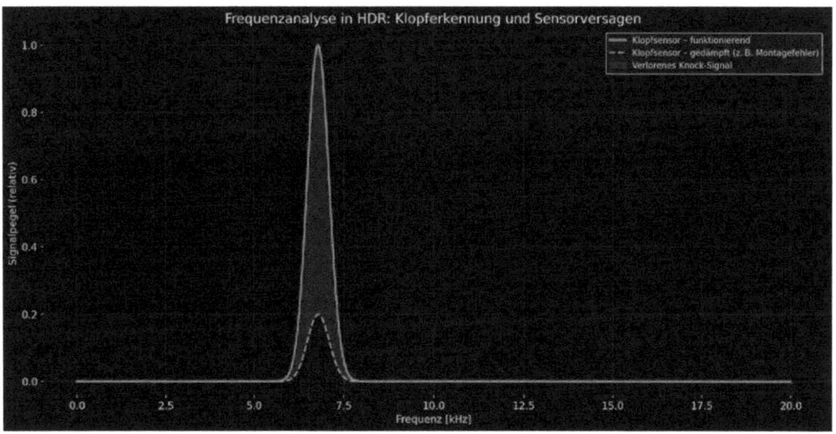

10.2.3 Nockenwellensensor (CMP) - Der Sensor, der sich verspätet

Symptome:

- Startprobleme (längeres Orgeln)
- Unruhiger Leerlauf

- Leistungsverlust bei Teillast
- MKL aktiv, oft Fehler P0016 oder P000A

🔧 Der Mechanismus:

Der CMP gibt die Phaseninformation der Nockenwelle an die ECU. Wenn er driftet - durch Lockerung, Steuerkettenlängung oder Sensordefekt -, verliert das Steuergerät die korrekte Synchronisation zwischen Nocken- und Kurbelwelle.

Resultat:

Falsches Ventiltiming → Leistungsverlust, Verbrauch steigt, Emissionen explodieren.

🩺 Differenzialdiagnose:

- Signalvergleich CMP vs. CKP (Nockenwelle gegen Kurbelwelle)
- VANOS- oder VVTi-Verstellung live beobachten
- Oszilloskop: Flankenanalyse des CMP-Signals
- Mechanische Prüfung der Steuerkette/Zahnriemen auf Längung

🛡 Geist der Säulen:

- Leistungseinbruch ist nie einfach "Altersschwäche".
- Synchronisationsfehler killt mehr als nur Fahrspaß - er killt die Basis der Verbrennung.

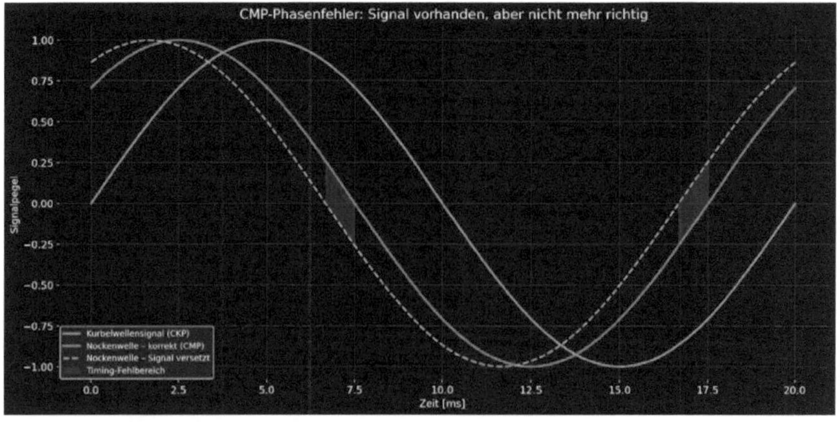

10.2.4 Drei Fälle – eine Logik

Egal ob Luftmasse, Klopfverhalten oder Ventilsteuerung:

Alle drei Sensoren zeigen dir eines brutal ehrlich:

Ein Sensor, der falsch misst oder falsch interpretiert wird, ist schlimmer als keiner.

Denn er lullt dich ein, während dein Motor systematisch zerlegt wird.

Deshalb musst du immer fragen:

- Was misst er wirklich?
- Passt das Signal zum System?
- Gibt es eine zweite Quelle zur Bestätigung?

10.3 Sensorblindheit: Wenn richtig gemessen wird und trotzdem alles schiefgeht

Ein Sensor muss nicht kaputt sein, um dich zu verraten. Er kann perfekt messen, korrekt senden - und trotzdem den Motor systematisch zerstören.

Warum?

Weil er zwar eine Zahl liefert, aber niemand prüft, ob diese Zahl zur Wirklichkeit passt.

✈ Fall 1: Flug SJ182 - **Der perfekte Sensor, der alle getötet hat**

02. Januar 2021, Indonesien.

Zwei erfahrene Piloten sitzen im Cockpit einer Boeing 737-500. Ein Routineflug, kaum 5 Minuten in der Luft. Alle Systeme grün. Keine Warnung. Kein Alarm.

Doch dann beginnt das Flugzeug, langsam aber stetig nach links zu kippen.

Der Autothrottle reduziert auf der linken Seite den Schub. Rechts bleibt er voll.

Die Piloten versuchen gegenzusteuern. Der Steuerknüppel geht nach rechts. Keine Wirkung. Die Maschine driftet weiter, seitlich, drehend, fallend.

62 Sekunden später trifft Flug SJ182 die Java-See mit über 800 km/h. Keiner überlebt. Was ist passiert? Ein Sensor hat funktioniert. Aber nicht im Sinne der Wahrheit.

Der Positionsgeber am linken Schubhebel war elektrisch intakt. Er hat sauber gemessen, aber nicht das, was wirklich geschah. Er signalisierte: „Schubhebel zurückgezogen". Die Steuerung tat, was sie sollte: Sie zog das Triebwerk zurück. Doch in Wirklichkeit war der Hebel nie bewegt worden.

Die Software regierte nach Vorschrift, aber gegen die Physik.

Denn der Sensor war nicht defekt, sondern falsch kalibriert. Ein minimaler elektrischer Drift, ein mechanisches Spiel und schon entstand ein plausibler, aber tödlich falscher Wert. Keine Gegenprüfung. Keine Redundanz. Kein Zweifel.

Der Wert war gültig. Nur die Realität war anders.

◌ Fall 2: Der AGR-Durchflusssensor - Motorsterben im Blindflug

Im Motorraum passiert genau das Gleiche.

Symptome:

- Unruhiger Leerlauf
- Schlechte Gasannahme
- Mehr Verbrauch

Kein einziger Fehlercode.

Das Steuergerät sieht: AGR-Werte passen. Nur: Der Sensor ist blind, verkokt von innen. Er misst weniger Abgasrückführung als tatsächlich anliegt.

Das Steuergerät denkt: *"Zu wenig AGR → noch weiter öffnen."* In Wahrheit wird das Gemisch instabil, Abgastemperaturen steigen, die Verbrennung wird ungleichmäßig.

Folgen:

- Verkokte Einlassventile
- AGR-Kühler verbrannt
- Leistungsabfall
- Erhöhter Verschleiß an Kolben und Zylinderwänden

Alles sauber dokumentiert, weil der Sensor brav gemessen hat. Nur nicht das, was er hätte messen sollen.

Woran du einen "sauber messenden, aber tödlichen" Sensor erkennst:

- Die Werte sind logisch, aber die Symptome passen nicht.
- Das System reagiert korrekt, aber das Ergebnis wird schlechter.
- Es gibt keinen Fehlercode - aber es gibt eine klare Störung im Fahrverhalten.

🩺 Differenzialdiagnose bei AGR-Sensorverdacht:

Schritt	Maßnahme
1	Symptome ernst nehmen: Leerlaufschwankungen, Verbrauchsanstieg beobachten
2	AGR-Durchfluss live im Diagnosetester beobachten
3	Vergleichsmessung: Externer Druck- oder Temperaturfühler nach AGR-Einspeisung setzen
4	Mechanische Prüfung: AGR-Ventil auf Verklebung prüfen
5	Sensor ausbauen: Sichtkontrolle auf Verkokung
6	Nach Reinigung Vergleichsmessung wiederholen

Was hätte Flug SJ182 gerettet und was rettet deinen Motor?

- **Redundante Sensorik:** Zwei unabhängige Messungen vergleichen.
- **Plausibilitätslogik:** Schubhebelposition passt nicht zu Flugrichtung? Alarm.
- **Kontextbasierte Diagnose:** AGR-Menge passt nicht zu Drehzahl und Last? Nachprüfen, nicht glauben.

Kurz: **Nie isolierte Werte akzeptieren. Immer Systemlogik denken.**

> **KolbenKult**
>
> Ein Sensor, der perfekt arbeitet, aber isoliert interpretiert wird, ist schlimmer als ein defekter, denn er bringt dein System dazu, sich selbst zu zerstören.

10.4 Sensoren, die nicht locker lassen: Kleine Montagefehler, große Katastrophen

Ein Sensor misst keine Wahrheit. Er misst, was du ihm mechanisch, elektrisch und thermisch ermöglichst. Wer glaubt, ein Sensor sei automatisch korrekt, nur weil Spannung kommt und Werte erscheinen, der diagnostiziert wie jemand, der beim EKG die Stecker auf die Tischplatte klemmt. Messen ist nicht gleich Wahrheit.

Das unterschätzte Fehlerprinzip: Sensor funktioniert, aber liefert trotzdem Lügen

- Signal da.
- Werte schön stabil.
- Steuergerät glücklich.

Nur der Motor stirbt.

Weil der Sensor zwar „funktioniert", aber das, was er misst, längst von Montagefehlern oder Kontaktproblemen ruiniert ist.

10.4.1 MAP-Sensor - Der Drucklügner im Ansaugtrakt

Fehlerquelle:

- O-Ring beschädigt oder falsch eingelegt
- Sensor schräg aufgesetzt → Undichtigkeit
- Haarriss im Flansch oder Sensoraufnahme

Folge:

- Drucksignal flattert oder driftet
- Ladedruckregelung wird nervös
- Leistungsverlust, Turboladerverschleiß, instabile Verbrennung

🩺 **Differenzialdiagnose:**

- Oszilloskop-Check: Drucksignal unter Volllast sauber oder flatternd?
- Versorgungsspannung prüfen: konstant 5,00 ± 0,05 V?
- Vergleichsmessung mit externer Drucksonde auf MAP-Leitung

10.4.2 Ladedrucksensor am Turbo - Wenn Vibration dein Signal frisst

Fehlerquelle:

- Sensor auf vibrierender Halterung montiert
- Fehlende mechanische Entkopplung
- Direkt über Tragstruktur ohne Dämpfung montiert

Folge:

- Mikroflattern im Signal → Steuergerät interpretiert Druckschwankungen
- Ladedruckregelung regelt hektisch → Turbo permanent auf Anschlag
- Katastrophale Dauerbelastung → Laderüberhitzung oder Lagerbruch

🩺 Differenzialdiagnose:

- Scope-Check: Signalrauschen synchron zur Drehzahl?
- Vibrationstest an Haltepunkt (mechanisches Abtasten)
- Vergleich: Externe Druckmessung vs. internes Signal → Drift?

10.4.3 Temperatursensor - Der Thermiklügner

Fehlerquelle:

- Sensor thermisch schlecht kontaktiert (z. B. durch Fett, Grat oder Luftspalt)
- Locker verschraubt
- Korrosionsschicht unter Sensorfläche

Folge:

- Träge Temperaturanzeige
- Steuergerät regelt Lüfter, AGR oder Abgastemperatur falsch
- Hitzeschäden trotz scheinbar normalen Werten

- IR-Thermometer: Vergleich reale Temperatur ↔ Sensorwert
- Ansprechzeit bei Lastwechsel messen (< 10 Sekunden normal)
- Vergleich Vorlauf- und Rücklauftemperatur

Wie du diese Fehler sicher entlarvst:

🔍 Prüfschritt	❓ Warum?	🔧 Werkzeug
Sichtkontrolle Sensorlagerung	Lecks, Risse, Grat entdecken	Endoskop, Taschenlampe
Anzugsdrehmoment kontrollieren	Mechanische Kopplung sicherstellen	Drehmomentschlüssel
Spannungs- und Signalform prüfen	Versorgung und Rauschen erkennen	Oszilloskop, Multimeter
Vergleichsmessung setzen	Bordwert verifizieren	Drucksonde, IR-Thermometer

KolbenKult

Ein Sensor kann senden, was er will. Aber wenn die Basis wackelt, lügt er dir direkt ins Gesicht.

10.5 Elektrische Sabotage: Wenn Spannung ankommt, aber Werte nicht stimmen

Warum saubere elektrische Verhältnisse lebenswichtig sind

Sensoren sind nicht lügnerfrei. Sie messen, was ihnen die Umgebung erlaubt:

- Kriechströme.
- Übergangswiderstände.
- Temperaturdrift.

Ein Wert kann schön stabil aussehen und trotzdem völliger Bullshit sein.

Wenn du Elektrik nicht systematisch prüfst, diagnostizierst du mit verbundenen Augen.

Fall 1: Lambda-Sonde - Masseversatz und die stille Katastrophe

Symptome:
- Lambdawert 1,000 stabil
- Verbrauch +8 %
- Kat glüht
- Keine Fehlercodes

Mechanismus:
- Korrosion/Massefehler → Pumpstromreferenz verschoben
- Steuergerät denkt: Lambda perfekt - Motor läuft leicht fett

Berechnung:

$$U = 0,5\,\Omega \times 0,003\,\text{A} = 1,5\,\text{mV}$$

$$\Delta\lambda \approx 0,0033 \rightarrow \lambda\_\text{real} \approx 0,997$$

Folgen:
- CO verdoppelt sich
- Kat altert
- Thermischer Stress ohne Warnung

Maßnahmen:
- Massepotential an der Sonde gegen ECU messen (max. 1-2 mV erlaubt)
- CO-Gehalt bei angeblichem Lambda 1,000 prüfen (>0,4 Vol.-% = Verdacht)
- Kat-Eingangstemperatur unter Volllast überwachen (>900 °C kritisch)
- Referenzspannung Laststabilität messen

◳ Fall 2: Hallgeber - Thermische Drift killt den Warmstart

Symptome:
- Kaltstart problemlos
- Warmstart → Orgeln ohne Zündung
- Keine Fehlercodes

Mechanismus:
- Drift des Rechtecksignals bei Erwärmung (>80 °C)
- ECU erkennt kein sauberes OT-Signal → kein Einspritz-/Zündtrigger

Pulsperiode:

$$58 \text{ Impulse bei } 1000 \text{ rpm } \rightarrow 1,03 \text{ ms pro Puls}$$

Folgen:
- Startprobleme im warmen Zustand

- Sporadischer Motorausfall möglich

Maßnahmen:
- Heißluftföhn auf Sensor ansetzen, Live-Signal prüfen
- Oszilloskop verwenden: Pegelverschiebung / Kipppunkt checken
- Versorgungsspannung und Massebezug des Sensors überprüfen
- Austausch, wenn thermisch driftend oder Pegel nicht stabil

❄ Fall 3: MAP-Sensor - Versorgungsspannung driftet, Drucksignal lügt

Symptome:
- Leistungsverlust unter Volllast
- Flatternde Ladedruckregelung
- Kein Fehlercode

Mechanismus:
- Schwankende Versorgung (z. B. 4,75 V statt 5,00 V)
- Skalierung des Sensors verschoben → falscher Druckwert

$$p = \left(\frac{U_{\text{Signal}} - 0,5V}{4,0V} \right) \times 3,0bar$$

→ Zu wenig realer Boost bei scheinbar korrektem MAP-Wert.

Folgen:
- Ladedruck unterschritten
- Turbo geht auf Anschlag
- Überhitzung und frühes Turboladerversagen

Maßnahmen:
- Versorgungsspannung unter Volllast messen (5,00 ± 0,05 V Pflicht)

- Signalverlauf im Oszilloskop prüfen → Flattern = Vibration oder Masseproblem
- Vergleichsmessung mit externer Referenzdruckdose aufbauen

Diagnosetechnik und Quick-Check Übersicht:

🔍 Prüfschritt	❓ Warum?	🔧 Werkzeug
Massepotential ECU/Sensor messen	Übergangswiderstand aufdecken	Multimeter, Lastwiderstand
Versorgungsspannung unter Last prüfen	Stabilität der Sensorversorgung checken	Multimeter, Oszilloskop
Signalform Oszi-checken	Rechteck, Flattern oder Drift aufdecken	Picoscope
Heißluft-/Kältespray-Test auf Sensor	Thermodrift erkennen	Föhn, Spray, Oszi
Externe Vergleichsmessung	Wahrheit unabhängig vom Bordnetz sichern	Drucksonde, Abgastester

KolbenKult

Ein Sensorwert, der logisch aussieht, aber nicht geprüft wird, ist wie ein Lächeln bei einer Lungenembolie - er bringt dich dazu, nichts zu tun, bis es zu spät ist.

Kapitel 10.6 - Sensorwerte richtig lesen: Differenzial-diagnostik in der Praxis

Der Motor kocht. Der Kunde auch.

Du siehst 86 °C im Diagnosetester. Kein Fehlercode. Kein Alarm. Keine Auffälligkeit.

Also alles gut? Falsch.

Wer nur Zahlen liest, aber nicht denkt, wird betrogen. Nicht vom Sensor, sondern von seinem eigenen Glauben. Dieser Abschnitt zeigt dir, wie du Sensoren nicht nur ausliest, sondern in die Zange nimmst:

Plausibilität prüfen, Position verstehen, Signalverlauf beobachten, Referenz suchen, Systemantwort analysieren.

***

Die fünf Prüfachsen der Sensoranalyse

🔍 Prüfachse	❓ Was du prüfen musst	🛠 Warum es zählt
Plausibilität	Passt der Wert logisch zu Last, Drehzahl und Außentemperatur?	Wenn nicht: Wert ignorieren, Denken einschalten.
Position	Sitzt der Sensor am Ort der höchsten Belastung?	Sonst misst du Blumenwiesen, während es im Motor brennt.
Signalverlauf	Bleibt der Wert unter Lastwechseln plausibel?	Träge Sensorik ist die perfekte Tarnung für Probleme.
Referenz	Kann ich den Wert mit einem anderen Mittel prüfen?	Vertrauen ist gut - externe Kontrolle ist besser.
Systemantwort	Reagiert der Motor wie erwartet?	Keine Reaktion = Werte sind Fake.

Praxisfall: Temperaturfühler im Blindflug

Symptome

- Liveanzeige im Diagnosetester: 86 °C stabil.
- Volllastbetrieb bei Außentemperatur 30 °C.
- Keine Fehlermeldung, keine Temperaturwarnung.

Und trotzdem:

- Leistungsverlust bei längerer Volllast.
- Kühlmittelverlust nach einigen hundert Betriebsstunden.
- Später: Rissbildung im Zylinderkopf.

***

Fehlermechanismus

- Temperaturfühler sitzt am Kühlmitteleintritt, nicht am Austritt.
- Sensor sieht die kühle Seite - nicht das, was im heißen Zylinderkopf passiert.
- Der wahre Austrittstemperaturwert bei Volllast liegt bei 93-95 °C.
- ODER, Sensor reagiert träge, defekt.
- Die Dichtungen (z. B. EPDM-O-Ringe) altern über ihre thermische Grenztemperatur.
- Langfristig entstehen TMF-Schäden (Thermo-Mechanical Fatigue) → Kopfriss.

***

Kurze technische Berechnung

- Angenommene Differenz ΔT: $7 - 8\,K$ zwischen Eintritt und Austritt.

- Dauerhafte Erhöhung der Materialtemperatur um 7-8 K reduziert die Lebensdauer der Dichtungen und des Kopfs um den Faktor 3-5 (nach TMF-Diagrammen DIN EN 10002).

Differenzialdiagnose Schritt für Schritt

Schritt	**Maßnahme**
Plausibilität	Nach 30 min Volllast darf bei 30 °C Außentemperatur keine stabile 86 °C-Anzeige existieren.
Position	Prüfen: Sensor sitzt am Eintritt - nicht am Austritt.
Signalverlauf	Lastwechsel provozieren: Keine merkliche Temperaturänderung? Sensor träge oder falsch positioniert.
Referenz	IR-Thermometer oder zweiter Sensor am Austritt einsetzen.
Systemant-wort	Leistungsverlust, Dichtungsversagen, Risse - trotz schöner Werte? → Plausibilität widerlegt.

Werkzeugkasten für die Praxis

Tool	Anwendung	Sensortypen
IR-Thermometer	Temperatur am Zylinderkopf direkt messen	MKT, Öltemperaturfühler
Oszilloskop	Temperaturverlauf unter Lastwechseln sichtbar machen	Thermoelemente
Multimeter	Massekontakt und Versorgung prüfen	alle elektronischen Sensoren
Zweitsensor/Referenzfühler	Direkter Vergleich mit Hauptsensor	Kühlmittel-, Öl-, AGR-Sensoren
Diagnosetester	Live-Datenaufzeichnung unter Volllast	alle Regelgrößen

Maßnahmen gegen Sensorblindheit

- Sensorposition analysieren - sitzt er am heißen Ende oder nur am Eintritt?
- Lasttests mit externem Temperaturvergleich (z. B. IR-Messung) durchführen.
- Sensorträgheit checken - Reaktionszeit <10 Sekunden bei Lastwechsel notwendig.
- Temperaturdelta Vorlauf $\leftrightarrow$ Rücklauf beobachten: $\Delta T > 8$ K kritisch.

10.7 Fallstudie Medizin & Technik: Symptome schlagen Werte

Er betritt die Notaufnahme langsam, mit leerem Blick. Ein junger Mann, Anfang dreißig. Blass im Gesicht, kalter Schweiß auf der Stirn. Die Hand auf dem Bauch, als würde etwas von innen gegen die Haut drücken.

Die Schwester misst die Werte:

Blutdruck: 120/75 mmHg- mustergültig.

Puls: 95 - erhöht, aber noch vertretbar.

Sauerstoffsättigung: 97 % - perfekt.

Körpertemperatur: 37,8 °C, knapp unter der Grenze.

Labor: Leukozyten normal.

CRP? Leicht erhöht, aber im Referenzbereich.

Abdomen-CT? Kein akuter Befund.

Der diensthabende Arzt schaut auf den Monitor. Dann auf die Uhr.
Diagnose: grippaler Infekt.

Empfehlung: Flüssigkeit, Bettruhe, ab nach Hause.

Was niemand fragt:

Warum ist der Bauch so hart? Warum verzieht er das Gesicht bei jeder Berührung? Warum sehen seine Augen aus wie die eines Mannes, der weiß, dass etwas in ihm zerreißt? Die Werte beruhigen, doch der Körper schreit längst. Und niemand hört hin.

Zwei Tage später liegt er wieder auf dem Tisch. Kreislaufzusammenbruch. Blutdruck kaum messbar. Puls 140. Fieber über 40 °C. Laktat erhöht, Procalcitonin explodiert.

Jetzt ist plötzlich alles auffällig. Nur zu spät.

Diagnose: akute Darmperforation mit generalisierter Bauchfellentzündung. Eine Sepsis rollt durch den Körper wie ein Flächenbrand mit Multiorganversagen. Intubation. Reanimation. Exitus. Der Tod kommt nicht, weil die Werte fehlten, sondern weil niemand begriffen hat, dass Symptome mehr Wahrheit enthalten als jeder Laborzettel.

Die Werte waren korrekt. Das CT war unauffällig. Die Diagnose war logisch. Aber das Ergebnis war der Tod. Denn:

• Blutwerte und CT zeigen in vielen Fällen keine Frühzeichen einer Perforation.

• Das Bauchfell reagiert zuerst klinisch, nicht laborchemisch.

• Ein harter, gespannter Bauch, das klassische „Bauchbrett" ist kein Nebensymptom, sondern ein Notfallindikator.

• Tachykardie, kühle Haut und reduzierte Wachheit sind nicht „banal", sondern die Frühzeichen der Sepsis.

Und trotzdem hat niemand das Gesamtbild betrachtet.

Niemand hat sich gefragt: Warum ist der Patient kreidebleich bei 37,8 °C? Warum so hypotensiv, so abgeschlagen, so schmerzverzerrt?

tattdessen: Zahlen geglaubt, Symptome ignoriert, Monitor zufrieden, Patient tot.

Was eine differenzialdiagnostisch saubere Untersuchung erfordert hätte:

1. **Rebound-Test:**

   Druck auf die Bauchdecke, Schmerz? Vielleicht nicht. Aber beim Loslassen schnellt der Patient hoch, klassisch für beginnende Peritonitis.

2. **Vitalparameter unter Provokation:**

   Nicht nur im Liegen messen, sondern im Sitzen, bei Bewegung, bei tiefem Atmen.

   Verschlechterung = Warnzeichen.

3. **Dynamische Entzündungsparameter:**

   Ein einzelnes CRP ist keine Diagnose.

   Serieller Verlauf von CRP, PCT und Laktat ist der Schlüssel zur Frühdiagnostik.

4. **Sonografie oder diagnostische Laparoskopie:**

   Freie Flüssigkeit im Douglas-Raum?

   Ein kleiner Schnitt mit großem Erkenntnisgewinn. Der Unterschied zwischen Leben und Tod.

5. **Systemische Bewertung statt Punktdiagnostik:**

   Einzelsymptome sind keine Einzelfälle.

   Wenn die Werte nicht zur Realität passen, sind die Werte das Problem.

Und wer nicht prüft, ob das Bild zur Realität passt, macht keine Diagnostik.

Er rollt in die Werkstatt. Ein Mittelklasse-Kombi. Der Fahrer steigt aus. Stirn in Falten, Stimme leise. „Er säuft irgendwie mehr. Zieht auch nicht mehr richtig. Fühlt sich zäh an." Du startest das Prüfprogramm. Live-Werte:

- Lambda: 1,000 - perfekt

- Manifold Absolute Pressure (MAP): 1,25 bar - plausibel

- Öldruck: 2,4 bar - innerhalb der Toleranz

- Fehlercodes? Keine.

Der Tester gibt Entwarnung. Das Steuergerät ist glücklich. Du nickst. Diagnose: „Keine Auffälligkeiten." Empfehlung: „Weiterfahren. Beobachten." Was niemand fragt:

Warum steigt der Verbrauch ohne Erklärung? Warum wirkt der Motor trotz perfekter Lambda-Werte wie zugeschnürt? Warum ist der Katalysator-Eingang bereits nach kurzer Fahrt bei 820 °C, obwohl alles im „grünen Bereich" liegt? Zwei Tage später steht er wieder auf dem Hof. Diesmal mit Warnlampe. Die MKL leuchtet wie ein Weihnachtsbaum. Der Motor ruckelt. Die Leistung bricht ein.

- Kat-Eingangstemperatur: > 930 °C

- NOx-Werte: jenseits der Norm

- Steuergerät: Lernwerte am Limit

- Diagnose: „Katalysatorwirkungsgrad unter Schwelle"

Doch der Fehler saß nicht im Kat. Sondern vorher und war messbar. Was passiert ist: Ein unscheinbarer Übergangswiderstand 0,5 Ohm, in der Masseleitung der Breitbandsonde erzeugt bei 3 mA Pumpstrom eine Spannungsdifferenz:

$$U = R \cdot I = 0,5\,\Omega \cdot 0,003\,A = 1,5\,mV$$

Die Regelspannung liegt bei 450 mV. Aber wegen des Masseversatzes registriert das Steuergerät nur:

$$U_{\text{effektiv}} = 448,5\,\text{mV} \rightarrow \Delta\lambda = \frac{1,5\,\text{mV}}{450\,\text{mV}} \approx 0,0033 \rightarrow \lambda_{\text{real}} \approx 0,997$$

Klingt gering? Ist es nicht. Denn:

- Bereits $\lambda = 0{,}997$ bedeutet dauerhaft leicht fettes Gemisch

- Der CO-Gehalt im Abgas verdoppelt sich abweichend vom Soll-wert

- Die Cer-Schicht im Drei-Wege-Kat sättigt sich frühzeitig

- Der Kat überhitzt, seine Speicherfähigkeit sinkt

- Die Regelreserve geht verloren, die Reaktionskinetik kippt

Und du sitzt in der Werkstatt, mit einem Motor, der nichts anderes getan hat, als brav das zu verbrennen, was ihm zu fett vor die Nase gesetzt wurde, ohne dass es jemand gemerkt hat. Die Werte waren korrekt, aber nicht die Wahrheit:

- Lambda 1,000 war eine Illusion

- Der Sensor war physikalisch intakt – aber elektr(on)isch ver-schoben

- Die Regelung lief im Nebel

- Die Diagnose auf Autopilot

Das Ergebnis: ein überhitzter Kat, verschobene Lernwerte, schleichender Leistungsverlust – mit Spätfolgen bis hin zur Zylinderkopfrissbildung durch thermisch überlastete Auslassventile.

Was du hättest tun müssen:

1. **CO-Messung im Abgas bei angeblich Lambda 1,000**
   → > 0,3 Vol.-% CO = Widerspruch zur angeblichen Stöchiometrie

2. **Massepotential gegen ECU-Masse messen**
   → Spannungsabfall > 1 mV = Hinweis auf Übergangswiderstand

3. **Temperaturverlauf Katalysator-Eingang unter Last**
   → > 850 °C ohne Anlass = Indiz für falsche Gemischregelung

4. **Plausibilitätsabgleich: Kraftstoffmenge vs. Luftmasse**
   → AFR (Air Fuel Ratio) passt rechnerisch nicht zum Verbrauch?

5. **Signalverfolgung im Oszilloskop**
   → Kein Rauschen, keine Drift? Schön. Aber trotzdem kein Beweis ohne Kontext.

Ein Sensorwert kann stimmen. Aber wenn er nicht zur Geschichte passt, ist er nichts als digitale Augenwischerei mit echtem Schaden.

📋 Diagnostische Checkliste: Was hätte man tun müssen?

Handlung	Warum?	Wie?
Klinisches Bild ernst nehmen	Symptome schlagen Laborwerte	Bauchspannung, Blässe, schneller Puls
Systemlogik prüfen	Motorverhalten schlägt Diagnosetester	Verbrauch, Ansprechverhalten kritisch bewerten
Gegenprüfung ansetzen	Werte nie isoliert glauben	CO-Messung trotz "perfektem" Lambda
Frühzeitige Intervention	Reagieren, bevor Systeme kollabieren	Laparoskopie beim Patienten ↔ externe CO-Analyse beim Motor

---

KolbenKult

Werte können täuschen. Systeme lügen nicht. Wer Symptome ignoriert, verliert entweder Patienten oder den Motor.

10.8 - Übersichtstabelle: Sensorfehler schnell erkannt

Diese Tabelle ist dein Schnellfeuerwerk am Ende:
Hier findest du auf einen Blick:

Typisches Fehlerbild
Richtige Prüfmethode
Konsequenz, wenn du es ignorierst

🔧 Sensor	❗ Typisches Fehlerbild	🔍 Prüfmethode	✴ Konsequenz
MAF (Luftmassenmesser)	Luftmassenabweichung durch Ölfilm, AGR-Verkokung	Vergleichsmessung mit MAP, Luftmasse vs. Last prüfen	Magerschäden, Klopfgrenze erreicht, thermische Überlast
Klopfsensor	Montagefehler oder Entkopplung verhindert Klopferkennung	Oszilloskop-Analyse auf Körperschall, Montage prüfen	Kolbenbodenschäden, Lagerschäden durch unentdecktes Klopfen
CMP (Nockenwellensensor)	Zeitversatz oder intermittierender Signalverlust	Signalvergleich CMP/CKP, Flankenanalyse	Leistungseinbruch, schlechter Start, Steuerzeitenfehler
Lambda-Sonde (Breitband)	Masseversatz → falsches AFR trotz Lambda 1,000	Massepotentialprüfung ECU-Sensor, CO-Analyse	Kat-Überhitzung, NOx-Versagen, Verbrauchsanstieg

MAP-Sensor	Flatternde Druckwerte durch Versorgungsspannung oder Montagefehler	Scope-Signalprüfung, Referenzdruckmessung	Turbo-Fehlansteuerung, Leistungsverlust, thermischer Stress
Temperatursensor (MKT)	Trägheit oder falsche Position (Eintritt statt Austritt)	IR-Thermometerabgleich, Sensorträgheitstest	Überhitzung, O-Ring-Versagen, Zylinderkopfriss
Hallgeber (KWS/CMP)	Thermische Drift → Warmstart unmöglich	Heißlauftest + Oszilloskop-Signalvergleich	Startverweigerung warm, sporadischer Motorstillstand
AGR-Durchflusssensor	Verkokung täuscht zu wenig AGR-Rückführung vor	Vergleichsmessung Druck/Thermo hinter AGR-Einspeisung	Verkokung Einlassventile, schlechte Verbrennung, Leistungsverlust
Öldrucksensor	Drift oder mechanische Trägheit durch Verstopfung	Vergleich mechanischer Öldruckmessung gegen Sensor	Lagerschäden, Mangelschmierung trotz "normalem" Signal

Kapitel 11 Praxisfälle

Wenn Motoren lügen

Wissen entsteht nicht aus Listen. Nicht aus Tutorials. Und ganz sicher nicht aus PDFs mit 52 Checkpunkten. Wissen entsteht, wenn du Muster erkennst, bevor sie zuschlagen. Wenn du verstehst, warum ein System lügt. Und wo es die Wahrheit doch noch verrät.

Die Frage ist nicht, *ob* du verarscht wirst. **Die Frage ist:** Merkst du es rechtzeitig?

Ein guter Diagnostiker liest den Subtext, egal ob mechanisch, elektrisch oder thermisch. Er hört Frequenzabweichungen im Laufgeräusch. Er spürt Asymmetrien im System. Er riecht chemische Veränderung, noch bevor der Tester sie erfasst. Denn Maschinen flüstern ihr Versagen, denn sie schreien es nicht. Wenn du dieses Flüstern deuten kannst, wird Diagnose zum Handwerk. Wenn nicht, bleibt dir nur Raten. Oder Tauschen. Oder Beten.

Die vier folgenden Fälle zeigen, wie es anders geht. Kein Storytelling, kein Geschwafel. Sondern echte Schlachtfelder der Fehlersuche, eben Orte, an denen Theorie auf Ölfilm trifft.

Hier entscheidet nicht dein Titel. Sondern deine Denkfähigkeit.

Differenzialdiagnose ist kein akademisches Konstrukt.

Sie ist dein Werkzeug gegen das große Systemversagen.

Und sie sagt dir, ob du den Fehler kontrollierst oder der Fehler dich.

Denn manchmal sitzt da einer, allein, zwischen Schaltplänen, Messwerten und Kaffee, der längst kalt ist.

Nicht weil er ratlos ist. Sondern weil er denkt. Weil er nicht einfach machen will, sondern verstehen. Weil er weiß, dass ein vorschneller Griff zum Ersatzteil schneller ins Verderben führt als eine halbe Stunde Stille mit einem Multimeter. Der da sitzt, ist kein Bastler. Kein Theoretiker. Kein Ersatzteilakrobat.

Er ist ein Grenzgänger zwischen Wahrscheinlichkeiten und mechanischen Wahrheiten. Einer, der mit jeder Entscheidung Verantwortung übernimmt für Zeit, für Geld, für Maschinen, für Menschen. Und genau deshalb wird er oft übersehen. Weil gute Diagnostik nicht laut ist. Sie ist konzentriert. Hartnäckig. Und verdammt einsam, wenn sie es richtig macht.

Wer so arbeitet, verdient keinen Applaus. Sondern Respekt.

Praxisfall 1: Der Traktor mit dem mysteriösen Getriebegeräusch

1) Der Moment des Versagens

Ein Traktor kommt in die Werkstatt. Der Fahrer beschreibt ein starkes, metallisches Dröhnen, das nur bei schnellerer Fahrt auftritt. Es klingt für ihn wie ein Motorproblem - vielleicht ein Lagerschaden? Die Aussage ist vage, aber eindringlich.

Was folgt, ist klassische Werkstattrealität: Es wird diskutiert, ob der Motor im Teillastbereich unter Last klopft. Oder ob das Geräusch vom Antriebsstrang stammt. Noch ist nichts sicher außer, dass es reproduzierbar ist.

2) Der Denkfehler (Säule 1 & 2)

Fehleinschätzung: Die Aussage des Fahrers wird vorschnell übernommen. Die Werkstatt orientiert sich an der naheliegenden Erklärung: „Der Motor macht Geräusche." Eine Differenzierung der Symptome unterbleibt zunächst. *"Der Fahrer hört ein Dröhnen und alle sehen sofort den Motor als Verdächtigen."*

Hier versagen Säule 1 (Symptomanalyse) und Säule 2 (Kommunikationsfilter).

3) Die saubere Differenzialdiagnose (Säule 3 & 4)

Statt zu zerlegen, wird gedacht. Eine gezielte Probefahrt mit Datenaufzeichnung bringt Präzision:

Symptom	Mögliche Ursache	Testmethode
Dröhnen bei konstanter Fahrt	Lager, Getriebe, Resonanz	Geschwindigkeit langsam steigern
Kein Lastbezug	Keine Lagerproblematik	Vergleich: Zug vs. Schub
Exakte Frequenz identifizierbar	Resonanz bei 37 km/h	Frequenzanalyse + Tachoaufzeichnung

Die Probefahrt war gelaufen, die Daten lagen vor, und die Werkbank war zur Denkzentrale umfunktioniert. Drei Techniker stehen um das Whiteboard, auf dem Verdachtsmomente gesammelt sind: Lagerschaden, Kardanwelle, Resonanz, alles noch ohne eindeutigen Treffer.

Während einer der Kollegen das Diagramm der Frequenzanalyse erklärt, lehnt sich ein anderer zurück, trinkt einen Schluck Kaffee und sagt beiläufig, fast schon unbeteiligt:

„Ich hab mich vor ein paar Wochen an einem von diesen dämlichen Tellergewichten verletzt. War nicht richtig in seinem Sitz"

Sekundenlange Stille.

Dann drehen sich zwei Köpfe gleichzeitig in seine Richtung. Ein kurzer Blickwechsel. „Moment mal … Wenn das Gewicht exzentrisch montiert wäre …"

4) Die mathematische Wahrheit (Säule 5)

Resonanzformel:

$$A(\omega) = \frac{F_0}{m \cdot (\omega_0^2 - \omega^2)}$$

Was bedeutet das in der Praxis? Auf jedem Hinterrad waren drei Tellergewichte à 80 kg montiert, also insgesamt 240 kg pro Seite. Eine dieser 3er-Kombinationen war leicht außermittig zum Achszentrum angebracht - wenige Zentimeter reichen aus. Dadurch entstand bei exakt 37 km/h eine Unwucht, die ein periodisches Drehmoment in das System einspeiste.

Beispielrechnung:

- $F_0 = m \cdot r \cdot \omega^2$, mit:

- $m = 240 kg, 0{,}03 m$, (Exzentrizität),

- $v = \frac{v}{U} = \frac{37}{3{,}6} = 10{,}28 \, \text{m}/\text{s}$, Radumfang hinten $\approx$ 5,2 m $\rightarrow$ ca. 1,98 U/s

Dann:

$$F_0 = m \cdot r \cdot \omega^2 = 240 \cdot 0{,}03 \cdot (12{,}44)^2 \approx 1116 N$$

Setzt man dies in die Resonanzformel ein:

$$A(\omega) = \frac{1116}{240 \cdot ((12{,}44)^2 - (12{,}44)^2)} \Rightarrow \textit{Division gegen Null}$$

$\rightarrow$ Maximale Amplitudenverstärkung!

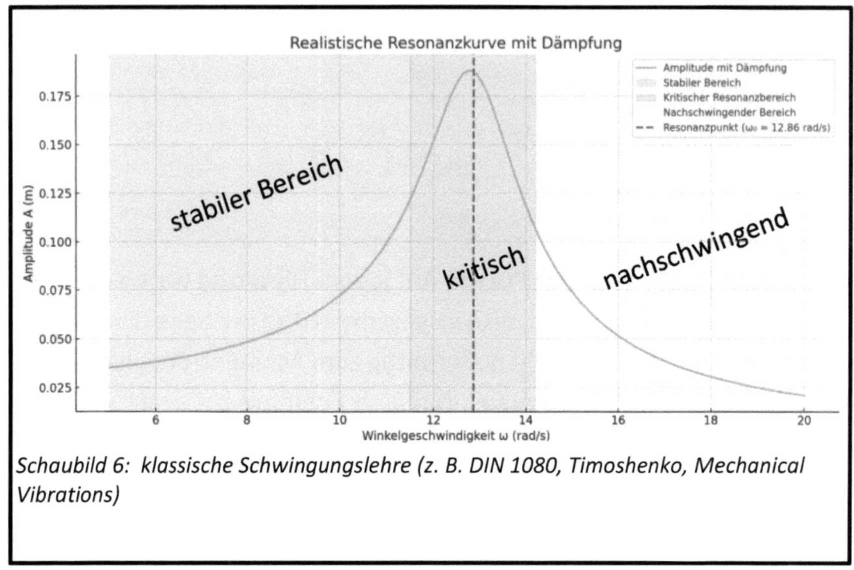

Schaubild 6: klassische Schwingungslehre (z. B. DIN 1080, Timoshenko, Mechanical Vibrations)

Schon eine minimale Exzentrizität führt bei Resonanz zur völligen Systemeskalation und diese lag tatsächlich vor in geringer Form!

🏛 Die Division gegen Null - Wenn Mathe explodiert

Die Formel:

$$A(\omega) = \frac{F_0}{m \cdot (\omega_0^2 - \omega^2)}$$

sieht auf den ersten Blick harmlos aus. Doch in ihr steckt Sprengstoff. Denn der Nenner enthält den Unterschied zweier Frequenzen:

- ω_0 : Die Eigenfrequenz des Bauteils, also die Schwingung, bei der es „in Resonanz" geht.

- ω: Die aktuelle Anregungsfrequenz, zum Beispiel durch Fahrgeschwindigkeit.

Und wenn diese beiden gleich sind, passiert das Unausweichliche:

$$\omega_0^2 - \omega^2 = 0 \rightarrow A(\omega) = \frac{F_0}{0} \rightarrow Unendlich$$

Das ist keine Rechenregel. Das ist die Physik, die dir den Mittelfinger zeigt.

Die Schwingung wird unkontrollierbar. Die Amplitude schießt durch die Decke. Das System rastet aus.

Der Fachbegriff: **Resonanzkatastrophe**.

Oder verständlich: **„Das Ding dröhnt wie besoffen am Bahnhof."**

5) Erklärung für alle, die bei Mathematik sonst aussteigen:

Du hast 240 kg Stahl an jedem Hinterrad hängen. Drei Tellergewichte à 80 kg, nur wenige Zentimeter versetzt montiert.

Und dann fährst du genau mit der Geschwindigkeit, bei der sich diese Masse „mit sich selbst hochschaukelt". Das ist, als würdest du einem Vorschlaghammer regelmäßig und rhythmisch Schwung geben und ihn dann mit voller Wucht gegen die Karosserie donnern. Nicht einmal, sondern bei jeder Umdrehung.

Die Rechnung zeigt *(1116N)*:

Über 1.100 N Kraft aus nur 3 cm Versatz.

Das ist mehr, als du mit beiden Armen stemmen kannst und das bei jedem Impuls. Und im Fall war es nur ein Teil davon.

Versteh das, und du hörst nicht nur das Dröhnen,

du weißt, warum es dröhnt.

Hinweis zur Rechnung: Die obige Berechnung dient nicht der exakten Reproduktion eines Labormesswerts, sondern der physikalischen Verdeutlichung des Phänomens. In der Praxis zählt oft nicht die hundertstelgenaue Zahl, sondern die Fähigkeit, mit realistischen Annahmen und technischem Verständnis zu einem plausiblen, fundierten Ergebnis zu kommen.

6) Die Lösung (Säule 6)

Die Theorie trifft Praxis. Checkliste:

- Tellergewichte demontiert

- Sitz kontrolliert und neu zentriert

- Probefahrt bei 37 km/h → Totenstille

Ohne diesen Hinweis hätten sie vermutlich das halbe Getriebe zerlegt und wären immer noch am Fluchen. Doch dank logischer Diagnose: Gewichte neu montiert, Geräusch weg.

7) KolbenKult-Rückblick: Die 6 Säulen im Fall

Säule	Umsetzung im Fall
1 - Symptome sind der Schlüssel	Dröhnen exakt messbar bei 37 km/h
2 - Jeder lügt	Fahrermeinung nicht kritiklos übernommen
3 - Hypothesen bilden	Lager, Getriebe, Resonanz sauber abgegrenzt
4 - Provokation durch Test	Probefahrt mit gezielter Reproduzierbarkeit
5 - Kleine Hinweise, große Wirkung	Nebensatz zum Tellergewicht als Auslöser
6 - Praxis bestätigt Theorie	Resonanzrechnung → Reparatur → Fehler weg

Abschluss:

So sieht's aus, wenn man nicht rät, sondern rechnet.

Nicht weil irgendwas naheliegend ist, sondern weil einer nachdenkt, bevor er zerlegt.

KolbenKult heißt: sechs Säulen, ein System und null Toleranz für Bullshit.

——————————————— ⚲ ———————————————

Praxisfall 2: Pferde unter der Haube - Ein Diesel-Albtraum

1) Der Moment des Versagens

Ein mächtiger 6-Zylinder-Turbodiesel kommt stotternd in die Werkstatt. Der Fahrer schildert:

„Er hat zuerst nur geruckelt, dann wurde es schlimmer und jetzt startet er kaum noch."

Kein Geräusch, kein Rauch, kein klassischer Defekt - nur pure Ratlosigkeit. Und ein Traktor, der aussieht, als hätte er einfach keine Lust mehr.

2) Der Denkfehler (Säule 1 & 2)

Fehleinschätzung: Der Verlauf wird mechanisch gedeutet : *„Filter? Förderpumpe? Einspritzleiste?"*

Also tauscht man. Diagnoseersatz durch Teileroulette.

Säule 1 (Symptomprüfung) und Säule 2 (Kommunikationsfilter), komplett ignoriert.

Erst als der Fahrer sauer wird und der Chef dazukommt, beginnt man systematisch zu denken.

3) Die saubere Differenzialdiagnose (Säule 3 & 4)

Symptom	Mögliche Ursache	Testmethode
Kein Start	Elektronik, Injektoren, Kraftstoff	Laptop, Kompression, Endoskop
Geringer Durchfluss	Schleim, Wasser, Dieselpest	Leitungsdruck, Filter geöffnet
Keine Fehlercodes	Sensorik plausibel	Istwertanalyse, Live-Daten

Beim zu Säule 5 fällt dieser eine, fast nebensächliche Satz:

„Meine Tochter fährt manchmal mit. Sie liebt die vielen Pferde unter der Haube." Es folgt Stille. Dann die Frage, die alles kippt: „Hat sie die Pferde vielleicht auch gefüttert?" Die Leitung wird geöffnet und der Diesel riecht faul. Der Filter wird zerschnitten: Eine schleimige grünbraune Schicht erstickt den Kraftstofffluss.

4) Die bio-chemische Wahrheit (Säule 5)

Wenn Diesel lebendig wird und dann stirbt.

Was auf den ersten Blick nur nach „zäher Diesel" aussieht, ist in Wahrheit ein mikrobiologisches Schlachtfeld.

Die sogenannten Diesel-Mikroben, eine wilde Biozönose aus Bakterien, Hefen und Schimmelpilzen, leben an der Grenzschicht zwischen Diesel und Wasser. Diese Wasserschicht entsteht immer, selbst bei modernen Tanks, durch Kondensation. Und genau dort beginnt ihr Werk:

Sie verdauen Dieselbestandteile. Dabei entstehen organische Säuren, die die Cetanzahl senken, Additive abbauen und die Schmierfähigkeit („Lubrizität") des Diesels zerstören.

Sie bauen einen Biofilm. Eine schleimige Matrix aus Zuckerpolymeren, Zellresten und Kolloidteilchen, die sich auf Innenwände, Filter und Leitungen legt. Und das ganze Elend ist dann zäh, klebrig und praktisch undurchdringlich.

Sie sterben und verwandeln sich in biologischen Leichenschlamm. Und der treibt im Tank, zersetzt sich weiter, verklumpt sich zu Fetzen. Diese Fetzen wandern in die Förderleitung, setzen Filter zu, strangulieren Pumpen und sabotieren deine Einspritzanlage wie Sand im Getriebe.

Sie verändern das Gemisch. Der Biofilm erzeugt flüchtige organische Verbindungen, die das Kraftstoff-Luft-Gemisch destabilisieren. Das Resultat: Verkoken der Injektoren, Kavitationsschäden in der Pumpe, asynchrone Einspritzung.

Das ist kein Dreck. Das ist Biochemie.

Und wenn du das nicht verstehst, diagnostizierst du nur an den Symptomen rum und findest nie die Ursache.

Erklärung für Nicht-Biologen:

Stell dir vor, du willst durch einen Strohhalm Cola saugen. Klappt. Dann stell dir vor, du musst einen schleimigen Gym-Proteinshake durch einen zugesetzten Filter drücken. Irgendwann kommt nichts mehr. Genau das passiert hier. Nur schlimmer: Der Schleim lebt. Und stirbt. Und wird immer dicker.

Und das alles, weil jemand dachte, Bio-Diesel sei besser. Oder das Kind einen halben Eimer Kraftfutter und Wasser „für die Pferde" nachgefüllt hat.

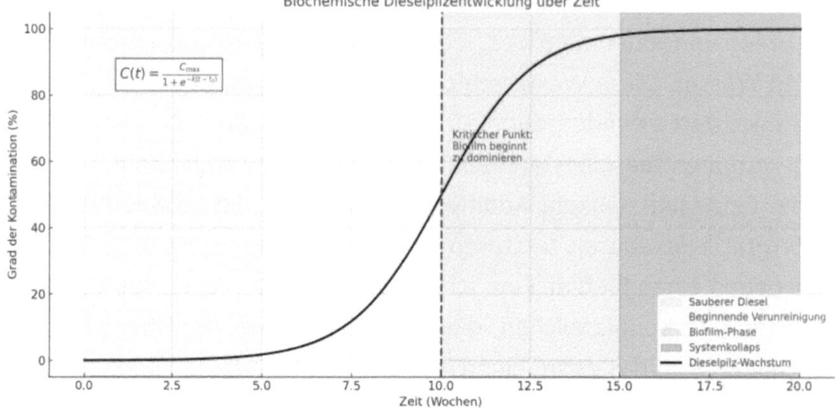

5) Statistik:

Untersuchungen zeigen: Bis zu 5 % der Dieselproben in Europa sind mikrobiologisch kontaminiert. Und in bis zu 80 % der Dieselpest-Fälle tritt der Schaden nach bloßem Filtertausch erneut auf - weil der Biofilm nicht aus dem Tank entfernt wurde.

👉 Wer nur tauscht, heilt nicht. Er verschlimmert.

6) Die Lösung (Säule 6)

☑ Maßnahmenplan zur Totalsanierung:

1. Kraftstoffprobe → eindeutig kontaminiert

2. Tank vollständig entleert

3. Biofilm mechanisch entfernt (Wischer + Spülung)

4. Reinigungsdiesel mit Biozid eingefüllt oder ähnl.

5. Filter erneuert

6. Endoskopkontrolle: Schleimfrei

7. Neuanlauf: Start ohne Mucken

7) KolbenKult-Rückblick   Die 6 Säulen im Fall

Säule	Umsetzung im Fall
1 - Symptome	Kein Start trotz Pumpentausch → Hinweise ignoriert
2 - Kommunikation	Kunde: niemand hat was an dem Traktor gemacht
3 - Hypothesen	Von Elektronik bis Mechanik
4 - Test statt Tausch	Kraftstoffprobe, Filteröffnung, Endoskopie
5 - Kleiner Hinweis	„Pferde unter der Haube" = Biofilm im Tank
6 - Praxis bestätigt Theorie	Bioschleim raus - Diesel rein - Maschine lebt wieder

Abschluss:

Ein Kind hat es gut gemeint. Papas Geschichten sind toll. Aber teuer. Und wie teuer das am Ende wird, entscheidet die Werkstatt durch ihr können. Dieser Fall zeigt:

Du musst hören, denken, prüfen. Nicht glauben, sondern wissen. KolbenKult-Protokoll

Praxisfall 3: Der Radlader und die Statistik - Wenn alle lügen, sogar die neuen Teile

1) Der Moment des Versagens

Ein 14-Tonnen-Radlader frisch gewartet. Öl, Filter, Hydraulikservice, sogar ein paar Schweißarbeiten, alles erledigt, alles läuft. Dachte man.

Dann das: Der hydrostatische Antrieb baut Druck auf, doch das Fahrzeug bewegt sich keinen Zentimeter. Kein Fehler im Display, keine Warnmeldung. Die Maschine wirkt bereit, ist aber wie eingefroren. Die Bremse hält. Still. Hartnäckig. Ohne zu sagen, warum. Arschloch.

2) Der Denkfehler (Säule 1 & 2)

Symptomanalyse? Fehlanzeige. Die Werkstatt orientiert sich reflexhaft an Wahrscheinlichkeiten: Steuergerät, Spannungsabfall durch die Schweißarbeiten, vielleicht ein Relaisproblem.

Doch das ist nicht der Punkt. Der Denkfehler lag tiefer: Man glaubte den Bauteilen, weil sie neu waren.

Drei Hydraulikventile wurden ersetzt. Alle neu. Alle originalverpackt. Und genau das war das Problem: Sie sahen gesund aus und logen eiskalt. Schrott ab Werk. Säule 2 trifft hier ins Schwarze: Nicht nur Menschen lügen. Auch neue Teile können perfekt kaputt sein.

3) Die saubere Differenzialdiagnose (Säule 3 & 4)

Symptom	Mögliche Ursache	Testmethode
Keine Entsperrung der Bremse	Elektrik, Relais, Hydraulik	Spannungs- & Signalcheck
Kein Fehler im Speicher	Steuergerät plausibel	Istwertanalyse, Datenlogger
Kein Druck auf Bremseinheit	Ventile blockieren Hydraulik	Austauschversuch mit bekannten Teilen

„Das ist doch unmöglich, dass alle drei Ventile defekt sind…"
„Aus drei Lagern! Unterschiedliche Chargen!"
„Ja. Und trotzdem."

Mit funktionierenden Altteilen aus einer anderen Maschine wird getestet. Einbau. Zündung. Druck. Und plötzlich: Die Bremse löst.

4) Die mathematische Wahrheit (Säule 5)

Drei Hydraulikventile wurden bei der Wartung ersetzt. Drei neue Bauteile, aus drei unterschiedlichen Lagern des Lieferanten.
Statistisch betrachtet:

- **Ein defektes Ventil?** Möglich.

- **Zwei defekte Ventile?** Extrem selten.

- **Drei defekte Ventile aus drei Chargen?** Gefühlt so wahrscheinlich wie der Moment deines Lotto-Gewinns, während ein scheiß Blitz dein Lotto-Schein grillt.

Aber genau das ist passiert.

📊 Statistischer Sidekick: Wie unwahrscheinlich ist das wirklich? Angenommen: Die Ausfallwahrscheinlichkeit pro Neuteil liegt nach Erfahrung des Lieferanten bei 0,5 %.

Also:

$$P_{defekt} = 0,005$$

Dann gilt für drei unabhängige Bauteile:

$$P(3\ defekte) = 0,005 \times 0,005 \times 0,005 = 0,000000125$$

Oder:

$$0,0000125\ \% \ Wahrscheinlichkeit.$$

Das sind 1,25 Fälle auf 10 Millionen. Und einer davon steht jetzt auf deinem Werkstattboden.

Erklärung für alle, die bei Statistik sonst aussteigen:

Wenn du glaubst, dass neue Teile zuverlässig sind, weil sie statistisch selten ausfallen machst du denselben Fehler wie die meisten. Du denkst in Wahrscheinlichkeiten, nicht in Konsequenzen.

Diagnostik heißt: Mögliches prüfen, nicht Wahrscheinliches vermuten.

Denn ein einziges Bauteil, das außerhalb der Statistik liegt, kann deine ganze Logik zum Einsturz bringen, wenn du es nicht testest. Und genau deshalb gilt: „Wenn du es nicht geprüft hast, existiert es für die Diagnose nicht."

5) Die Lösung (Säule 6)

Was war nötig?

☑ Austausch der drei neuen Ventile durch geprüfte Altteile

☑ Testlauf unter Last → Bremse löst

☑ System vollständig funktionsfähig ohne ein einziges weiteres Teil zu tauschen

6) KolbenKult-Rückblick: Die 6 Säulen im Fall

SÄULE	UMSETZUNG IM FALL
1 - SYMPTOME SIND DER SCHLÜSSEL	Bremse bleibt aktiv - trotz Druck und Freigabe
2 - JEDER LÜGT	Neue Ventile simulieren „funktionstüchtig"
3 - HYPOTHESEN SAUBER PRÜFEN	Elektronik, Relais, Hydraulik werden abgegrenzt
4 - PROVOKATION DURCH TESTMETHODEN	Altteiltest → direkte Rückmeldung
5 - KLEINE HINWEISE, GROßE WIRKUNG	Mehrfachdefekt? → Unwahrscheinlich heißt nicht unmöglich
6 - PRAXIS BESTÄTIGT THEORIE	Tausch → Bremse funktioniert → Ursache bestätigt

Abschluss:

Manchmal ist die Wahrheit so unwahrscheinlich, dass sie keiner sehen will. Aber das ist egal. Denn wer diagnostiziert, braucht keine Wahrscheinlichkeiten, sondern Beweise.

Und die findet man nicht in Prozentzahlen, sondern im echten Test.

Praxisfall 4: Das Supersport-Bike, und eine fast tragische Grillparty

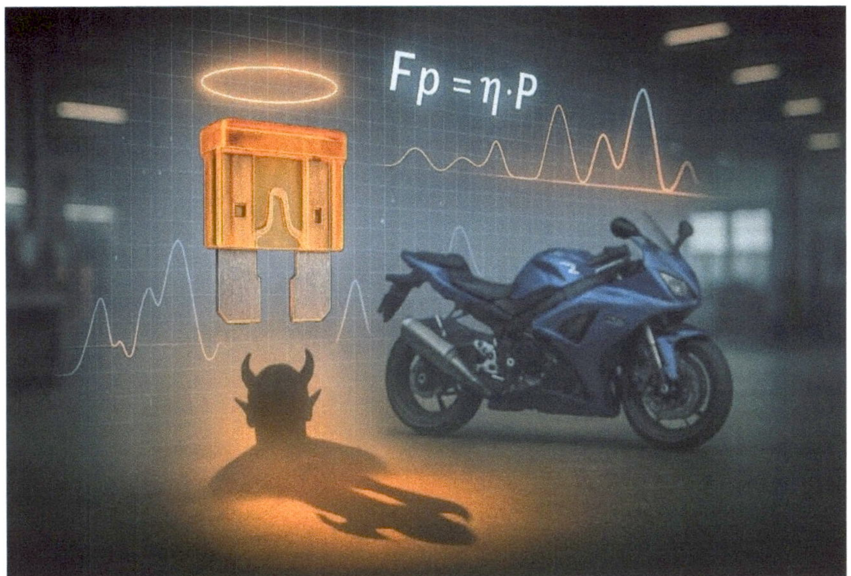

1) Der Moment des Versagens

Ein Hochleistungsbike, fabrikneu. Ausgeliefert werden soll es heute. Der Kunde erwartet das volle Orchester: Drehmoment, Sound, Show.

Die abschließende Motorlauf und Checkup vor der Verladung ist perfekt gelaufen. Aber was kommt, ist nichts. Kein Funke, kein Knall, kein Leben. Nichtmal ein Anlasser, der sich dreht. Und das bei der Verladung.

Die Uhr tickt. Der Grill läuft, die Gäste warten und in der Werkstatt beginnt das große Rennen gegen die Zeit.

2) Der Denkfehler (Säule 1 & 2)

Fehleinschätzung: Das Bike ist neu, also *muss* es was Elektronisches sein. Vielleicht das Steuergerät? Die Wegfahrsperre? Die Mechaniker rennen los, als gäb's Pokale für hektisches Rumfummeln. Gerade lief der Karren doch noch.

„Der Motor startet nicht. Also ist es bestimmt... irgendwas Komplizier-tes.“

✗ Säule 1: Die Symptome werden ignoriert, weil keine sichtbare Störung vorliegt.

✗ Säule 2: Die Hardware täuscht, eine brandneue Sicherung sieht gesund aus, ist aber ein Blender.

3) Die saubere Differenzialdiagnose (Säule 3 & 4)

Jetzt wird's logisch. Keine wilden Tauschaktionen mehr, sondern systematische Abgrenzung:

Symptom	Mögliche Ursache	Testmethode
Kein Zündsignal	Wegfahrsperre, Steuergerät	Speicherprüfung, Istwerte prüfen
Kein Verbraucher reagiert	Stromversorgung, Masse	Spannungsprüfung, Sicherungskontrolle
Steuergerät aktiv, aber „tot"	Teilversorgung intakt	Lastkreis messen

Und dann, Säule 5:

„Ich ziehe immer zuerst die Sicherung und schau mir die Scheißer richtig an" sagt der Transportfahrer, beiläufig.

Stille.

Ein Mechaniker friert ein, dann Bewegung. 15 Sekunden später ist die Sicherung draußen. Haarriss. Unsichtbar. Heimtückisch.

4) Die physikalische Wahrheit (Säule 5)

Der Haarriss. Klein, gemein, nervlich tödlich.

Was passiert?

- **Geringe Last:** Das Steuergerät bekommt gerade noch genug Strom. Das Steuergerät wird wach, aber nicht arbeitsfähig. Es lebt im Standby, stirbt bei Aktion. Die Spannung reicht, um LEDs zu flackern aber nicht, um Aktoren zu bewegen.

- **Hohe Last (z. B. Anlasser):** Der feine Riss weitet sich durch die mikroskopische Ausdehnung der Kontaktflächen unter Last, der Übergangswiderstand steigt sprunghaft und der Strom bricht zusammen.

- **Abkühlung:** Riss schließt sich, der Kontakt „heilt sich scheinbar selbst" → In vielen Fällen wird kein Fehler gespeichert, weil der Riss zu kurz und zu spezifisch wirkt, um von klassischen Diagnosesystemen erkannt zu werden.

Das ist kein klassischer Defekt, das ist ein getarnter Strukturbruch: Die Sicherung täuscht intakte Funktion vor, doch sobald Last fließt, bricht sie zusammen wie ein morsches Tragwerk.

Erklärung für alle, die bei „12 Volt liegen an" aufhören

Du misst Spannung und denkst: ☑ System okay.

Falsch.

Spannung allein ist wie ein Versprechen ohne Unterschrift. Der Haarriss lässt dich glauben, alles sei gut, solange du nicht wirklich was brauchst.

Aber sobald echter Strom fließt, öffnet sich der Riss wie ein getarnter Kill-Switch.

Kein Rauch, kein Knall, kein Hinweis. Nur der Moment, in dem du denkst: „Wieso geht das verdammte Ding immer noch nicht?"

Hinweis zur Technik: Die Sicherung war optisch unauffällig. Selbst in der Durchgangsprüfung zeigte sie „OK".

Doch unter realer Last bei Erwärmung im Millisekundenbereich, kam es zum sofortigen Zusammenbruch des Stromflusses.

Ein Fehlerbild, das ohne präzise Lastprüfung unsichtbar bleibt.

5) Die Lösung (Säule 6)

Checkliste zur systematischen Rettung:

- ☑ Sichtprüfung → unauffällig

- ☑ Sicherung getauscht → Zündung aktiv

- ☑ Aktoren prüfen → alles funktioniert

- ☑ Belastungstest → kein Spannungsabfall

Das Bike brüllt los, Grillabend gerettet.

6) KolbenKult-Rückblick: Die 6 Säulen im Fall

SÄULE	UMSETZUNG IM FALL
1 - SYMPTOME ERKENNEN	Kein Geräusch, kein Fehler → bewusst analysiert
2 - TÄUSCHUNG ENTLARVEN	Neue Sicherung war defekt - trügerisches Bauteil
3 - HYPOTHESEN BILDEN	Steuergerät, Wegfahrsperre, Relais
4 - TEST STATT TAUSCH	Messung, Spannung unter Last geprüft
5 - KLEINE HINWEISE NUTZEN	Fahreraussage als Wendepunkt
6 - THEORIE TRIFFT PRAXIS	Sicherung ersetzt → System läuft

Abschluss

Dieser Fall ist mehr als ein elektrisches Ärgernis. Er ist ein Paradebeispiel dafür, wie ein 10-Cent-Bauteil eine Meisterprüfung sabotieren kann. Und wie ein einziger Satz „Ich knete die Sicherung zuerst." den Unterschied macht zwischen Frust und Feierabendbier.

Ein Haarriss ist kein Defekt, er ist eine Prüfung. Eine Prüfung deines Verstandes. Denn du siehst: 12 Volt liegen an. Was du nicht siehst: Dass diese 12 Volt nur da sind, weil du gerade nichts willst.

Sobald du etwas verlangst, Leistung, Stromfluss, echtes Leben, bricht der Riss auf wie ein geplatztes Versprechen. Das Bike schweigt. Nicht weil es kaputt ist. Sondern weil es dich testet.
Die Sicherung lügt. Die Maschine lügt nicht. Aber sie verrät dir nichts, wenn du nicht die richtige Frage stellst.

Glossar

Viele der hier aufgeführten Wörter sind nicht nur Fachausdrücke, sondern echte Diagnoseschlüssel, also Begriffe, hinter denen sich ganze Denkprozesse, Prüfmethoden oder Schadensszenarien verbergen. Deshalb wurde dieses Glossar nicht lexikalisch gefüllt, sondern chirurgisch ausgewählt: Jeder Eintrag liefert nicht nur eine Definition, sondern zeigt dir, was der Begriff in der Praxis bedeutet und wo du ihm begegnest, wenn's kracht.

---

1. AGR Abgasrückführung

Rückführung heißer Abgase in den Ansaugtrakt zur Absenkung der Verbrennungstemperatur und NOx-Reduktion.

Wenn du die Hälfte deiner Abgase recycelst, um die Umwelt zu schonen, darfst du dich nicht wundern, wenn dein Motor irgendwann schwer atmet.

Symptom	Mögliche Ursache
Leistungsverlust, verrußte Brennräume	AGR-Ventil hängt offen → zu viel Abgas im Frischluftstrom
Fehler „Gemisch zu mager"	AGR-Ventil bleibt zu → NOx-Ausstoß steigt, ECU korrigiert mit Spätzündung
Notlauf nach Kaltstart	AGR-Kühler undicht → Kühlwasserverlust, Sensorwerte brechen ein

2. Abgasgegendruck

Druck, der dem Abgasstrom nach dem Auslassventil entgegengesetzt wirkt.

Wenn dein Motor beim Ausatmen röchelt wie ein Raucher nach dem Marathon, ist das kein Trainingsdefizit, sondern verstopfte Lunge.

Symptom	Mögliche Ursache
Leistungsverlust im oberen Drehzahlbereich	DPF zugesetzt, Kat kollabiert oder Krümmer verengt - der Motor kann nicht „atmen"
Steigende Abgastemperatur bei Volllast	Rückstau → thermische Überlastung am Lader und Ventilbereich
Träger Turboladeraufbau	Hoher Gegengegendruck verhindert effektives Anspulen
Öl im Laderausgang / Saugrohr	Rückstau drückt Öl über die Laderwelle - Abdichtung versagt unter Druck

3. Abgastemperatur

Temperatur des Abgases an definierten Messpunkten hinter dem Auslassventil.
Wenn's hinten zu heiß wird, fackelt dir der Lader ab. Das Steuergerät merkt's
erst, wenn's stinkt.

Symptom	Mögliche Ursache
Schnell steigende Temperaturen unter Last	Zündwinkel zu spät / Gemisch zu fett oder zu mager
AGR-Ventil überhitzt	Wärmerückstau durch Lader- oder Kühlerdefekt
Fehler „Abgastemperatur zu hoch"	Sensor taub, Stecker korrodiert oder Wärmemanagement gestört

4. Additive

Funktionelle Wirkstoffe im Öl, die Schmierverhalten, Alterungsbeständigkeit
und Ablagerungskontrolle steuern.

Wer hier wahllos irgendwas reinkippt, spielt chemisches Russisch-Roulette mit
seinem Motor.

Symptom	Mögliche Ursache
Schlammbildung trotz Ölwechsel	Additive überlastet oder inkompatibel - z. B. durch Kraftstoffverdünnung
Korrosion im Lagerspiel	TBN erschöpft → Säuren greifen Metall an
Versottung im Zylinderkopf	Detergenzien zu schwach oder durch Überhitzung zersetzt

5. Analog-Digital-Wandlung

Signalumsetzung physikalischer Messwerte in digitale Werte durch einen A/D-
Wandler.

Wenn die ECU in 1er- und 0er-Salat badet, weil das analoge Signal nicht sauber
kommt, wird aus Messung Magie.

Symptom	Mögliche Ursache
Springende Werte trotz stabilem Sensor	Rauschen oder Quantisierungsfehler durch elektrische Störung
Plötzliche Signal-Sprünge	Masseversatz, zu geringe Auflösung, defekte Referenzspannung
„Wert unplausibel" im Fehlerspeicher	Signalpegel außerhalb des gültigen Wandlungsbereichs

6. Bleiwert

Anteil an Blei in der Ölanalyse - Indikator für Lagerschalenverschleiß.

Wenn dein Öl nach Schwermetall klingt, hat dein Motor schon lange damit angefangen, sich von innen nach außen zu verabschieden.

Symptom	Mögliche Ursache
Blei über 5 ppm in der Trendanalyse	Gleitlager beginnt zu erodieren - oft an Pleuel oder Hauptlager
Wert steigt weiter trotz Ölwechsel	Dauerabrieb oder beschädigte Lagerstelle nicht behoben
Blei + Kupfer gemeinsam erhöht	Lagerschichten abgetragen → multimetallischer Abrieb läuft mit

7. Blow-by-Gase

Gasanteil, der an den Kolbenringen vorbei ins Kurbelgehäuse gelangt.

Wenn der Verbrennungsdruck statt Arbeit lieber Öl verdünnt, ist das kein Betriebszustand, sondernder Anfang vom Ende.

Symptom	Mögliche Ursache
Ölschleim an der Entlüftung	Ringspalt zu groß - Kompression flüchtet ins Kurbelhaus
Anstieg des Ölstands ohne Nachfüllen	Kraftstoffeintrag über Blow-by - besonders im Gasbetrieb
Leistungsverlust + erhöhter HC-Wert	Abgas gelangt über Kurbelwellengehäuse in Ansaugtrakt

8. CAN-Bus

Digitales serielles Bussystem für den Datenaustausch zwischen Steuergeräten.

Die Lebensader der Bordelektronik - wenn einer niest, stehen alle im Diagnose-Koma.

Symptom	Mögliche Ursache
Steuergeräteausfall, sporadisch	Korrodierter Stecker, CAN-Low unterbrochen
alle Fehler gleichzeitig - scheinbar	Bus-Masse fehlt → Kommunikation implodiert
Diagnose nicht möglich	Gateway gestört oder Bus-Terminierung defekt

9. Differenzialdiagnose

Logisches Ausschlussverfahren zur Identifikation der wahrscheinlichsten Fehlerursache.

Wer sie ignoriert, sucht nicht, sondernhofft. Und wer hofft, schraubt teuer.

Symptom	Mögliche Ursache
Teiletausch ohne Erfolg	Keine Ursachenanalyse, reines Versuch-und-Irrtum-Verhalten
Inkonsistente Symptome	Keine Überprüfung der Rahmenbedingungen - z. B. Versorgungsspannung
Reparatur wirkt kurzfristig	Symptom wurde beseitigt, Ursache bleibt aktiv

10. Drehmomentapostel

Mechaniker, die Anzugsdrehmomente nicht erraten, sondernanwenden.

Während die anderen Gewinde zerstören, bringen diese Leute nur kontrollierte Spannung ins Spiel und Ruhe in den Motor.

Symptom	Mögliche Ursache
Risse an Kunststoffflanschen	Mit dem Schlagschrauber „gefühlt" angezogen
Undichtigkeiten trotz neuer Dichtung	Schrauben nicht kreuzweise oder zu lasch angezogen
Geräusche nach Reparatur	Verspannte Baugruppen durch inkorrekte Vorspannung

11. Drehzahlsignal

Elektrisches Signal, das die Kurbelwellenposition und -geschwindigkeit für die Steuergeräte verfügbar macht.

Ohne sauberes Drehzahlsignal weiß die ECU nicht, wann gezündet werden soll und dein Motor läuft nach Gefühl statt nach Physik.

Symptom	Mögliche Ursache
Kein Motorstart, keine Einspritzung	Kurbelwellensensor defekt oder Abstand zum Impulsrad falsch
Fehlzündungen, unregelmäßiger Leerlauf	Signal gestört - z. B. durch Kabelbruch oder Magnetisierungsfehler
P0300/P0335 im Fehlerspeicher	Kurbelwellengeber fällt aus oder liefert verrauschtes Signal

12. ECU (Engine Control Unit)

Zentrales Steuergerät zur Regelung von Einspritzung, Zündung, Luftmassenstrom und Abgasnachbehandlung.

Das elektronische Gehirn des Motors - mit Alzheimer, wenn Masse oder Sensorik spinnt.

Symptom	Mögliche Ursache
Keine Kommunikation über OBD	Versorgungsspannung fehlt, Masseleitung unterbrochen
völlig unlogisches Motorverhalten	Referenzspannung gestört oder Sensor-Masseversatz
sporadische Totalaussetzer	fehlerhafte Lötstelle, thermischer Defekt, interner Kurzschluss

13. EMV-Störung

Elektromagnetische Störungen durch externe Felder, Funken oder fehlerhafte Abschirmung.

Wenn dein Sensor mehr Funk hört als Spannung sieht, schreibst du Diagnosedaten in Morsecode.

Symptom	Mögliche Ursache
Sensorwerte springen unter Last	Zündkabel schlecht entstört, kein verdrilltes Sensorkabel
Fehler nur bei bestimmten Drehzahlen	Resonanzeinstrahlung durch Leitungslängen
OBD-Aussetzer bei Funkkommunikation	keine oder beschädigte Schirmung, EMV-Koppelung in Steuergeräten

14. Eisen im Öl

Metallabrieb im Schmierstoff, messbar über Ölanalyse - typischer Indikator für Gleit- oder Mischreibung.

Wenn dein Öl nach Werkzeugkasten duftet, reibt innen gerade jemand mit Gewalt.

Symptom	Mögliche Ursache
Anstieg Eisen >50 ppm in wenigen Stunden	Kolbenbolzenführung eingelaufen, Lauffläche beschädigt

gleichzeitiger Anstieg von Eisen + Blei	massive Lagerschäden, Reibkorrosion an Gleitlagern
hohe Eisenwerte + magnetischer Rückstand	verschlissene Kolbenringe, Zylinderwandverschleiß durch Partikeleinschluss

15. Fehlerspeicher

Datenspeicher des Steuergeräts für erkannte Unregelmäßigkeiten und Grenzwertverletzungen.

Wenn du nur darauf hörst, was das Steuergerät erzählt, machst du Diagnostik mit Horoskopen.

Symptom	Mögliche Ursache
Symptome vorhanden, aber kein Eintrag	Parameter noch innerhalb Toleranz oder Sensor tot, ohne Selbsterkennung
Einträge ohne Reproduzierbarkeit	flüchtige Spannungsprobleme, EMV-Störungen, schlechter Massepunkt
irreführende Fehlercodes	Fehlerursache liegt „stromabwärts", z. B. defekte Spannungsversorgung →

16. Fehlzündung

Unkontrollierte Verbrennung außerhalb des regulären Zündzeitpunkts - kann im Zylinder oder im Auspuff stattfinden.

Knallt's hinten, hat vorne jemand geschlafen - meist Zündung, Einspritzung oder Masse.

Symptom	Mögliche Ursache
P0300-P030X im Speicher	Zündspule defekt, Kerze tot, Einspritzventil hängt
Flammen aus dem Auspuff	Spätzündung, unverbrannter Kraftstoff im Abgastrakt
unregelmäßiger Leerlauf mit Aussetzern	Masseschleife, falscher OT-Bezug, Sensorversatz

17. Homogene Verbrennung

Gleichmäßige Durchmischung von Kraftstoff und Luft vor Zündung - idealer Fall im Ottomotor.

Wenn das Gemisch stimmt, läuft's sauber. Wenn nicht, läuft's entweder heiß - oder gar nicht.

Symptom	Mögliche Ursache
HC-Ausstoß zu hoch	Gemisch nicht zündfähig - Einspritzung zu spät oder unvollständig
Klingeln unter Teillast	zu mager, falsche EGR-Menge, keine Gemischhomogenität
Leistungsloch bei Teillast	Luftverwirbelung gestört, Ansaugkanal verschmutzt oder AGR falsch geregelt

18. Hydrostößel

Hydraulisches Element zum automatischen Ventilspielausgleich.

Wenn's im Kopf klackert, sind's nicht immer Ventile - manchmal nur Luft im Stößel.

Symptom	Mögliche Ursache
Klackern nach Kaltstart	Ölversorgung noch nicht aufgebaut - Stößel leer
dauerhaftes Ticken trotz Ölstand ok	Stößel verschlissen oder Luftblasen durch Luftsog im Öl
fehlende Ventilöffnung bei Drehzahl	Stößel entlüftet nicht mehr → Ventilhub bricht ein

19. Kaltstartanreicherung

Zusätzliche Kraftstoffmenge zur besseren Zündfähigkeit bei niedrigen Temperaturen.

Ein eiskalter Motor will nicht diskutieren - der will saufen.

Symptom	Mögliche Ursache
Startprobleme unter 10 °C	Temperaturfühler unplausibel → Steuergerät denkt: warm
hoher Verbrauch in Warmlaufphase	Lambda nicht aktiv → ECU fettet überproportional an
schwarzer Rauch bei Kaltstart	Einspritzzeit zu lang, Kraftstofffilm zu dick

20. Katalysator

Keramisches oder metallisches Element zur Nachoxidation von Abgasbestandteilen.

Wenn der Kat verstopft ist, kriegt dein Motor Asthma und du die Rechnung.

Symptom	Mögliche Ursache
Leistungsabfall bei Volllast	Kat durch Öl-/Kraftstoffeintrag verkokt,

	Schmelzschaden
steigende Lambdawerte + NOx	Kat altert, Sauerstoffspeicherkapazität sinkt
hoher Gegendruck, Ladedruck zu gering	Kat zu → Lader bekommt keine freie Strömung mehr

21. Kavitation

Blasenbildung durch Unterdruck in Flüssigkeiten - mit anschließender Implosion bei Druckanstieg.

Wenn dein Kühlmittel kocht, obwohl der Motor nicht überhitzt ist, bist du mittendrin: Blasenparty mit Materialabtrag.

Symptom	Mögliche Ursache
punktuelle Erosion an Wasserkanálen	Fließgeschwindigkeit zu hoch, Pumpenauslegung falsch
Geräusche im Kühlsystem bei Teillast	Dampfkissenbildung durch lokale Druckunterschreitung
Kühlmittelverlust ohne sichtbare Leckage	Kavitationserosion an Dichtflächen, Mikrorisse

22. Klopfsensor

Piezoelektrischer Sensor zur Detektion von unkontrollierter Verbrennung (Klopfen).

Wenn dein Motor im Takt tanzt und die ECU nichts davon weiß, klopfst du bald auf den Schrottplatz.

Symptom	Mögliche Ursache
Leistungsverlust bei Last	Sensor detektiert permanent Klopfen - Zündung wird zu spät gelegt
Nagelnde Geräusche unter Teillast	Sensor taub oder falsch positioniert → Zündung zu früh
P0325-P0333 im Speicher	Kabelbruch, Massefehler, Sensor lose am Block

23. Kolbenkipper

Ungewollte seitliche Bewegung des Kolbens durch verschlissene Führung oder Überhitzung.

Wenn der Kolben seitlich grüßt, war's das bald mit Laufkultur.

Symptom	Mögliche Ursache
Klopfgeräusche im unteren	Kolbenhemd eingelaufen, Spiel zu groß

Drehzahlbereich	
einseitiger Abrieb am Zylinder	Kolben läuft nicht mehr zentrisch - Wärmeverzug oder Schmierfilmabriss
Blow-by + Ölverbrauch	Kipper zerstört Ringdichtfläche → Gasdurchbruch und Ölmitnahme

24. Kolbenkühlung

Gezielte Kühlung des Kolbenbodens über Ölstrahl oder interne Galerien.

Wer hier spart, grillt sich Kolben, Ringe und am Ende den Motor.

Symptom	Mögliche Ursache
hoher Ölverbrauch + Kolbenringverschleiß	Kolben läuft thermisch instabil → Ölabstreifringe überlastet
Kolbenfresser bei Vollgasbetrieb	Kühlölbohrung verstopft oder Strahldüse abgefallen
Kolbenschmelze auf der Auslassseite	einseitige Hitze - fehlende oder gestörte Kühlung durch Ölnebelverlust

25. Kontaktkorrosion

Elektrochemische Reaktion zwischen ungleichen Metallen in leitfähigem Medium.

Ein schönes Team: Wasser + Spannung + unterschiedliche Werkstoffe = langsamer Exitus in Reinform.

Symptom	Mögliche Ursache
Aluminiumfraß an Flanschen	Flanschmaterial und Schraube ohne galvanische Trennung
Leckage an Wasserpumpengehäuse	Pumpengehäuse aus Mg, Flansch aus Stahl - Kontaktpunkt in Elektrolytlage
Kühlwasserverfärbung + pH-Abfall	Ionenwanderung durch Potentialunterschied → Additivzerfall

26. Kurbeltrieb

Mechanische Verbindung aus Kolben, Pleuel und Kurbelwelle zur Umwandlung von Hub in Drehung.

Hier entscheidet sich, ob dein Motor läuft oder verreckt.

Symptom	Mögliche Ursache
metallisches Klopfen bei Lastwechsel	Pleuellagerspiel zu groß - Kurbelzapfen eingelaufen

Vibrationen über das ganze Dreh-	Unwucht durch verbogene Welle, falsche Lager-
zahlspektrum	zentrierung
Öl mit Spänen oder Magnetabrieb	Kurbeltrieb reibt - meist durch Schmierfilmverlust bei Ölproblem

27. Lagerschaden

Zerstörung von Gleit- oder Wälzlagern durch Überlast, Schmierfehler oder Materialermüdung.

Wenn's leise mahlend anfängt und metallisch kreischend endet, war da mal ein Lager.

Symptom	Mögliche Ursache
stark erhöhter Bleiwert im Öl	Lagerschicht im Abrieb - z. B. durch Ölmangel oder Kavitation
unregelmäßiger Öldruck bei warmem Motor	Spiel zu groß, Öl fließt durch statt zu lagern
metallischer Schlag bei Start/Stopp	axialer Lagersitz verschlissen, Axiallager versagt

28. Lambdaadaption

Automatische Korrektur des Luft-Kraftstoff-Verhältnisses durch die ECU, basierend auf Lambdasondenwerten.

Wenn deine Gemischregelung ständig auf Anschlag läuft, sucht dein Motor verzweifelt nach Balance.

Symptom	Mögliche Ursache
Langzeitadaption >±25 %	Falschluft, Benzindruck fehlerhaft, Luftmassenmesser daneben
hoher Verbrauch + HC im Abgas	Adaption auf „fett" - Sonde zu träge oder verschoben
Adaption springt stark im Leerlauf	undichte Einspritzdüse, defekte AGR oder Sensorversatz

29. Lambdasonde

Sensor zur Ermittlung des Sauerstoffgehalts im Abgas zur Regelung des Verbrennungsverhältnisses.

Wenn sie lügt, glaubt das Steuergerät und dein Motor lebt in einer Welt, die's so nicht gibt.

Symptom	Mögliche Ursache
Spritverbrauch deutlich erhöht	Sonde liefert dauerhaft mager - ECU reichert an
Wechselspannung träge oder konstant	Heizung defekt, Sonde gealtert, Verkokung
Fehlercode P013X	Sensorspannung außerhalb Fenster - oder Kat, Masse, Verkabelung gestört

30. Leckrate

Volumenverlust in einem geschlossenen System pro Zeiteinheit - z. B. bei Dichtungen, Leitungen, AGR.

Die Wahrheit der Undichtigkeit steht nicht im Speicher - sie zischt dir ins Gesicht.

Symptom	Mögliche Ursache
dauerhaft mageres Gemisch	Falschluft vor LMM - z. B. Riss im Schlauchsystem
Adaption pendelt ohne Stabilisierung	Unterdruckleck → kein konstanter Lambda-Wert möglich
Ladedruckaufbau zu langsam	Ladeluftstrecke undicht - oft nur unter Last messbar

31. Luftzahl Lambda (λ)

Verhältnis von tatsächlich zu theoretisch benötigter Luftmasse für eine vollständige Verbrennung.

Wenn Lambda stimmt, freut sich der Kat. Wenn nicht, wird dein Motor zum Umweltverbrecher mit Pseudoleistung.

Symptom	Mögliche Ursache
hoher Kraftstoffverbrauch	$\lambda < 1 \rightarrow$ ECU fettet dauerhaft an
Motorklingeln unter Last	$\lambda > 1 \rightarrow$ zu mager, Gemisch entzündet unkontrolliert
schwankender Leerlauf	instabile Gemischregelung → Lambdasonde, Falschluft oder Einspritzventil undicht

32. Magerbetrieb

Betriebszustand mit Luftüberschuss im Gemisch ($\lambda > 1$), z. B. zur Verbrauchsreduktion.

Klingt effizient - bis dir die Kolbenböden davonlaufen und der Kat in Schmelze geht.

Symptom	Mögliche Ursache
Leistungsverlust bei Teillast	Gemisch zu mager - Kraftstofffilm zu dünn
Klopfregelung spricht an	hohe Brennraumtemperatur bei $\lambda > 1$
NOx-Werte steigen stark	zu wenig Kraftstoff $\rightarrow$ thermische NOx-Bildung nicht mehr unterdrückt

33. Massepunkt

Verbindung zwischen elektronischem Bauteil und Fahrzeugmasse zur Spannungsreferenz.

Wenn der Massepunkt spinnt, glaubt jedes Steuergerät, es lebt in seiner eigenen Realität.

Symptom	Mögliche Ursache
sporadische Aussetzer mehrerer Systeme	Übergangswiderstand durch Korrosion oder lose Verbindung
Spannungssprünge an Sensoren	Masseabfall $\rightarrow$ Referenzpotential bricht ein
OBD nicht möglich	Gateway oder ECU ohne stabile Masse - Kommunikation scheitert

34. Motoröl

Flüssiger Bauteilschutz - kühlt, schmiert, reinigt und dichtet ab.

Wenn dein Öl nach Altbier aussieht oder schäumt wie ein Latte Macchiato, läuft was gewaltig schief.

Symptom	Mögliche Ursache
schneller Viskositätsverlust	Öl überlastet, falsche Spezifikation, Additive erschöpft
Metallabrieb im Filter	Mangelschmierung $\rightarrow$ Lagerschäden, Mischreibung
starkes Nachdunkeln in kurzer Zeit	Oxidation durch Überhitzung oder Kraftstoffeintrag

35. NOx

Stickoxide (NO, NO_2), entstehen bei hohen Temperaturen und Luftüberschuss. Die stillen Killer im Abgas und der Grund, warum dein Motor Abgase zurückschnüffelt.

Symptom	Mögliche Ursache
Grenzwertüberschreitung bei AU	AGR inaktiv, Kat gealtert, Sensorfehler
hoher NOx trotz Lambda = 1	Brennraumtemperatur zu hoch - z. B. durch Glühzündung oder Spätzündung
Notlauf nach Kaltstart	NOx-Sensor meldet Extremwert - System geht in Schutzbetrieb

36. Nitration im Öl

Oxidationsprozess durch Stickstoffverbindungen im Öl, typisch bei Gas- oder mager betriebenen Motoren.

Wenn dein Öl nach Nitropackung riecht und aussieht wie Honig, ist's eher Schmiermittel zweiter Klasse.

Symptom	Mögliche Ursache
Ölverfärbung nach kurzer Laufzeit	Nitration durch hohe Brennraumtemperatur - besonders bei Biogasbetrieb
Ablagerungen an Kolbenringen	Additivabbau durch Reaktion mit NOx-Fraktionen
TBN sinkt, TAN steigt	chemischer Angriff auf Basenreserven durch NO_2-Verbindungen

37. Oxidation im Öl

Chemische Reaktion des Schmierstoffs mit Sauerstoff - beschleunigt durch Hitze und Metallkatalyse.

Wenn's im Motor oxidiert, wird das Öl zum Lack und der Motor zur Lackierstraße.

Symptom	Mögliche Ursache
Öl wird dickflüssig und dunkel	thermische Dauerbelastung → Molekülketten brechen auf
hoher Filterdruck bei kaltem Start	polymerisierte Ölbestandteile → Durchflusswiderstand steigt
Schlamm in Ölwannen und Deckeln	Reaktionsprodukte lagern sich ab - keine Spülkraft mehr vorhanden

38. PPM (Parts per Million)

Maßeinheit für kleinste Stoffanteile - typisch für Verschleißmetalle in der Ölanalyse.

Wenn dein Labor „30 ppm Eisen" schreibt, kannst du schon mal anfangen, Pleuellagerpreise zu vergleichen.

Symptom	Mögliche Ursache
Eisen >50 ppm + Blei >10 ppm	Lagerschaden oder Kolbenreibung aktiv
konstanter Anstieg über Zeit	chronischer Abrieb - evtl. thermisch oder durch mangelhafte Schmierung
PPM-Werte trotz Ölwechsel erhöht	Altablagerungen in Ölleitungen oder Reinigung unvollständig

39. Pegel

Spannungsausgang oder Referenzniveau eines Sensors - Basis für analoge Messung.

Wenn der Pegel kippt, siehst du statt Messwerten nur wilde Sprünge.

Symptom	Mögliche Ursache
Signal bei Volllast zu niedrig	Spannungsversorgung des Sensors instabil
Sprung von 2,1 auf 4,8 V	Massepunkt korrodiert → Potentialverschiebung
„Sensorspannung unplausibel" im Speicher	Pegel außerhalb Spezifikation - Kurzschluss oder Versorgungsfehler

40. Pleuellager

Gleitlager zwischen Pleuel und Kurbelwelle - hochbelastet und lebenswichtig. Wenn's hier reibt, ist der Motorschaden nicht mehr eine Frage des Ob, sondern des Wann.

Symptom	Mögliche Ursache
metallisches Klopfen bei Last	Lagerverschleiß, Ölfilm abgerissen
hohe Bleiwert- und Eisenwerte im Öl	Lagerschicht + Träger laufen sich gegenseitig ab
Öldruck fällt im Leerlauf ab	Spiel zu groß → Druck entweicht → Kreislauf instabil

41. PWM (Pulsweitenmodulation)

Signalform zur Steuerung von Ventilen, Pumpen und Motoren durch variierende Impulsdauer.

Ein Rechtecksignal mit Tiefgang - wenn's zu lange offen bleibt, säuft der Aktor ab.

Symptom	Mögliche Ursache
AGR- oder Ladedruckregelung ohne Wirkung	PWM-Signal fehlt oder dauerhaft auf 0/100 %
brummende Magnetventile	PWM-Frequenz zu niedrig - Bauteil läuft in Resonanz
P0xxx-Fehler „Ventil Steuerung unplausibel"	PWM-Ansteuerung gestört, Kabelbruch oder ECU-Ausfall

42. Residualgase

Abgasreste im Zylinder, die nach dem Ausstoß im Brennraum verbleiben.

Wenn zu viel davon drinbleibt, fährt dein Motor mit Altluft und säuft an seinen eigenen Abgasen ab.

Symptom	Mögliche Ursache
Fehlzündung bei Teillast	zu hoher Restgasanteil - Gemisch nicht mehr zündfähig
niedriger Wirkungsgrad trotz Lambda = 1	Ladungswechsel gestört - z. B. durch falsche Ventilsteuerung
Pinging bei Lastanstieg	Restgas erhöht Brennraumtemperatur → Frühzündung

43. Riefenbildung

Längsriefen im Zylinder oder auf Gleitflächen - Folge von Fremdkörpern oder Mischreibung.

Riefen sehen harmlos aus - sind aber das akustische Vorspiel zum Kolbenklemmer.

Symptom	Mögliche Ursache
plötzlicher Leistungsverlust	Kompressionsverlust durch Zylinderwandbeschädigung
hoher Eisenabrieb im Öl	Metall-Metall-Kontakt, Schmierfilm nicht tragfähig
Ölverbrauch steigt rapide	Kolbenringe laufen nicht mehr dicht → Ölverbrennung aktiv

44. Rußanteil [%]

Mengenanteil von Kohlenstoffpartikeln im Öl - meist aus unvollständiger Verbrennung.

Wenn dein Öl schwarz wird wie Espresso, ist der Ruß nicht im Filter, sondernim Kurbelgehäuse.

Symptom	Mögliche Ursache
stark verdunkeltes Öl bei Gasbetrieb	Fremdluft, Zündung verschoben, Magerbrenner rußt intern
erhöhte Viskosität + Partikelschlamm	Ruß agglomeriert → Filter und Kanäle verstopfen
Öldruck schwankt bei Kaltstart	Öl dick durch Rußpartikel - Filterventil öffnet frühzeitig

45. Rußpartikelfilter (DPF)

Filterelement im Abgasstrang zur Bindung von Feinstaubpartikeln.

Wenn der DPF dicht ist, wird dein Motor zum Fitnessgerät: viel Ladedruck, keine Leistung, Notlauf gratis.

Symptom	Mögliche Ursache
häufiger Regenerationsbedarf	Fahrprofil zu kurz, Sensorwerte unplausibel
Fehler P2002 / P245x	Differenzdruck zu hoch, Sensor gestört oder Filter kollabiert
Ladedruck zu niedrig	Abgas kann nicht abfließen → Turbolader spult ins Vakuum

46. Saugrohrdruck

Druck im Ansaugtrakt - Signalgeber für Last, Ladedruck und Füllung.

Wenn der Motor durchatmet wie durch einen Strohhalm, ist der MAP-Wert mehr Orakel als Messgröße.

Symptom	Mögliche Ursache
Motor läuft zu fett oder zu mager	falsches Lastsignal durch MAP-Fehler
Ladedruck wird nicht erreicht	Undichtigkeit oder Drosselklappenstörung
Zündung zu früh oder zu spät	Steuergerät interpretiert falschen Druckwert → falsche Regelung

47. Schmierfilmabriss

Verlust der ölgetragenen Trennschicht zwischen bewegten Teilen.

Der Moment, in dem Reibung von hydrodynamisch zu brutal wechselt - ab da wird's teuer.

Symptom	Mögliche Ursache
metallisches Kreischen bei Drehzahl	Lager laufen trocken - keine Trennung mehr möglich
starker Eisenabrieb + Lagerschäden	Viskosität zu niedrig, Ölfilm bricht zusammen
Öltemperatur steigt stark	Reibarbeit heizt das Öl - Eskalation in Echtzeit

48. Sensoroffset

Abweichung eines Sensors vom tatsächlichen Messwert durch Alterung, Temperatur oder elektrische Effekte.

Wenn der Sensor glaubt, du hast 86 °C - aber dein Zylinder läuft bei 94 - ist das keine Ungenauigkeit, sondern Selbstmord auf Raten.

Symptom	Mögliche Ursache
falsche Gemischregelung	Temperaturfühler zeigt zu kalt → Einspritzung zu fett
Notlauf trotz intakter Hardware	ECU interpretiert falschen Druck/Lambda/Temp
Fehler taucht erst bei Vollast auf	Offset wirkt sich nur unter Grenzbedingungen aus - meist thermisch getriggert

49. Signalspannung [V]

Elektrisches Ausgangssignal eines Sensors, typischerweise 0-5 V Bereich.

Wenn die Spannung tanzt wie bei Stromausfall in der Disco, ist deine Diagnose kein Wunschkonzert, sondernKabelsalat.

Symptom	Mögliche Ursache
„Sensorspannung unplausibel"	Kurzschluss, Masseversatz oder Versorgung fehlt
0,00 V oder 5,00 V fest	Drahtbruch oder Totalschaden des Sensors
zitternde Werte bei ruhigem Betrieb	Kontaktproblem oder EMV-Störung in Signalleitung

50. Silikate

Kieselsäureverbindungen im Öl - Hinweis auf Kühlwassereintrag.

Wenn's im Öl glitzert, hat dein Kühlmittel längst den falschen Weg genommen.

Symptom	Mögliche Ursache
Silikatwert steigt im Labor	Kopfdichtung undicht, Riss im Wasserkanal
starker Schaumbildung +	Öl-Kühlmittel-Emulsion im Schmierkreislauf

Kühlwasserverlust	
Lagerschäden bei unauffälligem Ölbild	Silikate wirken wie Schleifmittel → Mikrokavitation

51. Silikate im Öl

Anorganische Rückstände aus dem Kühlmittel, die im Schmierstoff nachweisbar sind.

Wenn dein Öl nach Kühlflüssigkeit schmeckt, läuft bald nicht mehr der Motor, sonderndas Kühlmittel im Hauptlager.

Symptom	Mögliche Ursache
Silikatgehalt > 20 ppm	Kühlwassereintrag über Kopf- oder Laufbuchsendichtung
schnelles Nachdunkeln + Schlammbildung	Reaktion von Glykol mit Öladditiven - Emulsion entsteht
Lagerlaufspuren trotz korrektem Ölstand	Silikate verursachen Abrasivität → Mikroverschleiß im Gleitlager

52. Spannungsabfalltest

Diagnosemethode zur Beurteilung von Übergangswiderständen in elektrischen Leitungen unter Last.

Wenn deine 12 Volt nie da ankommen, wo sie sollen, ist das Multimeter dein Wahrheitssucher - aber nur unter Last.

Symptom	Mögliche Ursache
Anlasser dreht schwach trotz voller Batterie	Übergangswiderstand am Masseband oder Pluspol
Sensor liefert unstabile Werte	Spannungsversorgung bricht bei Stromfluss ein
Steuergerät meldet sporadisch „Signal unplausibel"	Kontaktproblem bei Last - ohne Spannungseinbruch im Leerlauf nicht messbar

53. TBN (Total Base Number)

Kennzahl für das säureneutralisierende Potenzial eines Motoröls - Basis der Ölalterung.

Wenn der TBN-Wert untergeht, wird dein Öl zur Säure und dein Motor zum biologisch abbaubaren Produkt.

Symptom	Mögliche Ursache
starker TBN-Abfall in kurzer Zeit	hoher Schwefelanteil im Kraftstoff oder aggressive Verbrennungsprodukte
Lagerschalenfraß bei intaktem Ölfilm	TBN erschöpft → keine Neutralisation → Säurefrass
schnelle Ölalterung trotz Wechselintervall	Additive chemisch abgebaut - Öl funktioniert nur noch optisch

54. TAN (Total Acid Number)

Maß für die angesammelten Säuren im Motoröl - Gegenspieler zur TBN.

Wenn dein TAN-Wert steigt, wird aus Schmierstoff langsam chemische Kriegs-führung.

Symptom	Mögliche Ursache
TAN > 3 bei gleichzeitig niedriger TBN	Öl am Ende seiner Lebensdauer - Additive verbrannt, Säuren ungebunden
Korrosion in Aluminiumbauteilen	Additivfilm weg - TAN übernimmt und zersetzt
Ablagerungen in Ölrücklaufkanälen	Verharzung durch saure Zersetzungsprodukte - besonders bei Gasbetrieb

55. TMF (Thermomechanische Ermüdung)

Wechselbelastung von Bauteilen durch Temperatur- und Spannungszyklen.

Wenn ein Kopf regelmäßig auf 94 °C springt und wieder abkühlt, fängt irgend-wann nicht nur der Fahrer an zu zittern.

Symptom	Mögliche Ursache
Risse im Zylinderkopf oder zwischen Ventilsitzen	zyklische Dehnung bei Volllast → Materialermüdung
Leckage an nasser Laufbuchse	O-Ring spröde durch Übertemperatur und Alterung
Kompressionsverlust nach wenigen Betriebsstunden	Kopfplatte mikrogerissen - TMF-Vorschaden durch Übertemperatur

56. Trendanalyse

Auswertung der zeitlichen Entwicklung technischer Kennwerte - z. B. Öl, Sensorik, Fehlercodes.

Die Kunst, aus Zahlen Geschichten zu lesen - bevor der Motor sie selbst erzählt.

Symptom	Mögliche Ursache
stetiger Anstieg von Eisen, PPM-Werten	schleichender Verschleiß - noch kein Schaden, aber bald
wiederkehrender Fehler alle 300 Bh	thermischer Effekt, Lastpunkt oder Zyklusfehler
plötzlicher TBN-Einbruch	neuer Kraftstofftyp, anderes Betriebsverhalten, Additivkonflikt

57. Überhitzungsschaden

Thermisch induzierte Zerstörung von Bauteilen - meist durch Kühl- oder Ölversagen.

Wenn's zu heiß wird, verformt sich nicht nur Metall, sondern auch jede Diagnose zur Farce.

Symptom	Mögliche Ursache
Kolben geschmolzen auf Auslassseite	Abgastemperatur außer Kontrolle, keine Kolbenkühlung
Verfärbte Laufflächen oder Ventile	lokale Hitzespots durch Ablagerungen oder Frühzündung
Kopfriss oder Zylinderverzug	fehlender Kühlmittelfluss, Sensorfehler → Regelung läuft blind

58. Verdichtung

Druckverhältnis zwischen Zylinder-Enddruck und Ansaugluftdruck - Maß für die thermische Vorarbeit des Motors.

Je mehr du verdichtest, desto stärker haut's rein - aber wehe, du verlierst die Kontrolle.

Symptom	Mögliche Ursache
niedrige Kompressionswerte	Kolbenringe verschlissen, Ventilsitz undicht
Klingeln trotz normaler Lambda	Verdichtung zu hoch für Kraftstoffqualität
unrunder Leerlauf bei warmem Motor	thermisch bedingte Undichtigkeiten - z. B. Rissbildung im Ventilträger

59. Verkokung

Ablagerungen aus unverbrannten Kohlenwasserstoffen in Ansaug- und Brennräumen.

Wenn dein Einlass aussieht wie ein Schornstein, hast du keinen Luftmangel, sondern Kohleschichtbetrieb.

Symptom	Mögliche Ursache
Startprobleme und Ruckeln	Einspritzdüsen oder Einlassventile verkokt → Gemischverteilung gestört
schlechte Gasannahme	Luftkanäle halb zu - AGR-Klappe verklebt, Luftwirbel gestört
hoher HC-Wert im Abgas	unvollständige Verbrennung durch Störstellen im Brennraum

60. Viskositätsindex

Kennzahl für die Temperaturabhängigkeit der Ölviskosität - je höher, desto stabiler.

Wenn dein Öl bei 120 °C so dünn ist wie Mineralwasser, ist das kein Schmierstoff - das ist Hoffnung in flüssiger Form.

Symptom	Mögliche Ursache
Öldruck fällt bei heißem Motor	VI zu niedrig - Öl fließt zu schnell, Druck bricht weg
Kolbenhemdverschleiß bei normalem Ölstand	zu dünner Schmierfilm → kein Lasttrennvermögen mehr
Ölverbrauch steigt bei Autobahnfahrt	verdünntes Öl wird durch Kolbenringe gezogen - Verdampfungsverlust

61. Volumenstrom

Menge einer strömenden Substanz pro Zeiteinheit, z. B. Öl, Luft oder Kühlmittel - meist in l/min oder m³/h.

Wenn der Strom stockt, steht der Motor und zwar schneller als jeder Notlauf dich retten kann.

Symptom	Mögliche Ursache
Temperaturanstieg trotz vollen Systems	Kühlmittelpumpe liefert zu wenig → Volumenstrom unzureichend
Ladedruck wird nicht erreicht	Ladeluftvolumen bricht weg durch Leck oder Verwirbelung
Öldruck bei Drehzahl zu niedrig	Saugseitige Engstelle, verschlissene Pumpe, übergroßes Lagerspiel

62. Vorkammerzündung

Zündsystem bei Gasmotoren: Erstverbrennung in separater Kammer, dann Durchschlag ins Hauptbrennraumvolumen.

Wenn der Funke den richtigen Weg nimmt, läuft's weich. Wenn nicht, wird der Kopf zum Explosionslabor.

Symptom	Mögliche Ursache
Fehlzündungen unter Last	Vorkammerdüse verkokt, Zündkerze gealtert
hoher NOx-Ausstoß bei Gasbetrieb	Zündung zu früh → Verbrennung beginnt in der Hauptkammer
ruckeliger Motorlauf	Undichtes Vorkammersystem, Gemisch nicht gezündet oder verspätet

63. Wassergehalt [%]

Anteil von H_2O im Öl - verursacht durch Kondensat, Leckagen oder Fehlverbrennung.

Wenn Wasser im Öl ist, war's nie als Schmierstoff gedacht, sondern als Frühwarnsignal.

Symptom	Mögliche Ursache
Schaumbildung, weißliche Emulsion	Kühlwassereintrag über Riss, Laufbuchse oder Kopf
schneller Additivabbau	Wasser reagiert mit Additiven - Korrosionsschutz bricht weg
metallischer Glanz an Laufflächen	Mangelschmierung durch Wasserpolster - Ölfilm untragfähig

64. Wirkungsgrad

Verhältnis von abgegebener Nutzleistung zur zugeführten Energie - thermisch, mechanisch oder elektrisch.

Wenn dein Motor mehr heizt als fährt, ist er entweder ein BHKW - oder ineffizient.

Symptom	Mögliche Ursache
Verbrauch zu hoch trotz Leistung	Verbrennung ineffizient - Zündung falsch, falsches Lambda
hohe Abgastemperatur bei Teillast	Energie geht durch den Krümmer, nicht auf die Kurbelwelle
Geräuschentwicklung steigt bei gleicher Last	Mechanische Verluste durch Lagerreibung, Schmierfilmabriss

65. Zylinderbank

Gruppe von Zylindern in V- oder Boxeranordnung - meist Bank 1 und 2, wichtig für Diagnosetrennung.

Wenn nur eine Bank Probleme macht, liegt's selten an der Elektrik - meistens an der Physik.

Symptom	Mögliche Ursache
Lambdaabweichung nur auf Bank 1	Undichtes Einspritzventil, Falschluft, Sensorfehler
Fehlzündungen nur auf Bank 2	Klopfsensor, Zündmodul oder Verkabelung spezifisch betroffen
ungleiche Abgastemperaturen	Steuerzeiten versetzt oder AGR nur einseitig aktiv

66. Zündkerze

Bauteil zur kontrollierten Zündung des Kraftstoff-Luft-Gemischs - elektrisch ausgelöst.

Wenn der Funke schwach ist, wird's der Motor auch - spätestens beim nächsten Kaltstart.

Symptom	Mögliche Ursache
Fehlzündung unter Last	Kerze verrußt, Wärmewert zu hoch, Elektrodenabstand falsch
Startprobleme bei Kälte	Funkenüberschlag zu schwach, Isolation feucht oder rissig
schlechter Verbrauch + hoher HC	unvollständige Verbrennung - Mischung brennt nicht aus

67. Zündverzug

Zeitlicher Abstand zwischen Zündfunken und beginnender Druckzunahme im Brennraum.

Wenn der Verzug zu groß ist, läuft der Motor weich - aber ohne Biss. Zu kurz? Dann knallt's.

Symptom	Mögliche Ursache
Frühzündung + Klingeln	Kraftstoff mit hohem Zündwillen, thermisch vorentflammbar
träge Beschleunigung	Zündverzug zu lang → Wirkungsgradverlust
hoher CO im Abgas	Spätverbrennung → Gemisch brennt im Auslass weiter

📜 Anhang: Klassische Begriffe, für die, die tiefer graben wollen

Manche Wörter brauchen keinen Ölfilm, sondern Klarheit

Die folgenden 33 Begriffe bilden das Fundament hinter dem, was dieses Buch systematisch anwendet: Causal Extraction. Sie gehören zur Sprache der sauberen Analyse - zur Methodik hinter der Methode. Ohne sie keine Hypothesen, keine Beweise, keine echten Diagnosen. Kurz erklärt, aber nicht banalisiert.

Begriff	Bedeutung
Abweichung (systematisch/stochastisch)	Differenz zwischen Ist- und Sollwert; systematisch = reproduzierbar falsch, stochastisch = zufällig schwankend.
Ausfallwahrscheinlichkeit	Wahrscheinlichkeit, mit der ein Bauteil oder System unter definierten Bedingungen versagt.
Bias (kognitiv/technisch)	Verzerrung in Wahrnehmung oder Messung. Beispiel: „Kenn ich schon"-Fehlschluss oder driftender Sensorshift.
Deduktion	Vom Allgemeinen auf den Einzelfall schließen - logisch zwingend, wenn die Prämisse korrekt ist.
Diagnosehypothese	Fachlich begründete Annahme zur Erklärung eines Fehlers, muss getestet werden.
Empirie	Wissen aus systematischer Beobachtung und Messung, Gegenstück zur Theorie.
Erfahrungswert	Informeller Richtwert aus Praxisbeobachtung kein Beweis, aber oft nützlich.

Begriff	Bedeutung
Falsifikation	Versuch, eine Hypothese aktiv zu widerlegen. Wenn sie überlebt, darf sie gelten.
Fehlertoleranz	Bereich, in dem ein System Abweichungen ohne Funktionsverlust verkraftet.
Fehlerkette	Abfolge von verketteten Ursachen und Symptomen - oft führt nicht eins allein zum Crash.
Fehlinterpretation	Falsche Schlussfolgerung aus scheinbar eindeutigen Symptomen. Klassiker: defekter Sensor vs. gestörtes Signal.
Grenzwert	Technisch oder normativ definierte maximale oder minimale Toleranz für einen Messwert.
Hypothese	Vorläufige Erklärung eines Phänomens - wird durch Testung bestätigt oder verworfen.
Induktion	Vom Einzelfall aufs Allgemeine schließen - hilfreich für Mustererkennung, aber fehleranfällig.
Kausalität	Echte Ursache-Wirkung-Beziehung - im Gegensatz zur bloßen Korrelation.
Korrelation	Statistischer Zusammenhang zwischen zwei Variablen - nicht zwingend kausal.
Messabweichung	Differenz zwischen gemessenem und wahrem Wert - unvermeidbar, aber quantifizierbar.

Begriff	Bedeutung
Messunsicherheit	Maß für die Schwankungsbreite eines Messwerts unter definierten Bedingungen.
Normalzustand (Sollzustand)	Betriebszustand, bei dem alle Komponenten innerhalb spezifizierter Werte liegen.
Objektivität	Mess- oder Beurteilungsergebnis, das unabhängig vom Beobachter gleich ausfällt.
Primärursache	Ursprung eines Fehlers, der alle Folgeprobleme kausal auslöst - das Ziel jeder Diagnose.
Redundanzprüfung	Gegenprüfung eines Befunds mit alternativer Methode oder Datenquelle.
Referenzwert	Bekannter, gültiger Vergleichswert - dient als Maßstab für Messungen oder Verläufe.
Reproduzierbarkeit	Fähigkeit, ein Ergebnis unter gleichen Bedingungen erneut zu erhalten.
Resistenztest (Belastungsprüfung)	Methode zur Prüfung, ob ein System unter Stress stabil bleibt.
Rückführung (Fehlerrückschluss)	Ableitung der Ursache aus der beobachteten Wirkung - rückwärts gerichtetes Denken.
Sekundärsymptom	Folgeerscheinung eines Fehlers - oft irreführend, wenn es als Ursache fehlgedeutet wird.
Signal-Rausch-Verhältnis	Verhältnis von Nutzsignal zu Störung, maßgeblich für die Messqualität.

Begriff	Bedeutung
Statistische Verteilung	Beschreibung, wie häufig bestimmte Werte in einem Datensatz auftreten.
Störgröße	Einflussfaktor, der ein System beeinflusst, aber nicht Teil der eigentlichen Diagnosekette ist.
Systemgrenze	Abgrenzung zwischen dem betrachteten System und seiner Umgebung - wichtig für Tests & Ursachenlokalisierung.
Validierung	Bestätigung, dass eine Hypothese oder Methode unter Realbedingungen korrekt funktioniert.
Verifikation	Nachweis, dass eine Annahme oder ein System die spezifizierten Anforderungen erfüllt.

Ein gutes Messgerät zeigt dir Zahlen. Aber nur ein gutes Hirn erkennt daraus Ursachen.

🗂 Quellenangabe

Dieses Buch basiert nicht auf Forenmeinung oder Werkstattkaffee, sondern auf nachvollziehbaren, offen einsehbaren und wissenschaftlich fundierten Quellen. Jeder Wert, jede Diagnosekette und jede Systemlogik in diesem Werk fußt auf verifizierbaren Fakten aus den Bereichen Thermodynamik, Tribologie, Elektrotechnik und realer Fehlerpraxis.

🔧 Technische Fachliteratur & Herstellerhandbücher

- Wild, P. & Wild, S.: *Motorschäden - Ursachen, Analyse, Schadensbilder*, Springer Vieweg
- Greuter, E.: *Motorschäden - Diagnose und Vermeidung*, Vogel Fachbuch
- van Basshuysen, R. / Schäfer, F. (Hrsg.): *Handbuch Verbrennungsmotor*, Springer Vieweg
- Pischinger, R.: *Thermodynamik der Verbrennungskraftmaschine*, Springer Vieweg
- Merker, G.P.: *Grundlagen Verbrennungsmotoren*, Springer Vieweg
- Tschöke, H. / Mollenhauer, K. (Hrsg.): *Handbuch Dieselmotoren*, Springer Vieweg
- Bosch: *Automotive Handbook*, 10. Aufl.; *Fehlersuche an Ottomotoren*; *Technischer Ratgeber*, SAE J2147
- AVL List GmbH: *Handbuch Indizierung & Druckverlaufsanalyse*; AVL Case Studies (öffentlich verfügbar)
- Schaeffler / INA: Hinweise zu Hydrostößeln und Steuertrieb
- Dichtungstechnologie: ElringKlinger, Mahle, Victor Reinz - Lehrmittel & offizielle PDF-Dokumentationen
- MANN+HUMMEL / MANN-FILTER: Diagnoserichtlinien zur Ölfiltration, Partikelrückhaltung u.a.
- DENSO, DELPHI, Bosch: Einspritzsystemanalysen
- VW AG: Servicedokumente zu Ölpumpenantrieb (2.0 TDI, Sechskantwellenproblematik)

- BMW Group: Interne Technikdokumente zu Drallklappen (M47/M57)
- SAE Technical Paper 2000-01-0924: *The Monotherm Diesel Piston Concept*

Tribologie & Schmierstoffdiagnostik (öffentlich zugänglich)

- Priest, M. (IMechE): *Introduction to Tribology*, OpenAccess
- STLE - Society of Tribologists and Lubrication Engineers: TBN/TAN, Additivverhalten, Verschleißmechanismen
- SAE Technical Papers: SAE 2007-01-4133; SAE 2011-01-2294; SAE 2022-01-0185
- Shell / Total / Mobil / Fuchs: Whitepapers zur Ölalterung und Additivdegradation
- Gołębiowski et al. (2023): *Lubricants* 2024, 12(3), 101; https://doi.org/10.3390/lubricants12030101
- Universität Rostock (2022): *Einfluss neuer Ottokraftstoffe auf Ölalterung*, Institut für Kolbenmaschinen
- TFZ Bayern / TUM: *Wechselwirkungen Biokraftstoffe & Motoröle*, Forschungsbericht TFZ 52 (2019)
- Castrol OEM-Feldstudie (2020): Kurzstreckenbetrieb und Schmierfilmabriss
- OilStore Tech Bulletin (2021): *Driving Conditions and Engine Oil Life*
- mobile.de Technikratgeber (2022): *Wie dein Fahrstil dein Öl killt*, www.mobile.de/magazin

Praxiserfahrung & Werkstattwissen

- OEM-Felddaten: Druckverlust, Kompression, Zündaussetzer, Differenzdruck
- Endoskopie-, Öl- und Sensorbilder aus der Felddiagnostik (BHKW und Automotive)

- Schäden: Kolbenloch, Öl im Ansaugtrakt, verbrannte Ventile, dokumentiert nach Wild, Greuter & Werkstattarchiv
- Tabellenbuch Metall (49. Aufl., 2022) & Kraftfahrzeugtechnik (21. Aufl., 2021), Europa-Lehrmittel
- Dubbel - Taschenbuch Maschinenbau, 25. Aufl., Springer Vieweg (2020)

Statistische & diagnostische Methodik

- Maxham, J. (2025): *The Art of Troubleshooting* - Kapitel: „How Is It Supposed to Work?", „Review of Systems", u.a.
- Popper, K.: *Logik der Forschung* - Grundlage für Hypothesenprüfung / Falsifikation
- DIN EN ISO 9001 / IEC 17025 - Relevante Normen für Messtechnik & Prüfverfahren
- Mangione, S.D.: *Differential Diagnosis in Internal Medicine*
- Sackett, D. et al.: *Evidence-Based Medicine* - Prinzipien übertragbar auf technische Diagnostik
- Kassirer, J.P. / Grelier, J.: *Teaching Clinical Reasoning* - Methodentransfer auf Causal Extraction

Öffentliche Quellen & Online-Materialien

- openSAE.org - Sensorverhalten, CAN-Diagnose, Signaldrift
- dieselnet.com - Partikelfilter, NOx-Sensoren, Grenzwertverläufe
- tribology-abc.com - Additivwirkung, Viskositätsklassen, Testparameter
- OpenDiagnostics.org - CAN/OBD-Datenanalyse
- Garrett Motion: Turbo-Diagnostik und Ladedruckverhalten, www.garrettmotion.com
- mobene.de, addinol.de - Datenblätter zu Additiven, Viskosität, TBN/TAN

- ANCEL, Q9 PowerSports USA, Rislone - Kompressionstests & Diagnostikhilfen

Medizinische Grundlagen & Diagnostiksysteme

- Merck Manual - Systematische Differenzialdiagnose, Pathophysiologie
- Paulitsch, K.: *Grundlagen der ICD-10-Diagnostik*, UTB
- Claussen / Miller: *Herz*, Thieme - Fehlerfokus in der Kardiologie
- Kramme, R. (Hrsg.): *Medizintechnik*, Springer Vieweg
- Böcker, W. et al.: *Pathophysiologie des Menschen*, Urban & Fischer
- IMeMI / MedFakultäten Deutschland: Vorlesungsskripte zur klinischen Differenzialdiagnostik

Hinweis zur Verwendung von KI-generierten Inhalten

Einige der in diesem Buch verwendeten Bilder wurden mithilfe von Künstlicher Intelligenz erstellt. Verwendete KI-Tools: Midjourney, DALL·E, writecontrol, image generator pro. Die Texte wurden von Christian Ossowski verfasst.

Die Verantwortung für die Auswahl, Überprüfung und redaktionelle Bearbeitung aller Inhalte liegt bei Christian Ossowski. KolbenKult.

Hinweis: Diese Quellen wurden nicht einfach übernommen, sondern geprüft, verstanden und in eine neue Methodik transformiert - zur technisch-empirischen Diagnostik auf dem Niveau wissenschaftlicher Differenzialdiagnose. Entwickelt für Menschen mit Öl unter den Fingernägeln und dem Anspruch, die Wahrheit zu extrahieren statt nur Fehlercodes zu lesen.

Methodisches Fundament: Diagnose-Causal Extraction (CE) , Die wissenschaftliche Methodik technischer Differenzialdiagnostik,

Verlag: BoD - Books on Demand GmbH, ISBN 978-3-8192-80696-6

www.kolbenkult.de

Ein Motor geht nie einfach so kaputt. Er spricht, durch Kräfte, durch Temperaturen, durch Druckverläufe, durch feinste Schwankungen im Zusammenspiel von Mechanik, Physik und Thermodynamik. Wer diese Sprache nicht versteht, sieht nur Symptome. Wer sie beherrscht, erkennt in jeder Vibration, jedem Druckverlust, jeder Temperaturspitze eine Kausalkette.

Und genau das ist Differenzialdiagnose: Nicht nach Fehlern suchen, sondern verstehen, warum sie unausweichlich wurden.

Denn wie immer gilt:
Wer rät, tötet. Punkt.

Ab jetzt begehst du keinen Diagnose-Mord mehr. Viel Erfolg.